U0280256

THE SECRET OF CONCEPT DESIGN

概念设计的秘密

游戏美术基础与设计方法

OLDFISH 著

人民邮电出版社

北 京

图书在版编目（ＣＩＰ）数据

概念设计的秘密 ： 游戏美术基础与设计方法 /
OLDFISH著. -- 北京 ： 人民邮电出版社，2022.12
ISBN 978-7-115-59583-6

Ⅰ．①概… Ⅱ．①O… Ⅲ．①游戏程序－程序设计
Ⅳ．①TP311.5

中国版本图书馆CIP数据核字(2022)第117248号

内 容 提 要

本书从画面的构成关系对视觉感受的影响这一最底层的设计逻辑出发，由浅入深地解析了游戏概念设计的知识点。

本书前 3 章主要讲解基础的构成关系和节奏感的塑造。第 4～8 章主要讲解不同层面外观形式对概念设计结果的影响。第 9～11 章主要从画面框架关系、空间关系及光影塑造的角度讲解对整体画面进行塑造时所应掌握的知识点。第 12～14 章从游戏概念设计的实际应用出发，讲解游戏概念设计师应如何以产品的目标为导向进行概念设计与美术整体规划。

本书适合美术专业的在校生、游戏美术从业者和爱好者阅读，同时也适合作为游戏概念设计培训机构的教学参考书。

◆ 著　　　　　OLDFISH
　　责任编辑　　李　东
　　责任印制　　马振武

◆ 人民邮电出版社出版发行　　北京市丰台区成寿寺路 11 号
　　邮编　100164　　电子邮件　315@ptpress.com.cn
　　网址　http://www.ptpress.com.cn
　　北京九天鸿程印刷有限责任公司 印刷

◆ 开本：889×1194　1/16
　　印张：20.5　　　　　　　　　2022 年 12 月第 1 版
　　字数：758 千字　　　　　　　2025 年 1 月北京第 6 次印刷

定价：228.00 元

读者服务热线：(010)81055410　印装质量热线：(010)81055316
反盗版热线：(010)81055315
广告经营许可证：京东市监广登字 20170147 号

多年来，我总在为一件事而奔波，那就是设计。到底什么是设计，以及如何去做设计，我们时常会听到很多人聊起这些话题。我觉得自己可以尝试讲一讲这个话题，也许还可以讲得更多一些，讲得更加透彻一些，为更多人理解这个话题做出一些贡献。于是在某个夜晚，我辗转难眠，起身坐在电脑前，想到是否能通过一本通俗易懂的教程，结合自己多年来的设计经验，成一家之言。于是，我就这样开始了自己的分享。起初只是闲来无事时的随手总结，后来随着内容的不断更新，也收到了很多读者的鼓励，最初的分享尝试便逐渐成为一种细致而有规律的连载。本书的内容在无数个不眠之夜里逐渐成形，并逐步形成了一个相对科学的体系。通过这本书，我希望能系统地告诉读者，我们应该怎样做设计。设计的原理其实很简单，无非是先熟悉底层的逻辑，然后再展开思维的翅膀。

这本书是我10年来从事概念设计工作的经验总结，书中的内容结合了基础的美术理论知识，从项目实际应用的角度出发，对不同的知识点进行了由浅入深的讲解，并且针对性地绘制了每个知识点的配图，使抽象的理论知识更加直观，从而具有更好的学习和参考价值，希望可以给大家带来帮助。最后，希望喜欢设计、热爱绘画的朋友们坚持自己的梦想，不再迷茫，设计出属于自己的作品！

OLDFISH

2022年6月

推荐语

概念设计是一门学科，而国内鲜有系统介绍相关内容的好书。OLDFISH把自己多年的经验和盘托出，编写成本书。更难得的是，他将传统美术教育内容与现代设计方法相融合，让人耳目一新。我相信不管是新手入门还是老手进阶，看完本书都会大有收获！

——许喆隆（民间艺人光叔） CG艺术家、自由3D艺术家

我在看本书初稿的时候就大受震撼，它几乎涉及了一名游戏美术从业者从前期创意到最终设计落地的所有环节，内容扎实，技法与理论并重，叙述方式生动有趣，没有传统教材的说教感。在这个大多数人都在琢磨着怎么升职加薪的年代，能有人真正沉下心来把多年积累的专业经验梳理成书，是非常珍贵的。我相信这本书能帮助很多对游戏美术感兴趣的小伙伴。

——牟真民 角色原画设计师、资深原画设计讲师

一直很佩服OLDFISH对造型的把控能力，对想了解"图形节奏韵律"的绘画学习者，这本书是不可错过的重要秘籍。

——Krenz 插画家、自由艺术家

每次OLDFISH私下给我们分享这本书中内容的时候，我都能学到不少之前从来没有注意过的细节和思路。OLDFISH将自己多年来总结的经验汇集成书，投入了大量的时间和精力。如果美术爱好者想转变成职业概念设计师，这本书再合适不过了。

——小归Mist 插画师

这本书中有非常出彩的光影构成和造型设计案例！本书扎实的内容从密密麻麻的文字和大量图片上就可以明显感受出来。相信这本书能给很多想了解游戏美术设计的伙伴带来不一样的体验，能助力大家在美术设计的道路上走得更扎实、更沉稳，相信会有更多人因此书而受益！

——籽木与_ZIM 概念设计师、动画美术指导、美术讲师

这是一本将游戏行业概念设计讲解得颇为专业且全面的书，从基础的平面设计理论开始，讲解了点线面、剪影设计及节奏变化等理论知识在设计中的应用，并采用众多游戏、动画设计案例，从正、反两个角度验证了设计理论的具体应用，且内容通俗易懂。书中还涉及画面效果烘托的技巧及对设计语言的总结归纳，对新手入行有极大的启蒙和提高作用。非常推荐各位读者将此书当作概念设计的案头工具书，将书中提到的每个知识点都能活学活用，并时常结合自身情况进行练习，这一定会让你对概念设计有更深入的认识。

——Leo Li 概念设计师、插画师

艺类

艺类Alight， 启发每一位艺术创作者

艺类Alight是一家专注于挖掘艺术领域之美的媒体及社区平台，
在全平台已拥有300万用户，
业务涵盖课程研发、艺术图书出版、资源引进、商业推广、艺术家IP打造、文创产品设计等，
集成熟学习社群、高端商业平台、前沿行业媒体等多重角色于一身。

长期服务绘画、设计、游戏、动画、电影、CG等领域的艺术家、创作者和兴趣爱好者，
为中国CG艺术社区提供高质量的生态服务，
助力每一位艺术创作者实现梦想。

数艺设

数艺设

"数艺设"出版品牌， 为艺术设计从业者提供专业的学习类图书

　　人民邮电出版社有限公司旗下品牌"数艺设"，专注于专业艺术设计类图书出版，为艺术设计从业者提供专业的图书、视频电子书、课程等教育产品。出版领域涉及平面、三维、影视、摄影与后期等数字艺术门类，字体设计、品牌设计、色彩设计等设计理论与应用门类，UI设计、电商设计、新媒体设计、游戏设计、交互设计、原型设计等互联网设计门类，环艺设计手绘、插画设计手绘、工业设计手绘等设计手绘门类。更多服务请访问"数艺设"社区平台www.shuyishe.com。我们将提供及时、准确、专业的学习服务。

目录

CONTENTS

CHAPTER

01

点、线、面基础

FOUNDATION: POINT, LINE AND FACE

画面中不同形态的元素，其外观形式对人的感染力不同，从而能够给予人不同的心理暗示，让人经过一定的情感活动后产生不同的感受。这种外观形式给予人的直观感受称为形式感，不同的外观形式呈现出不同的形式感，而在设计构成中，不同外观形式的元素往往以点、线、面的表象作为基本形状呈现在画面中。判断画面中的元素是否呈现出点、线、面的结构形式，取决于其外观形式所呈现出的形式感。因此，掌握点、线、面的知识，能够让设计人员从最根本的设计架构出发进行设计，这也是做好设计的基础。

1.1 点的定义与作用

在画面中引导视线、吸引观者注意力的直接、有效的方法，是在画面中为设计对象塑造一个视觉中心点。一个点可以准确地标明设计对象在画面中的位置，构成画面视觉中心。视觉中心点所塑造的画面区域，往往是画面中主要的视觉区间，如图 1-1 所示。

图 1-1 在空白画面中，视线不会在特定区域停留，而是飘忽不定的；若画面中有一个点，视线便会被引导到特定区域

在设计或绘画中，制造画面视觉中心点的核心方法可以概括为通过制造感官刺激吸引观者的注意力。元素外观形式的表现力越强，则点所制造的感官刺激越强，这也是点的基本作用。在设计中，通过对画面中元素的造型、颜色、光影表现进行不同层面的艺术塑造，都能够赋予元素不同层次的表现力，形成画面中不同强弱的点。

在设计应用中，以下方式都可以制造感官刺激，从而塑造画面中的点。

1. 造型刺激制造点

造型的差异对比能够制造感官刺激，形成画面中的点。具有一定分量、造型的外观形式有多个层次并明显区别于四周元素的物件，可以成为画面的视觉中心，如图 1-2 所示。

图 1-2 六角星在一堆四边形中造型最突出，最有可能成为视觉中心

在场景设计应用中，图 1-3 中教堂的分量和造型结构相对于周围的建筑有更强的特殊性，更能凝聚观者的视线。差异化的造型呈现出更强的表现力，确立了教堂在画面中的视觉中心地位。

图 1-3 教堂的造型和分量支撑起整个画面，成为视觉中心

在同样的造型基础上，塑造不同强弱、虚实的对比，也可以制造画面中元素外观形式的差异，从而制造视觉中心。图 1-4 中左右两张图的整体造型相似，左图的素描对比关系表现相对较弱，而右图弱化了整体画面的素描对比关系，并加强了其中一条鱼的明暗对比，赋予其更强的表现力，从而使其成为画面的视觉中心。

图 1-4 左图中鱼的素描对比关系相对较弱，而右图中间的鱼与四周的鱼素描对比关系相对较强

在设计中，往往通过云雾、蒸汽、沙尘等元素有针对性地弱化次要部分的素描对比关系，强化画面的虚实关系，从而进一步突出画面视觉中心的存在感。比较图1-5中的三张图，第一张图没有明显的虚实关系，画面的视觉中心在零碎的背景干扰下不是十分醒目；第二张图中的云雾弱化了次要物体的素描对比关系，视觉中心较为明显；第三张图进一步加强了云雾的浓度，视觉中心更加明显。

图1-5 云雾可以有效地弱化素描对比关系，强化虚实关系

2. 动势刺激制造点

动态和姿势的差异对比能够制造感官刺激，形成画面中的点。在图1-6中，在分量相似的条件下，右侧的物件有足够的重量与速度，在视觉上能够形成运动趋势，具有较强的外观形式，形成了画面的视觉中心。

图1-6 在分量相似的物件中，人们的视线会集中到具有动感的物件上

在具有角色的场景设计中，赋予角色夸张的动势，往往可以表现主角的存在感，强调其作为画面重点的表现力。在图1-7中，位于画面中间的兽人的运动趋势最强、动作幅度最大，构成了整个画面中速度与力量的中心，同时也是画面的视觉中心，形成画面中的点。

图1-7 可以通过大幅度的动势强调主体的表现力

在场景设计中经常通过动态元素来塑造画面的视觉中心，比如将水车、风车、飘扬的旗帜等动态元素置于画面中，并赋予其相应的运动状态，能够有效地塑造画面的视觉中心，如图1-8所示。

图1-8 水车、风车、飘扬的旗帜是常见的动态元素

利用动势刺激制造点，还表现在对静态物体的设计中。为静态物体加入具有动势的元素或形状，也能够强调其存在感。比如利用曲线的造型或跳动的元素进行塑造，能够强化广告牌的表现力，起到吸引视线的作用，如图1-9所示。

图1-9 曲线的造型、跳动的音符都可以表现出设计对象的动感

3. 色彩刺激制造点

色彩的差异对比能够制造感官刺激，形成画面中的点。在分量、造型与动势幅度都相似的元素中，人们的视线会集中到颜色最鲜艳、最明亮的元素上。外形相同时，具有醒目的颜色和光亮的元素能够形成画面的视觉中心，如图1-10所示。

图1-10 不同亮度、颜色的灯泡中，最鲜艳醒目的能形成视觉中心

图1-11中粉红色的天空与明亮的阳光，相对于四周较为阴冷的色调，形成了画面中醒目的色彩与光亮表现，引导了观者的视线，构成了画面中的视觉中心。

图1-11 场景设计中，经常利用局部的光亮来引导视线

在较为醒目的色彩形成视觉中心的基础上，利用多种醒目的颜色进行色彩搭配，能够进一步强化色彩刺激所形成的点的表现力。这在设计中常见于广告牌配色，其经常以多种高纯度、高明度或鲜艳的强对比颜色进行搭配，如图1-12所示。

图1-12 广告牌往往用高纯度对比的配色来强化存在感

利用色彩塑造画面的视觉中心，其核心在于强调主体的色彩，弱化次要部分的色彩。比如在设计中，往往通过云雾、蒸汽、沙尘等元素有针对性地弱化次要部分的色彩对比关系，从而让主要物体的颜色更加醒目。比较图1-13中的三张图，第一张图中的大部分物体色彩都比较醒目，画面视觉中心不是很明确；第二张图中的云雾弱化了一部分次要物体的色彩对比，从而让一部分物体的色彩在画面中较为明显；第三张图进一步增加了云雾的浓度，次要物体的色彩对比关系更弱，而主要物体的色彩则更加明显。

图1-13 云雾可以有效地弱化色彩对比关系

4. 线或面的交汇制造点

制造线或面的交汇能够制造感官刺激，形成画面中的点。线具有方向性，而某些结构的面具有指向性，画面中若存在多个有方向性的线或有指向性的面，那么视线自然会聚集于交汇点，从而让交汇点成为画面中的视觉中心，如图1-14所示。

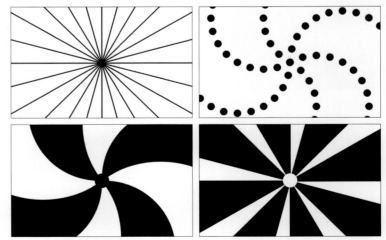

图1-14 线或面具有方向性、指向性，因此其交汇处能够形成视线聚集的中心

在场景设计中，枝干的结构呈现出线的外观形式，具有明显的方向性，且存在交汇点，于是构成了聚合中心，其交汇处便成为画面的视觉中心，如图 1-15 所示。

图 1-15 线条状的枝干将视线引导于交汇处

线或面交汇、聚集形成的画面中的点，无论其辨识度如何，所呈现出的视觉中心的表现力往往都比较弱，在设计中通常用来表现不需要太突出的视觉重点，如地砖拼花、窗户拼花、旗帜的纹饰等，如图 1-16 所示。

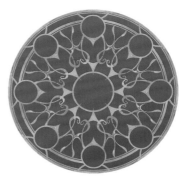

图 1-16 左图地砖拼花纹饰辨识度较低，右图窗户拼花纹饰辨识度较高

虽然线或面交汇、聚集形成的点表现力比较弱，但仍然可以用于衬托交汇、聚集处的物体。比如图 1-17 中，地砖纹饰衬托中间的雕像，羽毛船桨聚集处衬托船体，四面展开的翅膀衬托主体。

图 1-17 交汇、聚集的线和面使中心的主体更加醒目

5. 生理刺激制造点

某些特定的题材能够制造感官刺激，形成画面中的点。一些特定的题材能引起人类的求生欲、食欲等本能反应，因此以这些元素为表象的设计，往往可以吸引观者的注意。如图 1-18 所示，美丽的少女可以让人感到充满活力，张开大口露出尖牙的怪物能让人感到恐惧，诱人的食物能引起食欲，骷髅或骸骨能让人联想到危险，这都是能够引起人类本能反应的元素。

图 1-18 以能激发本能反应的元素作为设计主体，是最简单有效地塑造视觉中心的方式之一

将能够对人产生生理刺激的元素呈现于画面，可以起到制造画面视觉中心的作用。如图1-19所示，场景中巨大生物的骸骨能够体现出环境的危险性并激发玩家的警觉性，以怪物头骨为主体的洞窟入口会给玩家带来恐惧感并激发玩家的挑战欲望，美丽少女的广告牌能够有效引导玩家前往基地等。

图1-19 利用能够对人产生生理刺激的元素塑造画面，在游戏概念设计中十分常见

在设计中，生理刺激制造点也经常作为装饰性元素，衬托需要对人产生相应生理刺激的主体。加入能够引起本能反应的元素作为主体的装饰，往往可以起到强调主体的作用。比如，若只以葫芦作为画面中的主要元素，那么画面表现力就会比较弱。但利用骸骨作为装饰，则能够赋予葫芦更有表现力的造型，同时也能给予观者感官刺激，进一步强调葫芦作为画面视觉中心的存在感，如图1-20所示。

图1-20 为葫芦添加骸骨元素的装饰可带给观者感官刺激

1.2 单个点的形式感

点能够通过制造感官刺激，起到表现画面视觉中心、吸引观者注意的作用。相同的点在画面中处于不同位置时，赋予了画面结构不同的外观形式，呈现出不同的形式感。设计应用中的单个点主要有以下分布形式。

1. 点在画面正中心

点位于画面正中心时，具有极强的视线凝聚力。点越接近于画面中心，越容易吸引观者的视线；点越接近于画面边缘，则越不容易被注意到。位于画面正中心的点不仅能够让设计主体起到主导画面、制造视觉中心的作用，而且能够使视线向周围无限延伸，如图1-21所示。在游戏设计中，这种分布形式经常用来设计广场、战斗平台、主体建筑等。

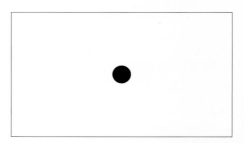

图1-21 圆点所处的位置，能够让视线向周围不断延伸

在场景设计中，这种分布形式则经常用来营造空间较为宽广的环境氛围。图1-22中的飞机残骸位于画面中心，主导着画面，并且能够让观者的视线不断向四周延伸，从而赋予画面广阔无尽的空间感。

图1-22 飞机残骸形成画面中的点，并位于画面中心，显得四周环境较为广阔

在处理角色与环境的关系时，若角色处于画面正中间，便能赋予画面空旷、宽广并且向四周无限延伸的视觉效果，如图 1-23 所示。

图 1-23 角色形成画面中的点，并处于画面正中间，这样显得四周环境较为空旷

2. 点在画面正上方

点位于画面正上方时，同样具有引导视线、主导画面、制造视觉中心的作用，而且会引导观者的视线逐渐往下移动，使主体具有坠落感和不安定感，如图 1-24 所示。

图 1-24 圆点所处的位置，具有坠落感和不安定感

图 1-25 中的建筑位于画面正上方，可以第一时间吸引观者的眼球，同时使观者的视线随着建筑往下方移动，从而观察到下方的物体。此外，在画面表现上，建筑所处的位置也让主体有较强的不安定感。

图 1-25 建筑形成画面中的点，并处于画面正上方，呈现出不安定感

图 1-26 中的角色处于画面正上方，成为画面的视觉中心。观者会第一时间注意到角色的存在，但其视线会逐渐向下移动到比较空旷的雪地处，同时角色所处的位置也让画面呈现出不安定感。

图 1-26 位于画面正上方的角色凝聚了观者的视线，但其视线随后会移动到角色下方空旷的雪地处

3. 点在画面侧上方

点位于画面侧上方时，同样具有引导视线、主导画面、制造视觉中心的作用，但会引导视线逐渐往画面中相对空白的区域无限延伸，如图1-27所示。当整体画面内容比较平静时，设计主体位于画面侧上方，可以弱化其自身的坠落感，从而让画面表现出更强的安定感。

图1-27 右上方的圆点能够让视线往画面中空白的区域延伸

图1-28中分量较大的山峰构成了画面中的点，并且处于画面右上方。同时，画面左边的远景相对空旷，能让观者的视线聚焦于山峰之后，向画面左边不断延伸，从而使远景具有更广阔的空间感。

图1-28 画面右上方分量较大的山峰构成了画面的视觉中心

在处理角色与环境背景的关系时，角色处于画面右上方，能赋予画面左边的环境以空旷、宽广并且持续向远处无限延伸的视觉效果，如图1-29所示。

图1-29 角色构成画面的视觉中点，并处于画面右上方，这样显得画面左边较为空旷

利用单个点位于主体侧上方的方式，可以表现主体的安定感。在角色设计中，经常通过赋予肩膀具有较强表现力的造型，表现角色稳重的形象。在图1-30中，通过塑造肩甲的造型元素，让角色形象更加稳重、敦实。

图1-30 赋予肩甲具有较强表现力的造型元素，是表现角色安定感的常用方式

4. 点在画面正下方

当点位于画面正下方时，其存在感极弱，也无法构成视觉中心。位于画面正下方的点不太容易被注意到，很容易被忽略，观者的视线会停留在上方较多空白的区域，如图1-31所示。除一些特定的设计目标需要将点安排在画面正下方之外，在设计中一般很少将点安排在画面正下方。

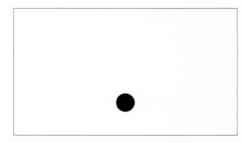

图1-31 处于画面正下方的圆点存在感极弱

在图 1-32 中，攻击机的机炮虽然很有视觉冲击力，但在攻击机的整体造型中，机炮不太容易被注意到，存在感较弱，观者的视线主要集中在画面正上方的座舱部分。

图 1-32 相较于座舱，机炮虽然视觉冲击力较强但不容易被注意到

所以在设计中，应尽量避免将较为精彩的内容安排在画面正下方，或上方留白过多。在图 1-33 中，图案相同的旗帜，将图案安排在画面正下方时，上方留白过多，图案的存在感很弱；造型相同的剑，将骷髅元素安排在上方时，骷髅的存在感较强，而垂直翻转后的剑，却很容易让观者忽略骷髅的存在，并且观者的视线焦点依然在画面正上方的剑身处。

图 1-33 旗帜图案的位置或剑的放置方式使点位于画面中的不同位置

在处理角色与环境的关系时，当角色处于画面正下方时，角色的存在感极弱，观者的视线多在画面中空旷的天空游走，如图 1-34 所示。除非有特殊的设计目标要求，一般应该尽量避免点位于画面正下方的分布形式。

图 1-34 角色在画面中的位置，使角色无法形成视觉中心

5. 点在画面边缘

当点位于画面边缘时，其几乎没有存在感。位于画面边缘的点难以被注意到，观者的视线依然会停留在画面中较为空旷的区域，如图 1-35 所示。因为点在画面边缘难以吸引观者的目光，所以在设计中要避免所塑造的主体被安排在画面边缘。

图 1-35 处于画面边缘的点几乎没有存在感

物体所处的位置能够影响其表现力。在图 1-36 中，位于画面中心的瓶子表现力最强，由画面中心向外，外观形式相同的瓶子表现力依次减弱。

图 1-36 位于画面中心的瓶子表现力比画面边缘的强

有时候，利用点在画面中不同位置的表现力差异，能够塑造一些需要表现强弱对比的设计图。比如在角色选择界面设计中，有一系列表现力相似的角色，选择某个角色后，通过进一步呈现出角色动作、镜头移动等方式，让所选中的角色靠近画面中心，未被选中的角色靠近边缘，并结合两者在画面中的分量对比可呈现出两者的表现力差异，如图1-37所示。

图1-37 左图中男性和女性角色的表现力相同，右图中男性和女性角色的表现力有巨大差异

1.3 两个相似点的形式感

当画面中存在两个相似的点，且它们位于不同的位置时，可以让画面呈现出不同的形式感。在设计应用中，两个相似的点主要有以下分布形式。

1. 两个相似的点左右对称

当两个分量、比重相似的点左右对称时，观者的视线实际上是停留在两点之间的，并不会集中在某个点上，如图1-38所示。两个点左右对称是设计中常见的表现方式，其经常用来衬托两点之间需要表现的内容。两边起衬托作用的点的表现力越强，被衬托的内容的表现力就越强。

图1-38 观者的视线停留在画面中两个左右对称的圆点之间的区域

在图1-39中，若只存在一个火盆，火盆的存在感稍强。当角色的左右两边都有火盆时，角色的存在感更强。在此基础上，用恶魔图案来塑造火盆，可以赋予火盆更强的表现力。中间的角色在两边火盆更为强烈的点的衬托下，存在感和表现力也就更强了。

图1-39 角色与火盆在不同的组合关系呈现出了不同的视觉效果

用两个或更多分量相似的点来衬托主体的手法，可以用来表现特别重要但又不是很容易进行塑造的题材。比如在图1-40中，中间的山路与村落入口的存在感较难体现出来，但可以使表现力较强的神龙雕像左右对称分布，衬托中间山路与村落入口，从而强化其存在感和重要性。

图1-40 神龙雕像强化了中间山路与村落入口的存在感

2. 两个相似的点在正上方

当两个分量、比重相似的点左右对称，并且处于画面正上方时，视觉中心同样停留在两点之间，并且可以衬托两个点之间元素的表现力。当设计对象的安定感较弱时，将其作为两个相似的点置于画面正上方，可以赋予设计对象安定感。相较于单个点处于画面侧上方，利用两个相似的点所塑造的设计对象的安定感更加强烈，如图 1-41 所示。

图 1-41 位于画面正上方的两个点，如图钉一样稳定住了画面，形成安定感

在角色设计中，较常用到这种分布形式。在图 1-42 中，赋予角色左右两侧肩甲表现力较强的狮子形象，角色的安定感要强于只有一侧肩甲有狮子形象的设计。

图 1-42 在肩甲上塑造一些表现力较强的形象，是设计中常用的手法

在角色设计中，可通过设计画面正上方的两个点，塑造设计对象的安定感。在一定范围内，安排两个点和主体部分的相对位置便显得比较重要。在图 1-43 所示两个造型相似的机械设计中，右图相较于左图，正上方的点与躯体的位置相对偏上，所构成的安定感更强。

图 1-43 右图相较于左图，安定感更强

在场景设计中，往往通过加强位于画面正上方左右两边物体的表现力，来强调画面主体的安定感。图 1-44 中城堡的城门，在入口的左右两边悬挂旗帜、放置雕像等表现力较强的元素，不仅强调了入口的存在感，还赋予了城门更强的安定感。

图 1-44 通过在正上方加入旗帜、雕像等元素能够赋予城门更强的安定感

在较复杂的画面表现中，也经常将具有一定分量的元素所构成的点呈现于画面正上方的左右两侧，用以增强画面安定感。图 1-45 中位于画面正上方左右两侧的运输机引擎，其较大的分量与轮廓形式感构成了画面中的点，在衬托画面中心机身主体的同时，也在场景氛围表现上赋予了整体画面以安定感。

图 1-45 依靠位于画面正上方左右两侧的引擎构成的点，赋予了画面安定感

3. 两个相似的点形成上下排列关系

当两个分量、比重相似的点形成上下排列关系时，上方的点具有凝聚视线的作用，并且上方的点所产生的向下的引导作用，能够将观者的视线引导至下方的点，从而让下方的点也能够在一定程度上被注意到，使其在画面中起到相对次要的作用，如图 1-46 所示。两个点形成上下排列关系的知识点属于单个点位于画面正上方的拓展。

图 1-46 位于下方的圆点在画面中处于次要的地位

图 1-47 中的人物角色虽然位于画面下方，但在画面上方张开大口的龙头的衬托下，人物角色在画面中的存在感并不会完全被忽视。

图 1-47 上方的龙头与下方的人物角色都能构成画面中的点

1.4 多个相似点的形式感

如果画面中存在多个相似的点，那么当这些点位于画面不同的位置时，可以呈现出不同的形式感。在设计应用中，多个相似点主要有以下分布形式。

1. 三个相似的点等距排列

当画面中有三个分量相似的点并且相互之间相对间距差别不大时，便能够形成一个封闭的三角形区域，使视线聚焦到三角形区域之内，如图 1-48 所示，三个点也能起到衬托三点之间主体的作用。三个点的表现力越强，那么三角形区域内被衬托元素的表现力也就越强，这一形式常应用于警示符号的设计。

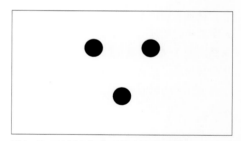

图 1-48 三个圆点构成了封闭的三角形区域

在图 1-49 中，第一张和第二张图中，鱼、蛇纹饰图案标示出三个分量相似的点，这使视线不会停留于图案上，反而会集中到中央空白区域。在此基础上，若赋予设计对象周围三个等距点，则可以进一步强调主体的存在感。比如第三张图中，通过周围三个三角标示图案的衬托，强化了中央骷髅的存在感。

图 1-49 三个相同的图案形成等距排列，使视线停留于图案围绕的空白区域，环绕的图案能够强化中间图案的存在感

三个点的塑造也经常用来强调中间需要表现的角色。角色周围三个点的形式感越强，那么中间被衬托的角色的表现力也就越强。在角色设计应用中，鳄鱼在三处火焰的衬托下，具有了更强的表现力，如图 1-50 所示。

图 1-50 三处火焰构成的点衬托了鳄鱼，强化了角色的表现力

场景设计中也经常用这样的手法来塑造特点不够鲜明的主体，比如远景的一队渺小的旅人、距离很远的村落等。在图 1-51 中，以珊瑚、沙漠为例，场景画面构成中，三处分量接近并且轮廓形式感相似的珊瑚构成了三角形区域，于是观者的视线会集中在三角形区域，而不是非常有特点且较为空旷的沙漠处。

图 1-51 珊瑚形成了画面中的点，并让视线聚焦于三角形区域中的沙漠处

2. 多个相似的点的线性排列

当画面中存在多个分量相似的点并且呈线性排列时，能够形成线的形态，使点能够制造视觉中心的特性作用于线上，如图 1-52 所示。观者的视线会在点所制造出的线性排列的轨迹上移动，形成方向感。

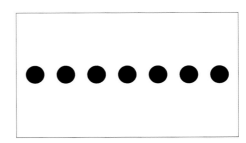

图 1-52 点的移动轨迹形成了线

在图 1-53 中，线性结构的花坛加入了水晶灯塔，观者的视线依然会随着花坛的轨迹移动。但水晶灯塔的存在，让水晶灯塔点的特性作用于花坛所形成的线上，进一步强调了线的表现力。

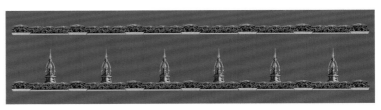

图 1-53 作用于线上的点能够进一步强调线的表现力

多个分量相似的点形成的线性排列，也经常表现为物体在不同时间段的运动形态所呈现出的移动轨迹。当设计中需要表现物体的运动状态时，往往将其每个阶段的运动位置作为点，塑造其当前的位置。当每个位置的点延续形成线性排列的轨迹时，便可以根据其呈现出的结构表象，判断出该物体的运动路线，如图 1-54 所示。

图 1-54 导弹在不同阶段的飞行位置，最终呈现出线的形态

3. 多个相似的点形成相对规则的环形排列

当画面中多个分量相似的点形成相对规则的环形排列时，视线会聚焦到多点形成的区域之内，如图1-55所示。在设计应用中，多个相似的点形成相对规则的环形排列和两个点左右对称及三个相似点等距排列的作用一样，经常用来衬托画面中需要表现的内容。

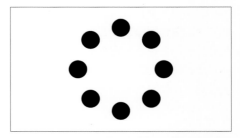

图1-55 多点环形排列能够将视线聚焦到多点形成的区域之内

三个相似点等距排列衬托主体的作用要强于两个点左右对称，而多个相似的点形成相对规则的环形排列衬托主体的作用又更强于三个相似点等距排列。在图1-56中，同样是利用光球所形成的点衬托中央的角色，第二张图中角色的表现力明显强于第一张，第三张图中角色的表现力最强。

图1-56 两个相似的点左右对称、三个相似点等距排列、多个相似的点形成有规则的环形排列都可以衬托主体的表现力

在场景设计中，多个相似的点形成相对规则的环形排列经常应用于各种打怪平台、中央广场的装饰物塑造中，并以场景装饰物的表现力衬托位于画面中心的元素。场景衬托的手法通常用来规划处于同一场景中表现力差异不大的角色的主次关系。图1-57中，在环形围绕排列的火盆衬托下，位于画面中央的小龙虾成为视觉中心，而旁边的小龙虾存在感较弱，在画面中处于次要地位。

图1-57 火盆构成了画面中环形排列的点，强调了画面中央小龙虾的存在感

在此基础上，结合两个点的特性表象知识点，图1-58中，在环形排列的结构上，在边缘小龙虾两侧各添加一座恶魔雕像火柱，以表现力更强的元素塑造边缘小龙虾两边的点，那么边缘小龙虾的存在感比中央的小龙虾更强，中央的小龙虾在画面中变得相对次要，视觉中心转移到了边缘小龙虾上。

图1-58 火柱所形成的点，强调了边缘小龙虾的存在感

4. 多个相似的点等距规则排列

当画面中多个相似的点等距规则排列时，其点的属性消失，将以面的形态呈现，如图 1-59 所示。此时形成的面属于虚面。

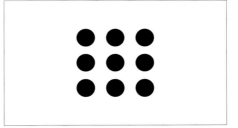

图 1-59 多个相似的点规则等距排列能够形成虚面

在图 1-60 中，队列外的小龙虾的个体属性较强，具有点的特性。而在规整的队列中，同样造型的小龙虾个体属性消失，呈现出群体属性，并且在画面中呈现面的形态。

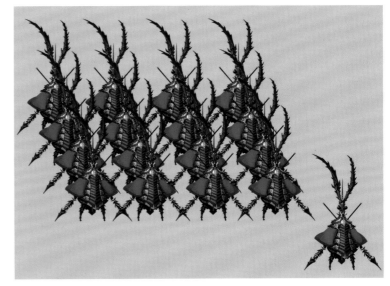

图 1-60 画面中角色个体属性被面的形态弱化

5. 多个相似的点不规则等距排列

当多个相似的点不规则排列但点的相对位置等距时，其点的属性依然消失，并且在画面中呈现出面的形态，如图 1-61 所示。此时形成的面也属于虚面。

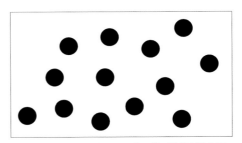

图 1-61 多个相似的点不规则等距排列能够制造虚面

在图 1-62 中，站位不那么规整，但相对位置几乎等距的步兵，作为个体的属性消失，呈现出群体属性，并且在画面中呈现出面的形态。

图 1-62 画面中角色个体属性被面的形态弱化

6. 多个相似的点非等距排列

当多个相似的点不规则排列，并且点的相对位置呈现出非等距排列状态时，其点的属性依然消失，呈现出面的形态。画面中多个分量相似的点非等距排列，点和点的间距并不一致，所呈现的画面往往比较散乱。在此条件下，其中有两个点的距离最接近，那么在视觉张力的作用下，视线会聚焦到这两个点之间，如图1-63所示。

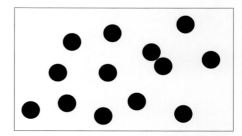

图1-63 在所有点中最接近的两点最能吸引观者的视线

在图1-64所示的步兵群体中，最靠近的两个步兵容易引起观者的注意。多个分量相似的点等距排列，弱化了元素个体在画面中的存在感。其应用核心是通过不断重复，弱化点的表象，降低个体存在感，从而表现画面中普通的、次要的元素。而在多个分量相似的点非等距排列的表象中，两个最接近的点的作用，便是在相似点所构成的群体表象中，适当强调某个隐含的重点。

图1-64 画面中接近的角色能起到聚集视线的作用

1.5 不同分量点的形式感

当画面中存在不同分量的点，且这些点位于画面不同的位置时，可以呈现出不同的形式感。在设计应用中，不同分量的点主要有以下分布形式。

1. 两个不同分量点的排列

当画面中有两个分量不同的点时，观者首先会注意到相对较大的点，但随后视线会转移到相对较小的点上，如图1-65所示。画面中点的分量越大，越接近于面的构成，凝聚力越弱；点的分量越小，则凝聚力越强。分量不同的点同时在画面中呈现时，可以在视觉上制造趋向性引导，对画面起到指向性作用。

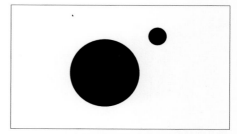

图1-65 大小不同的点可用于引导视线

图1-66中的大王具足虫战舰构成画面中较大的点，昆虫骑兵构成画面中较小的点，观者会先注意到大王具足虫战舰，视线会随之转移到跑动的昆虫骑兵上。画面中大小不同的点引导了观者的视线。

图1-66 大王具足虫战舰和昆虫骑兵构成了画面中大小不同的点

在设计中，可以利用大小不同的点来制造一定的方向性，赋予静止的元素一定的动感表现，强化主体的动势特性。在图1-67中，车辆的前后轮子分量的大小形成一定的对比，赋予了车辆向前运动的动势特性。

图1-67 前后大小不同的车轮构成画面中大小不同的点

以此知识点为基础，画面中大小点的对比越强烈，所构成的动感也就越强。在图1-68中，作为外形相似的两个车辆的剪影，右图前后车轮的大小差异更大，车辆更具动感。

图1-68 大小不同的点常用于引导视线的方向

2. 两个不同分量的点层叠

当两个分量不同的点层叠时，观者同样会先注意到相对较大的点，而视线最终会转移到相对较小的点上，如图1-69所示。大的点趋于面的构成，可以在视觉上衬托相对较小的点，并制造画面的层次感，让较小的点更容易被注意到。

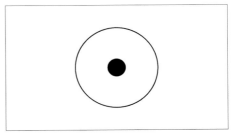

图1-69 不同分量的点构成由外向内的视线引导关系

在图1-70中，左图宝石的分量过小，存在感较弱。但将其放置于箱子中，在分量略大的点的衬托下，便更容易引导观者将视线聚焦于宝石上。不同分量的点的层叠与两点衬托、多点衬托的作用相似，同样具有衬托主体的作用。

图1-70 左图的凝聚感强，但难以让人第一时间观察到宝石；右图强化了点的层次感，使宝石更容易被注意到

在场景设计中，两个不同分量的点层叠的分布形式常用于塑造主体分量比较小并无法在画面中被第一时间观察到，但需要强调其存在感的题材。图1-71中的龙头雕是较大的点，龙口中的晶石便是较小的点。龙头的存在不仅让晶石的存在感更强，还丰富了场景中视觉中心的层次感。

图1-71 龙头与晶石构成了画面中具有层叠关系的点

3. 更多不同分量的点的线性规则排列

画面中存在不同分量点的连续性规则排列，是点制造视觉中心的特性作用于线上的表现。相较于两个不同分量的点的排列，更多不同分量的点的线性规则排列能够形成更强烈的趋向性引导特性，对画面产生更直观的指向性作用，如图1-72所示。当不同分量的点不具备一致的趋向性属性时，视线是从大的点往小的点移动。

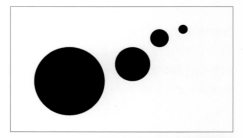

图1-72 更多不同分量的点的线性规则排列能在画面中起到趋向引导的作用

在图1-73中，发光的水母构成了画面中大小不一的点，并且形成相对线性规则的排列，于是观者的视线就是沿着相对较大的发光体往小的发光体移动的。

图1-73 发光的水母构成了画面中不同分量的点

此外，当排列中的点具备相对一致的方向性时，会影响观者视线的整体移动方向。在图1-74中，左图垂直的冰柱对整体趋势影响较小，观察时倾向于从左往右进行观察；而右图中单体冰柱有很强的方向性，并且与整体趋势相反，观察时会倾向于从右往左进行观察。

图1-74 在点的不同个体表现下，观者视线的移动方向往往也会不同

4. 不同分量的点的不规则排列

不同分量的点在画面中不规则排列时，点在视觉上无法形成定向引导，也无法形成具有方向性的线，因此会构成混乱的状态。点的大小对比越强，散布得越无序，表现出的混乱的外观形式也就越强，如图1-75所示。不同分量的点的不规则排列，往往给人不太安定的心理暗示，这种分布形式通常用于级别较低、野蛮、邪恶、混乱的设计主题。

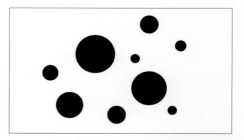

图1-75 不规则排列形成不了点与点之间视线的线性引导

在图1-76中，怪物的身上到处都是相对比较抢眼的元素，构成了凌乱散布的排列方式，塑造了这个比较野蛮的形象。在常见的设计中，如大部分游戏或影视中出现的僵尸、骷髅兵、食尸鬼等怪物，以及他们所处的环境，都是用类似的分布形式去表现其外观的。

图1-76 怪物身上的不尽相同并且能吸引眼球的元素构成了凌乱散布的排列方式

在场景设计的应用中，同样可以通过赋予画面不同强度的点以错落的排列关系，来表现不安定的环境氛围或事件。图1-77中火山口不同亮度的火光构成不同分量的点，并且呈现无序的排列方式，营造了画面混乱的氛围。

图1-77 火山口不同亮度的火光口构成了画面中不同分量的点

1.6 线的定义与作用

线是点方向性移动的轨迹。由于点与点之间存在张力，越多的点沿着一定方向靠近，就会形成连线的感觉。让分量差异不大、构成元素一致的点形成有规律的线性排列，其所呈现出的结构表象便形成了线的外观形式，如图1-78所示。

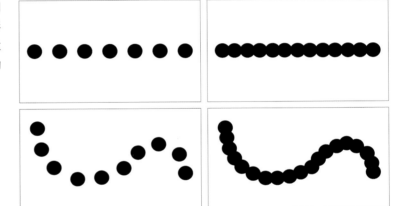

图1-78 间距相等的点沿着一定方向排列构成的外观形式，在设计应用中趋向于被看成线，稀疏的排列或密集的排列都会呈现出线的外观形式

在设计应用中，以点的排列呈现线是较为常见的表现方式。图1-79中，左图单个列车车厢在视觉上构成了点的外观形式，但从右图列车的整体来看，规律性排列的车厢具有明显的方向性，在视觉上构成了线的外观形式。

图1-79 车厢的排列构成了线

点与点之间的间距对线的表象也有一定影响。点与点之间排列稀疏，则点之间的张力作用较小，线的表象也较弱；若点与点之间排列密集，则点之间的张力作用较大，线的表象也相应较强。例如图1-80中上下两排水晶灯，其结构本质上都是线的外观形式，但下面一组水晶灯的排列更密集，线的形态也更明显。

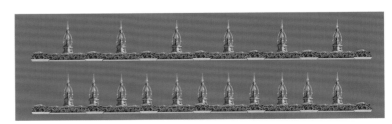

图1-80 水晶灯的排列构成了线

线是设计中常见的结构形式。在设计中，一些造型往往直接呈现出线的结构样式，并且让设计对象的外形具有线的作用。线的结构样式在设计中主要能够起到以下几种作用。

1. 线能够制造视觉方向性引导

线具有指向性特性，能在画面中起到视线引导的作用，这是线最基础的特性之一。当画面中有一条线时，观者的视线会随着线条的轨迹移动，如图1-81所示。线的交汇能够制造点，这也是基于线能够制造视觉方向性引导这一特性所产生的。

图1-81 视线会随着线条的轨迹移动

在图1-82中，昆虫的腿构成了线条的结构样式，可以引导观者视线上下移动，并且将视线聚焦于上方的箭塔。

图1-82 昆虫的腿构成了画面中的线

在场景设计中，线能够制造视觉方向性引导的知识点经常用于规划主要路线和次要路线，路线的本质是线，如图1-83所示。

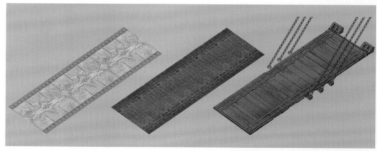

图1-83 各种不同的路面，视觉上的作用都是构成视觉方向性引导

同时，线也是点移动的轨迹。构成线的元素表现力越强，所起到的视觉方向性引导效果越强。在场景设计中，普通的桥在画面中构成了线的表象，起到视觉方向性引导的作用。而在普通的桥的基础上加入柱子，强化了线的表现力，那么视线引导的效果也就越强，如图1-84所示。

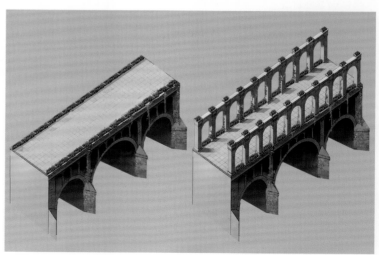

图1-84 作用于线上不同表现力的点构成了不同引导效果的线

2. 线能够制造视觉惯性

线具有延续性的特性，观者的视线会随着线的轨迹延伸。即使线在延伸的过程中出现了中断，视线也会沿着线延伸的方向移动，自然地衔接起中断的线，从而制造视觉惯性，如图1-85所示。

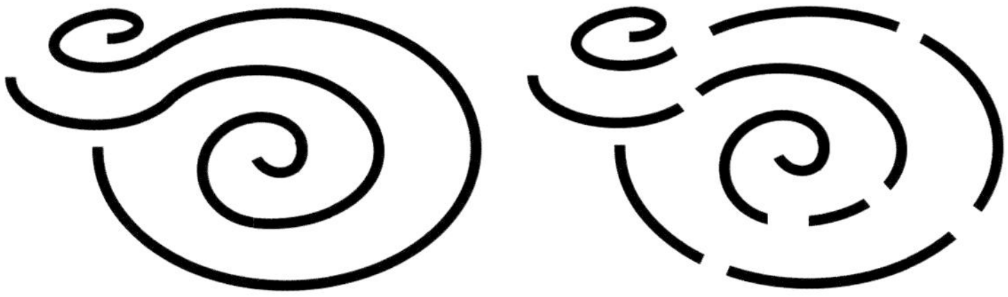

图1-85 两条线缠绕在一起，但依然可以分辨不同的运动轨迹，在此基础上做出一些割裂效果，观者依然会沿着原有的趋势衔接起断开的线

通过线制造视觉惯性的主要作用是能够构成画面的连续性，形成画面动势，塑造出画面中无法表现的空间，从而强化空间层次。图1-86中岩石上蓝色苔藓的结构形成线的表象，虽然被地形切割成若干段，但观者的视线依然会沿着间断的苔藓往远处延伸。

图1-86 蓝色的苔藓构成了画面中断开的线

3. 线能够塑造静与动的倾向

线具有动势特性，能够赋予外观形式静止的元素动态倾向。为静止的圆形加入平行排列的线，便产生了一定的动态倾向，但不具备定向引导，只是单纯地制造了动感。当圆形内部线条排列形成聚合趋势时，便产生了趋向性，制造了趋势感，如图1-87所示。

图1-87 线的存在可以让在形式感上静止的物体产生动感，当排列的线条产生聚合趋势时，便制造了动态倾向

比如需要表现动感特性的运动鞋，往往通过加入一些线的元素或图案，表现其动势特性，从而强调运动产品的设计方向，如图1-88所示。

图1-88 线的塑造赋予了运动鞋动感的特性

在此基础上，当静止的物体外观形式具有动势特性时，与元素的外形趋势方向不同的线所起到的动态倾向也不同。让线的方向与主体动势节奏趋势一致时，可以强化动感特征，相反则弱化动感特征。在图1-89中，同样造型的飞机，第一张图中线的趋势方向与整体外形趋势方向不一致，弱化设计对象的动感特征，并强化了静态表现；第二张图中线的趋势方向与整体外形趋势方向一致，则强化了飞机的动感特征；第三张图中的线构成聚合趋势，飞机的趋势感增强。

图1-89 不同形态的线赋予飞机不同的动态表现

4. 线能够塑造空间关系

线可以说明一部分体积关系，从而塑造设计对象的空间关系。在设计中，经常通过加入环形的线强化体积感。如图 1-90 所示，通过线的切分，素描关系不是很强烈的圆柱体体积感更强。

图 1-90 在同样的圆柱体基础上，线的存在强化了圆柱体的体积感

在设计中，常用线的这一特性来塑造立体结构不是很明晰的造型，从而加强视觉上立体空间的效果。如图 1-91 中同样造型的角色，相较于左图，右图赋予角色网格状的丝袜，强化了大腿的体积感。

图 1-91 右图加入了网格袜，强化了大腿的体积感

在图 1-92 中，相较于左图，右图橘黄色的漆构成环绕于圆柱体机械结构的线，进一步强化了设计对象的体积感和空间关系。

图 1-92 环绕于圆柱体机械结构的线强化了其体积感

▌1.7 不同形状线的形式感

在几何学定义中，线只有位置、长度，而不具有宽度和厚度。从设计构成的角度讲，则更强调构成线的元素的外观形式：线既有长度，也可以有宽度和厚度。在设计应用中，构成线的各种外观形式可以大致分为直线外观形式、曲线外观形式、粗线外观形式、细线外观形式，并呈现出相应的形式感，如图 1-93 所示。线有很强的心理暗示作用，不同外观形式的线能够给予观者不同的心理暗示，使画面呈现出不同的形式感。

图 1-93 不同外观形式的线所构成的形式感也不同

1. 直线形式感

直线是线在设计中常见的外观形式。直线塑造的设计对象具有很强的男性化特征，用于表现画面的力度、力量。在实际设计应用中，直线构成的地砖、武器赋予设计对象力度、力量的形式感，从而呈现出男性化的特征，如图1-94所示。

图1-94 直线造型赋予了设计对象男性化的特征

直线常用于军事、工程机械等需要呈现力量特征、雄性特征的题材。在直线外形塑造下，坦克具有坚实性和力量感，如图1-95所示。

图1-95 军事题材常用直线来塑造

直线具有较强的方向感，不同方向延伸的直线表现不同的形式感，赋予观者不同的心理暗示。直线的方向大体上可归纳为倾向于水平、垂直或倾斜。水平直线表现出平和、寂静的特点，构成相对安定、平静的画面；垂直的直线经常用于构成具有仪式感的画面；而倾斜的直线常用于表现画面的不安定感。

水平直线具有强烈的安定感。桥梁作为水平直线出现在画面中，给人相对安定、宁静、平和的视觉感受，如图1-96所示。

图1-96 桥梁形成左右水平延伸的趋势，可以看作水平直线的表象

垂直的直线具有强烈的安定感，相较于水平直线更能表现出雄性特征，能够塑造安定、崇高、严肃的感觉。图1-97中的石柱呈垂直直线排列，使画面具有安定感和上升趋势，表现出较强的雄性特征。

图1-97 画面中石柱的上下垂直延伸趋势可以看作垂直直线的表象

倾斜的直线具有较强的不安定感，容易使人感觉失衡、重心转动，所以经常用来制造画面的不安定倾向或赋予设计对象动势特征和速度感。如图 1-98 中倾斜的立柱，其倾斜的直线外观形式便赋予了画面较强的不安定倾向和动势特征。

图 1-98 画面中倾斜的立柱呈现出倾斜直线的表象

2. 曲线形式感

曲线也是线的基本表象之一。曲线塑造的设计对象能使画面富有女性化特征，让人感到优雅、柔美、高贵。例如，地砖曲线形状的纹饰及窗户的曲线造型赋予了设计对象高贵、优雅的特征，如图 1-99 所示。

图 1-99 曲线赋予了设计对象女性化的特征

曲线能够让男性化的设计题材呈现出女性化的特征。赋予坦克细腻的曲线纹饰，让粗犷的军事题材表现出了高贵、优雅的感觉，如图 1-100 所示。

图 1-100 曲线纹饰赋予了坦克女性化特征

相对于直线，曲线富有弹性和张力。曲线形状的设计能够很直观地表现大自然的生命力与活力。比如在设计中，往往会或多或少地以曲线塑造植物的外观。图 1-101 中的树木便是很典型的将曲线运用于植物设计的案例。弯曲的树干构成的树木造型，塑造了树木的生命力与受到外力后相互作用产生的弹性。

图 1-101 树木的生长造型呈现出曲线形态

曲线在感观上更符合流体力学形式感。相对于直线，曲线有更强的自由度、流动性、不安定性，更能表现设计对象的动感。比较图1-102中同样轮廓的车辆，第二张图赋予车辆曲线纹饰，相较于第一张图的直线纹饰更加能表现动感；第三张图进一步强化曲线的趋势幅度，使动感进一步增强。

图1-102 不同的线赋予了车辆不同的表现形式

在设计中，若要表现有一定速度感的主体，可以加入一些曲线造型或纹饰，让对象呈现出一定的速度感。骑士的头饰由曲线构成，让骑士具有了较强的动势特征，如图1-103所示。

图1-103 骑士的头饰起到了曲线表象的作用

3. 粗线形式感

粗线具有厚重、敦实的特征，其塑造的设计对象能够传达出强壮、坚实、富有历史感的感觉，因此粗线能够表现一些具有历史感的设计主题。粗线结合垂直的直线所赋予画面的安定感，能够进一步强调场景的雄性特征，如图1-104所示。

图1-104 笔直粗壮的石柱呈现出粗线的表象

4. 细线形式感

细线具有尖锐、脆弱、渺小的特征，经常用来表现画面纤弱、细腻的状态。图1-105中纤细的藤蔓与枝干，让人联想到画面所处环境并不坚实、较为脆弱。

图1-105 纤细的藤蔓、枝干呈现出细线的表象

形成面的条件非常多，根据其外观形式特征可以大致归纳为两大类，即实面和虚面。实面由线的连续移动至终结而形成或点放大形成，也可以由具象元素的剪影构成，其为实体的、完全封闭的、有明确形状的面，如图1-106所示。实面的轮廓清晰，有较强的领域感和分量感，塑造的主体较为安定、坚实。

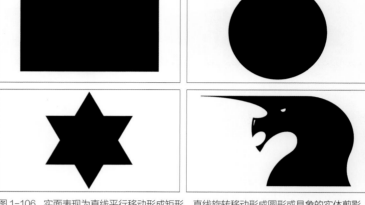

图1-106　实面表现为直线平行移动形成矩形、直线旋转移动形成圆形或具象的实体剪影

实面的外观形式比较常见，如实体的岩石、建筑、交通工具等单独能够形成实体形状的造型。图1-107中延续的岩石山体由整个石块实体构成，呈现出实面的构造。

图1-107　岩石构成的封闭区域属于实面

虚面的形成可以是点或线的平面排列，也可以是点或线的平面围绕。通过点、线的平面排列或点的围绕构成的虚面，点、线越密集，则面的表象越强，如图1-108所示。相对于实面，虚面并没有实体封闭结构，呈现出的整体形状较为模糊，塑造的主体较为活泼生动。

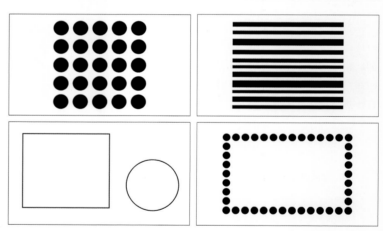

图1-108　虚面可以理解为由点、线排列或围绕构成的

虚面的外观形式在设计中也较为常见，例如街上的人群、空中的鸟群等由许多个体聚集而成的非实体形状的造型。图1-109中垂直生长的树木的结构是线的形态，若将画面中聚集的一组树木看作一个密集排列的整体，那么便形成了虚面的形态。

图1-109　聚集的一组树木属于虚面

综合以上两种面的形成条件与具体形态，可以把面看作放大的点、排列的点、放大的线、运动的线、封闭的线、排列的线。面的可塑性比较强，可用于表达不同的情感和形式感，这也是起草概念时制造模糊印象常用的方式。在设计中，面的作用十分广泛，不同形状的面主要能够起到以下几种作用。

1. 面能够制造视觉方向性或指向性引导

长宽比较大的平行四边形面具有方向性，往往视线会沿着面的较长线条的延伸方向观察；规则并且有趋向性的面具有指向性，视线往往会从相对大的一端往小的一端观察，因此面可以起到视觉方向性或指向性引导的作用，如图1-110所示。

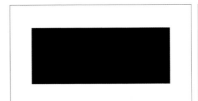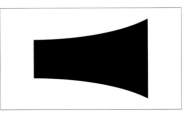

图1-110 长方形面趋于线，具有视觉方向性引导的作用；趋向性的面具有视觉指向性引导的作用

在设计应用中，往往会结合透视因素，对画面中不同形态的面进行塑造，让设计对象所形成的面以一定的透视角度排列，形成具有视觉方向性或指向性的形状。如图1-111中城墙的造型，其形状构成了相对规则并且具有趋向性的面，由近及远，面呈现出远端逐渐变小的表象。在其引导下，观者的视线趋于从右往左移动。

图1-111 城墙构成的面对视线起到了引导作用

2. 面能够制造视觉惯性

和线具有延续性的特性一样，连续规则排列的面同样具有延续性。从右往左延伸的面，即使中间有间断，观察时视线依然会沿着延伸趋势连接起断开的面，如图1-112所示。

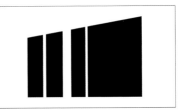

图1-112 连续延伸排列的面能起到趋势方向性引导作用

在图1-113中，雪地构成的面由近及远产生从大到小的延续性变化，虽然到远处面已经消失，但观者依然会沿着面的延伸趋势往远处观察。

图1-113 断断续续的雪地构成了大小不同的连续的面

连续规则排列的面所制造的整体结构的外观形式趋势，不会因为包含于整体趋势中的个体趋势而改变其整体视觉惯性特征。岩石形状从左往右呈现出逐渐由面的形状演变成垂直直线形状的趋势，但在连续面的视觉惯性作用下，视线依然倾向于从左往右移动，如图1-114所示。

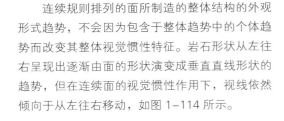

图1-114 岩石从左往右的形状变化，面逐渐趋于垂直直线的外观形式

3. 面能够塑造静与动的倾向

不同外观形式的面能够表现出静止或具有动势的形式感。比如方形的面表现平静，正梯形的面表现安定，而具有左右方向性梯形的面则表现出一定的趋势感。面的动势特性和线的动势特性是一样的，但面的表现力不如线，如图1-115所示。

在需要表现动感特性的运动鞋中，往往通过加入一些具有趋势感的面的元素或图案来表现其动势特性，从而强调运动产品的设计理念，如图1-116所示。

图1-115 不同外观形式的面呈现不同的动态倾向

图1-116 规则并且具有趋势感的面的塑造赋予了运动鞋动感的特征

面塑造静与动的倾向往往以各种不同形状的色彩涂装呈现于画面中，例如通过赋予战车不同形状的色彩涂装，能够呈现不同的动态倾向。在图1-117中，左图四边形的面赋予战车相对平静的倾向，右图具有趋势感的面让战车具有一定的动感特性。

图1-117 不同形状的色彩涂装让相同造型的战车有不同形态的面的表现

4. 面能够塑造空间关系

面比线更容易说明空间关系：线只能依附于立体结构来说明空间关系，而面可以直接塑造空间关系。不同方向的、连续的面能够塑造出立体结构来表现形体，塑造出空间关系，如图1-118所示。

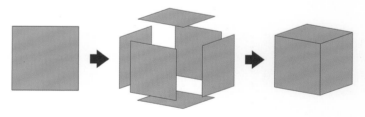

图1-118 连续的面通过出立体结构能够直观说明空间关系

建筑的造型趋近于四棱锥结构，是典型的直接利用面构成的几何体结构，用于说明场景中的空间关系，如图1-119所示。

图1-119 在夕阳下，建筑的几何结构较为明显

5. 面能够衬托主体的表现倾向

面能够有效地支撑画面，衬托画面中点和线的存在感。不同外观形式的面能够呈现出不同的形式感，传递不同的情感。在图1-120中，同样外形的车辆，在方形背景的衬托下，主体表现出相对平静的特征；而在具有左右方向性梯形的衬托下，主体则呈现出较强的动势特征。

图1-120 在不同形状面的背景衬托下，主体表现出的趋势倾向也不同：左图相对平静，右图相对有动势特征

在氛围图的设计应用中，经常通过塑造背景的面来进一步衬托主体的表现倾向。在图1-121中，背景中倾斜的岩石和地面便是通过塑造不安定感的面，衬托战场相对激烈、混乱的气氛。通过塑造背景衬托画面主体，是面在作用上区别于线的最大特征，同时又与点的衬托主体的作用较为相似，都是通过对衬托物的塑造来强调画面主题。

图1-121 面的衬托强化了主体的表现力

1.9 不同形状面的形式感

面的表象是多种多样的。从平面构成来看，面可以分为规则面和不规则面。规则面具有长度、宽度、直径等属性，如圆形、正方形、三角形是典型的规则面。一般来讲，不同类型的线会组成不同类型的面，即面具有什么类型的外轮廓线，就具有该类型线的特征。设计中通常将具有同样表现性质的线和面结合应用。

从外观形式来看，面可以分为直线形等边面、平行面、直线形几何形态面、曲线规则面、偶然形态面、自然形态面等。面的形式感与其轮廓线的形式感密切相关，比如直线形成的面具有男性化特征，曲线形成的面具有女性化特征。面同样具有较强的心理暗示作用，不同外观形式的面能够给予观者不同的心理暗示。

1. 直线形等边面的形式感

直线形等边面没有明显的方向性、趋势性变化，安定感较强，因此外形趋于等边面的设计案例，能够表现出相对安定、有序、坚实的形式感，如图1-122所示。

图1-122 直线形等边面不具有方向性和指向性，表现出相对安定的形式感

在图1-123中，机械舱门的外观形式近似于等边四边形结构，使主体没有明显的方向感和趋势感，因此所呈现出的形式感相对较为安定、有序。

图1-123 近似于等边四边形结构的机械门呈现出安定感和有序性

在场景设计中，构成图1-124中城堡建筑主体的长宽比较小，其基本外形由直线形等边面拼合而成，赋予画面相对平静、安定的气氛。

图1-124 画面中城堡表现出平静、安定的感觉

2. 规则且长宽比较大的平行面的形式感

规则且长宽比较大的平行面，能够传达安定感或不安定的动势特性。长宽之间的角度趋近于直角时，画面的安定感较强，长宽之间的角度趋近于锐角时，画面的动势特性较强，如图 1-125 所示。

图 1-126 中巨大的岩石所构成的倾斜四边形同斜直线的作用一样，赋予了画面失衡趋势、重心转动的感觉。

图 1-125 长宽比较大的面趋于线的表象，外观形式具有线的形式感

图 1-126 画面中倾斜的岩石，呈现出斜四边形的表象，赋予了画面失衡趋势

3. 规则且趋向性较强的直线形几何形态面的形式感

呈现出梯形样式的具有趋向性的直线形几何形态面，能够传达安定感或不安定的动势特性。趋近于左右方向性的梯形面趋势感较强，趋近于上下方向性的正梯形面呈现出安定感，倒梯形则呈现出不安定感，如图 1-127 所示。

图 1-128 中的主体建筑是由四棱锥造型构成的，表现出了比没有方向性变化的面更加安定的表象。

图 1-127 规则而且具有趋向性的面表现出安定或不安定的形式感

图 1-128 画面中的建筑可以看成是正梯形的表象

4. 曲线规则面的形式感

此类型包括圆形、椭圆形等曲线几何图形，同时也包括带有明显曲线轮廓的面。曲线规则面具有女性化特征，能够呈现出柔软、轻松、饱满的感觉，如图 1-129 所示。

曲线规则面往往结合曲线结构的塑造，用于表现花园、宫廷等较为富丽的设计题材。图 1-130 中喷泉的轮廓就应用了曲线规则面。同时，纹饰结合了曲线的外观形式，赋予了设计对象高贵、优雅的感觉。

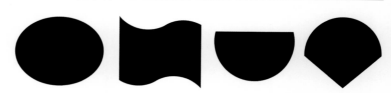

图 1-129 如同曲线具有女性化特征一样，包含曲线的面也具有女性化特征

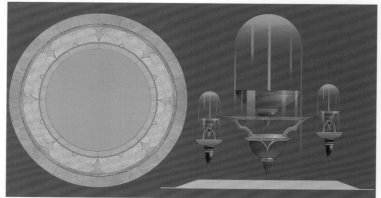

图 1-130 以曲线轮廓为主的元素，表现为包含曲线的面

包含曲线的几何面天然具有动势特性，有更强的自由度、流动性、不安定性，可以强化设计对象的动势倾向，用以表现设计对象的动感。图1-131呈现了三个相似的车辆轮廓剪影，第二张图中车辆的曲线轮廓相较于第一张图的直线轮廓更能表现出动感；第三张图进一步改变车辆曲线轮廓的趋势幅度，强化了曲线轮廓的表现力，进一步增强了车辆的速度感和动势特征。

图1-131 包含直线或曲线轮廓的面表现出不同的速度感

在设计中，一方面，若要表现有一定速度感的主体，可以加入一些含有曲线规则面的造型或纹饰，让主体呈现出一定的速度感；另一方面，曲线规则面往往以含有曲面特征的体积造型呈现。在图1-132中，飞艇的外轮廓主要由曲线构成，使飞艇具有较强的动势特征。

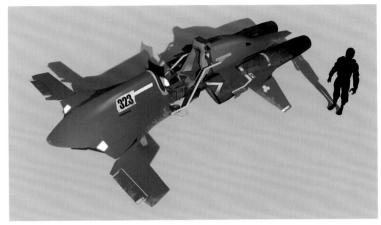

图1-132 曲线外形的动势特征较强

5.偶然形态面的形式感

偶然形态面具有强烈的随机性，其为一种不规则面，如泼溅墨水所产生的偶然形态色块，这类面的表象自由、奔放、生动，表现出一定的随机性，并直观表现出受力作用后产生的趋势性，如图1-133所示。

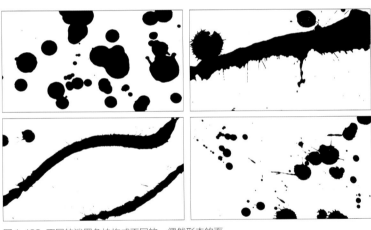

图1-133 不同的泼墨色块构成不同的、偶然形态的面

在设计中，偶然形态面多用于表现血渍、随机性的喷漆、爆炸后的痕迹等，能够呈现出一定的随机性、不安定性和意外的故事性。图1-134中坦克钳子和地面上的血渍以偶然形态面表现出曾经发生过暴力事件或战斗等不安定事件。

图1-134 血渍或随机性的喷漆等是设计中经常出现的偶然形态面

6. 自然形态面的形式感

自然形态面能直观呈现出相应自然结构的特征。自然界中不同外形的物体以面的形式而非体积的形态出现后，可以给人生动的视觉效果。如自然界中的岩石、树木、河流、瀑布的轮廓，如图1-135所示，以及不同动物的轮廓剪影，如图1-136所示，都可以看作自然形态面。自然形态面的表象是不规则面，往往表现出有规律但不一定规则的轮廓剪影形态。

图1-135 岩石、树木、河流及瀑布的轮廓剪影可以看作自然形态面

图1-136 不同动物的轮廓剪影可以看作自然形态面

此类面的应用关键在于掌握山石、树木等概括性的轮廓剪影的变化节奏，将不同自然形态的轮廓剪影应用于画面中，比如自然形成的珊瑚剪影、岩石剪影、树木剪影，如图1-137所示。

图1-137 珊瑚剪影、岩石剪影、树木剪影都可呈现为自然形态面

1.10 点、线、面的相互转化关系

点、线、面的关系是紧密相连的。它们的表象是相对的，并不是绝对的，也不是相互独立的，更多是相互依存的。它们属性的定义随着其在画面中的构成不同而产生变化，所以点、线、面在设计应用中存在着相互转化的关系。

1. 线和面呈现点的特性

线和面若具备点的表象，则呈现出点的特性。当画面中的线或者面具有足够分量的外观形式、鲜艳的颜色等可以引起人类本能反应的特性时，那么线和面往往能起到点的作用。图1-138中延续排列的线、较大面积的面占据了画面较大的位置，其分量有较强的视觉冲击力，因此能够呈现出点的特性。同样的，当画面中的线或面有较鲜艳的颜色或具有刺激性的外形时，也能呈现出点的特性。

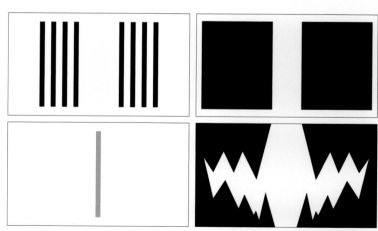

图1-138 特定外观形式的线或面起到了点的作用

在图 1-139 中，城门上巨大的石墙和橙色长条形旗帜具有明显的面和线的表象，但是在实际引导视线的作用上，它们首先起到的是点的作用。观者的视线首先被左右对称分布的旗帜和石墙吸引到画面中央，再沿着旗帜的线性方向上下移动。

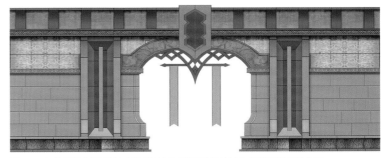

图 1-139 分量较大的石墙与醒目的长条形旗帜在画面中也能够起到点的作用

在图 1-140 中，左右两边的岩石的造型没有明显区别，可以构成分量相似的面，这种构图可以将视线聚焦到两者的中间，使面在画面中起到点的作用。

图 1-140 画面中两边的岩石构成面的表象

2. 面呈现线的特性

面呈现线的特性的本质是轮廓线作用于面，并且通过面的外观形式使面起到线的作用。一方面，在观察具有一定长宽比的面时，观者的视线倾向于沿着长线的部分移动，从而让面呈现线的特性；另一方面，当面方向性连续延伸排列时，在视觉惯性的作用下，面最终往往会构成线的外观形式，如图 1-141 所示。

图 1-141 有一定长宽比或方向性连续延伸排列的面能够产生方向性引导，呈现线的特性

在此基础上，线是点移动的轨迹，所以连续排列趋近于线的面所具有的方向性引导作用要比单一的面要强。比如分段的鱼所呈现出的连续排列的面的方向性要强于形态完整的鱼，如图 1-142 所示。

图 1-142 外形相似的鱼，右图的方向性强于左图

有一定长宽比的面呈现线的特性的情况在设计中比较常见。如图 1-143 所示，岩石外轮廓具有较大的长宽比，其呈现出的方向性和动态倾向也可以看作轮廓线的作用结果。

图 1-143 画面中的岩石外形具有较大的长宽比

在设计中，利用方向性连续延伸排列的面呈现线的特性也比较常见。图1-144中大小不同的树干构成了面的连续延伸排列形式。在视觉惯性的作用下，观者倾向于从右至左对画面进行观察。连续延伸排列的树干也具有线的表象，可以引导视线左右移动。

图1-144 画面中的树干构成方向性连续延伸排列的面

面具备线的特征，还表现为面呈现出趋向性特征。面的趋向性的本质是倾斜直线的形式感作用于面，并且通过面的外观形式起到倾斜直线的作用。一方面，具有倾斜直线轮廓特征的面能够呈现出倾斜直线的形式感；另一方面，连续倾斜延伸排列的面，在视觉惯性的作用下，也能够呈现出倾斜直线的形式感，如图1-145所示。

在此基础上，连续排列的面要比单一的面所具有的趋向性引导作用更强。比如分段的鱼所呈现出的连续排列的面的趋向性要强于形态完整的鱼，如图1-146所示。

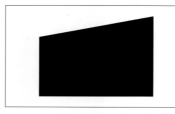 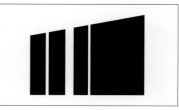

图1-145 具有趋向性的面和连续倾斜延伸排列的面都是斜线作用于面的表象

图1-146 外形相似的鱼，右图的趋向性强于左图

利用具有倾斜轮廓的面呈现倾斜直线的特性在设计中比较常见。如图1-147所示，倾斜的岩石的轮廓面所呈现出的趋向性特征，也可以看作倾斜轮廓线的作用结果。

图1-147 画面中的岩石外形呈现出明显的、具有趋向性特征的面

利用方向性连续倾斜延伸排列的面呈现倾斜直线的特性，在设计中也比较常见。在图1-148中，单体的岩石可以被视为封闭区域内构成的面，同时岩石方向性连续排列可以形成从左至右的趋向性，也可以看作连续延伸的倾斜直线在视觉惯性作用下的结果。

图1-148 画面中的岩石构成了连续排列并且具有趋向性的面

3. 点或线在画面局部呈现面的特征

点和线若在局部画面中具备面的特征，则呈现出面的属性。一方面，点越大，则越趋于以面的形式存在，因此点在画面局部的构图中可以起到面的作用；另一方面，线是点移动的轨迹，因此线在画面局部的构图中同样可以起到面的作用，如图1-149所示。

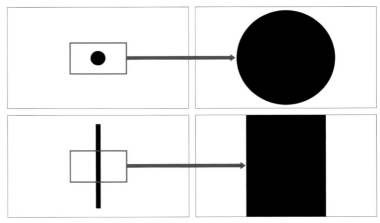

图1-149 将点或线局部放大，呈现出面的表象

在图1-150中，画面右上方的岩石和树木颜色醒目，具有较明显的外观形式，可构成画面中的点。在此基础上，将此部分放大所得到的画面在视觉上点的特性消失，其外观形式更趋于面。

图1-150 岩石和树木的组合所形成的造型构成画面中面的表象，在局部空间构成了面的表象

在图1-151中，笔直的石柱构成画面中的线。在此基础上，将此部分放大，占据画面大部分面积的单个石柱在视觉上线的特性减弱，其外观形式趋于面。

图1-151 石柱的局部构成了画面中面的表象

点或线呈现面的特征，往往出现在大主体框架下有较多元素的画面中，以及具有更深入、更细微的层次表现的画面中。在整体画面中，某个表现为点的元素，可能在其局部构图中起到面的作用。在图 1-152 中，局部的炸弹搬运车相对于整体画面属于较小的点，但若放大搬运车的局部区域，相对于局部的角色，搬运车又在局部构图中起到了面的作用，以面的形态衬托周围的角色。

图 1-152 炸弹搬运车在局部构图中以面的形态衬托周围的角色

4. 面的结构中具有点或线的特征

面若由点或线构成，则具有点或线的特征。一方面，虚面由点或线排列、围绕形成，那么虚面的结构中必然存在点或线的特征，如图 1-153 所示；另一方面，即使是实面，构成实面的体积结构若具有点或线的结构样式，也能够使面呈现出点或线的特征。

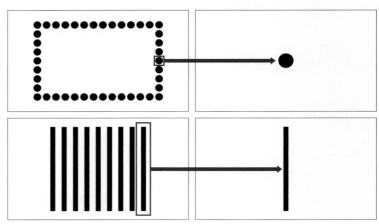

图 1-153 虚面的结构中具有点或线的特性

图 1-154 中的建筑错落排列，具有虚面的特征。在虚面的结构中，不同分量的建筑本质上是不同外观形式的点。

图 1-154 建筑群在画面中构成了面的表象

在图 1-155 中，远处的石壁作为画面中的远景，是画面的次要组成部分。远处石壁的结构中深蓝色与浅蓝色交替排列的亮面与暗面，使石壁具有线的特征。不同的明暗面本质上是不同外观形式的线。

图 1-155 画面中远处的石壁构成了面的表象

在创作中，在不改变面的整体外观形式的基础上，往往通过控制面中所呈现出的点或线的疏密关系及分量的相对大小，进一步拉开画面结构的层次感，呈现画面中次要部分的主次关系，如图 1-156 所示。

图 1-156 构成虚面的点或线具有分量上的差异，拉开了画面结构的层次感

在图 1-157 中，远处的建筑群作为画面中的远景，是画面的次要组成部分，建筑群的结构具有虚面的特征。在虚面的结构中，不同建筑还具有相对分量大小与疏密关系的变化。其中分量较大的建筑较为突出，构成了虚面中的点，形成了画面中次要部分之中相对主要的次级视觉中心。

图 1-157 画面中远处建筑群的分量大小与疏密关系的变化拉开了远景的层次感

CHAPTER

02

排列节奏

ARRANGEMENT RHYTHM

在绘画和设计应用中，不同的元素以点、线、面的构成元素呈现，往往要将这些元素进行有序地排列，以形成节奏感。画面中的元素因排列结构形式的不同，所呈现出的节奏感也不同。轮廓的节奏、平面的节奏、体积的节奏、固有色搭配的节奏、元素表现力的节奏、故事线的节奏等都以排列的形式呈现。不同结构形式的排列，对后续不同样式的节奏、具体形态的节奏的知识点的运用起到指引作用。

2.1 排列表现节奏韵律

节奏如同一首乐曲，不同的元素是构成节奏的音符，在画面中以排列的形式呈现，其变化过程呈现出明显的运动轨迹，如图2-1所示。

图2-1 孤立的重复音符即使有方向性，但如果没有变化趋势，也形成不了节奏感

同时，排列中的作为个体的基本元素形成对比，产生趋向性的变化，表现出趋向演变的特征是形成节奏的必要条件。元素之间的对比幅度是塑造节奏变化规律和节奏层次的基础，如图2-2所示。

图2-2 孤立的重复音符即使有了强度趋势变化，但如果没有产生层次变化，依然形成不了节奏感

当排列中的基本元素，通过间隔或不同元素相互对比形成间隔，便能够制造元素的变化层次。在排列过程中，让元素之间的变化层次形成有规律的重复组合关系，便形成了节奏感，如图2-3所示。有规律的重复，是节奏的基本结构表象。

图2-3 过程性变化一旦有了间隔或不同元素相互间隔，并且产生有规律的重复组合关系，便形成了节奏感

当赋予节奏中各个重复的规律以不同强弱对比的起伏变化，形成不同层次的起伏区间时，便塑造了节奏的韵律。起伏的韵律使节奏的变化呈现出层次感，如图2-4所示。

图2-4 赋予不同层次的起伏区间，让节奏的变化形成韵律

在整体节奏韵律变化的排列中，往往穿插加入局部的起伏变化，便能够在整体节奏基础上丰富局部的节奏层次变化，所构成的局部节奏变化也会依附于整体的节奏变化，如图2-5所示。

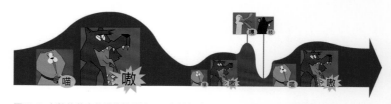

图2-5 在整体节奏韵律的排列中，局部的起伏变化丰富了局部的节奏层次变化

排列的表现形式能够建立元素与元素之间的联系，构成节奏变化的纽带，使排列能直观地表现不同的节奏形态。排列呈现出的节奏韵律可以是不同元素在空间层面的对比，也可以是同一元素在不同时间层面上的变化。

1. 空间层面的节奏韵律

空间层面的节奏，即静态元素的节奏韵律，直观地表现为角色、场景气氛、物件在相对静止的空间内的节奏韵律。如图2-6中不同肩甲的造型、色彩有着巨大的节奏差异，但都属于在静态的空间内呈现出不同元素的节奏韵律。

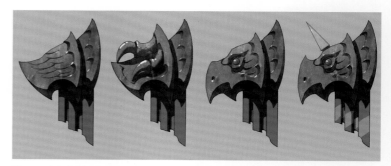

图2-6 大部分的概念设计都以静态的造型和色彩传达出不同的主题

2. 时间层面的节奏韵律

时间层面的节奏，即静态的主题呈现出动态的节奏韵律，直观地表现为角色、场景气氛、物件在不同时间段产生变化的节奏韵律。如图2-7中角色的动作设计，在不同时间段内的动态和不同表现力的特效，都属于在一定的时间内呈现动态变化的节奏韵律。

图2-7 角色的动作设计是较为典型的时间层面的节奏设计

2.2 节奏元素的对比

元素之间的对比是形成节奏的基础，核心在于改变排列过程中关键元素的对比，让排列过程形成不同的层次，进而塑造出不同的变化规律，呈现不同形式的节奏韵律。

一方面，元素之间对比差异的大小直接影响节奏感的强弱。在一定的变化范围内，元素之间对比差异较小，则节奏感相应较弱，元素之间对比差异较大，则节奏感相应较强，如图2-8所示。

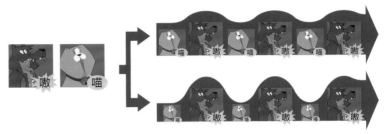

图2-8 节奏中元素之间的对比差异较小则节奏感较弱，元素之间的对比差异较大则节奏感也相对较强

另一方面，元素之间对比差异的大小也影响节奏韵律特征的强弱。在一定的变化范围内，元素之间对比差异较小，则节奏感相应较弱，不同起伏区间的对比也不明显，因此节奏韵律特征较弱。元素之间对比差异较大，则节奏感较强，不同起伏区间的对比较为明显，因此节奏韵律特征较强，如图2-9所示。

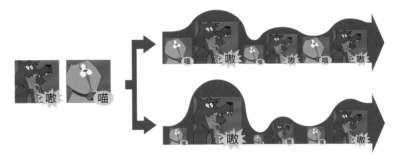

图2-9 元素之间对比差异较小，呈现出的节奏韵律特征较弱，元素之间对比差异较大，则呈现出的节奏韵律特征较强

概念设计主要通过塑造设计对象的形状和色彩，以及在此基础上呈现出的动态、音效、光效等内容传达不同的主题。因此，在具体的设计应用中，主要从元素的外观形式、元素之间的间隔、元素的趋势方向等方面塑造不同的节奏。

1. 个体元素的外观形式对比塑造不同的节奏

元素的外观形式分为形状与色彩两个层面。一方面，通过整体排列中的个体元素形状、分量等造型上外观形式的对比变化，能够呈现不同特征的节奏，即元素的外形节奏。如图2-10上下两组矩形的排列中，大矩形与小矩形之间造型的大小分量对比不同，形成了两组不同外观形式变化的排列，所呈现出的节奏特征也不同。

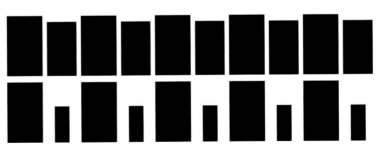

图2-10 上面一组排列元素之间的造型对比差异较小，下面一组排列元素之间的造型对比差异较大

以昆虫甲壳设计为例，图2-11中左图的个体元素的造型对比差异较小，而右图差异较大。个体基本元素之间的对比差异，形成了两组不同外观形式的排列，并呈现出不同的节奏特征。

图2-11 不同的造型对比赋予了昆虫甲壳不同的节奏特征

另一方面，通过整体排列中的个体元素颜色的对比变化，能够呈现不同的节奏形态，即元素的色彩节奏。在图 2-12 上下两组色块的排列中，色块之间的色彩属性不同，构成了两组不同外观形式的排列，所呈现出的节奏特征也不同。

图 2-12　上面一组排列元素之间的色彩对比差异较小，下面一组排列元素之间的色彩对比差异较大

以昆虫甲壳设计为例，在同样的造型基础上，图 2-13 中左图固有色对比差异较小，而右图差异较大，相应呈现出不同的节奏特征。

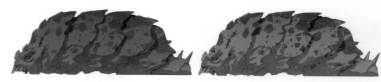

图 2-13　不同的色彩对比赋予了昆虫甲壳不同的节奏特征

将多个强弱不同的对比变化层次同时应用于塑造设计主体的外观形式，使外观形式呈现出更多层次的节奏变化，形成丰富的节奏韵律，如图 2-14 所示。

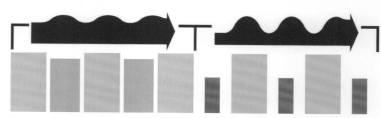

图 2-14　多个层次的外观形式对比变化让排列节奏产生节奏韵律

在图 2-15 中，巨龙背脊的造型变化强度相对较大，而喉咙部分的造型变化强度相对较小。上下轮廓不同强弱起伏的节奏，让巨龙的外形具有多层次的节奏韵律。

图 2-15　赋予巨龙不同部位以不同的外观形式对比，丰富了设计主体的节奏韵律

通过元素外观形式对比塑造不同的节奏，是节奏变化最根本的表现形式。轮廓的节奏、平面的节奏、体积的节奏、色彩搭配的节奏、元素表现力的节奏本质上是外观形式在不同层面上节奏的表象。在此基础上，同样的元素因为间隔或趋势方向的差异形成空间层面的对比，也能形成不同的节奏。

2. 个体元素之间的间隔对比塑造不同的节奏

通过整体排列中的个体元素之间不同间隔的差异变化，能够呈现不同特征的节奏，即元素的间隔节奏。如图 2-16 上下两组矩形的排列，大矩形与小矩形的间距差异分别构成不同间隔变化的排列节奏。

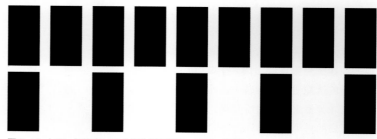

图 2-16　上面一组排列元素之间的间隔紧密，下面一组排列元素之间的间隔稀疏

以石堆设计为例,图 2-17 中左图不同大小的岩石之间间隔相对紧密,而右图相对稀疏。同样外观形式的个体元素,通过不同的间隔差异塑造,呈现出不同的节奏特征。

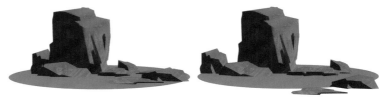

图 2-17 赋予同样的岩石造型不同的间隔对比,塑造了两组岩石不同的节奏特征

将多个强弱不同的对比变化层次同时应用于塑造设计主体中不同元素的间隔,可以使主体的外观形式呈现出不同的起伏区间及更多层次的节奏变化,形成丰富的节奏韵律,如图 2-18 所示。

图 2-18 多个层次的间隔对比变化让排列节奏产生节奏韵律

在图 2-19 中,以武器设计为例,齿状刀刃与下方嵌入的尖牙的强弱对比差异不大,但齿状刀刃部分的间隔相对较大,而下方嵌入的尖牙,间隔相对较小。不同元素的不同间隔,让设计主体具有更多层次的节奏韵律。

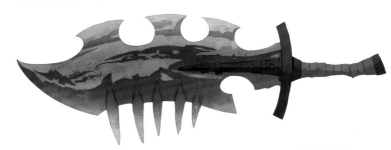

图 2-19 赋予武器不同部位的元素以不同的间隔对比,丰富了设计主体的节奏韵律

3. 个体元素的方向趋势变化塑造不同的节奏

当排列中的个体元素具有明显的方向趋势特征时,能够呈现不同特征的节奏,即元素的方向趋势节奏。图 2-20 中的箭头表示个体元素的方向趋势。在上下两组的箭头排列中,箭头之间的方向趋势变化幅度差异分别构成不同的排列节奏。

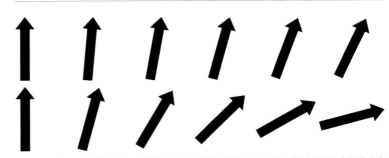

图 2-20 上面一组排列元素之间的方向趋势变化幅度较小,下面一组排列元素之间的方向趋势变化幅度较大,并影响到整体排列的趋势呈现出逐渐变化的形态

元素的方向趋势变化是一种特殊的外观形式变化,在实际应用中,往往也伴随着个体元素形状的变化。以冰柱设计为例,图 2-21 中左图与右图整体趋势相似、颜色接近、个体元素的造型也相似,但构成排列的冰柱的趋势方向不相同,形成了两组不同外观形式的排列,并相应呈现出不同的节奏特征。

图 2-21 左图冰柱个体呈现出垂直趋势,右图冰柱个体呈现出倾斜趋势

将多个强弱不同的变化层次同时应用于塑造设计主体的方向趋势,使主体外观形式的变化呈现出不同的起伏区间及更多层次的节奏变化,形成丰富的节奏韵律,如图 2-22 所示。

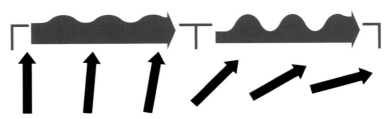

图 2-22 多个层次的趋势方向变化让排列节奏产生节奏韵律

图 2-23 中远景山体的整体趋势呈现出相对垂直的状态，同时近处的岩石堆呈现出倾斜的状态。不同景别中岩石的方向趋势差异，让整体画面具有更多层次的节奏韵律。

图 2-23 倾斜的岩石与垂直的岩石形成方向上的对比，丰富了场景的节奏韵律

通过对元素外观形式、间隔及方向趋势的塑造，可以呈现不同的节奏形态。在设计中，不同的节奏形态并不是单独应用的，不同元素经常以多种节奏形态同时应用于画面中。在图 2-24 中，树干上不同种类的植物有不同的形状、色彩，也有间隔变化，同时外形还具有方向趋势变化。不同的节奏形式共同构成了植物的排列，影响画面的整体节奏。

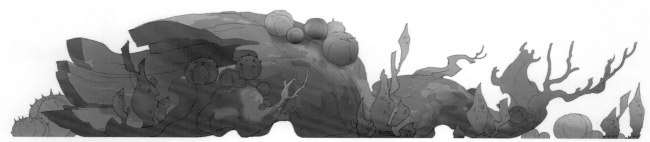

图 2-24 树干上植物的排列呈现出多种节奏形态

▊▎2.3 节奏的变化规律

节奏是元素之间的变化层次形成的有规律的重复组合关系。以元素之间的对比层次为基础，元素之间的变化规律直观地呈现出不同的演变过程，形成不同的节奏特征。排列节奏的变化规律可以归纳为两个不同的方向，或趋于有序的变化规律，或趋于无序的变化规律。如图 2-25 中单纯的重复组合排列，节奏的规律性较强。产生一定起伏变化的组合排列形成有韵律的节奏，节奏的规律性相对减弱，但仍然具有变化规律。而个体元素若产生脱离于整体变化规律的对比，则节奏的规律性较弱。

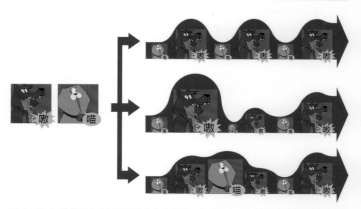

图 2-25 无论趋于有序还是无序的变化规律，都以元素之间的对比层次为基础进行塑造

利用排列节奏所呈现的外观形式塑造不同的变化规律，主要通过改变排列节奏中每个相邻个体元素之间的变化幅度的规律实现。变化幅度规律一致会形成趋于有序的节奏变化，变化幅度规律不一致会形成趋于无序的节奏变化。

在运用中，可以通过塑造元素的外观形式、元素之间的间隔、元素的方向趋势的变化幅度，形成不同的节奏变化规律。

1. 塑造个体元素外观形式的变化幅度

排列节奏中的个体元素之间外观形式的变化幅度的规律趋于有序或无序，能够呈现不同的节奏变化规律。在图 2-26 上面一组排列中，相邻的元素形状、大小和色彩以一定比例变化，形成相对有序的节奏；而下面一组排列中，相邻元素的变化并没有按一定比例进行，形成相对无序的节奏。

图 2-26 上下两组排列的外观形式的变化幅度差异形成了不同变化规律的节奏

如图 2-27 中两个外观相似的武器，尖刺构成了排列中的个体元素。左图尖刺的造型大小以一定的规律变化，整体呈现出相对有序的节奏感；而右图的尖刺造型呈现出大小不一的变化，整体呈现较为无序的节奏感。

图 2-27 造型表现力变化幅度规律的差异，形成了两把武器不同的节奏变化规律

2. 塑造个体元素之间间隔的变化幅度

排列节奏中的个体元素之间间隔变化幅度的规律趋于有序或无序，能够呈现不同的节奏变化规律。在图 2-28 上面一组排列中，元素之间的间隔变化幅度呈现出一定比例的递增，形成相对有序的节奏；而下面一组排列中，元素之间的间隔变化并没有一定的规律，形成相对无序的节奏。

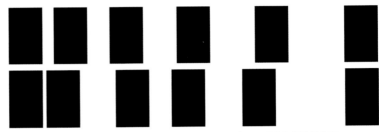

图 2-28 上下两组排列的个体元素之间间隔幅度差异形成了不同变化规律的节奏

比较图 2-29 中两组盾牌的排列，左图盾牌之间的排列间隔相对一致，整体呈现出相对有序的节奏感；而右图盾牌的间距不一致，整体呈现较为无序的节奏感。

图 2-29 元素之间的间隔的变化幅度规律的差异，形成了两组盾牌不同的节奏变化规律

3. 塑造个体元素趋势方向的变化幅度

排列节奏中的个体元素方向趋势变化幅度的规律趋于有序或无序，能够呈现不同的节奏变化规律。在图 2-30 中上面一组排列中，相邻的元素方向趋势变化呈现出一定角度的递增，形成相对有序的节奏；而下面一组排列中，元素之间的趋势方向变化并没有一定的规律，形成相对无序的节奏。

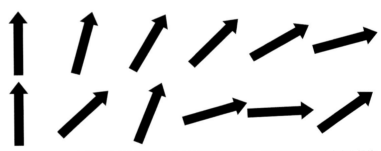

图 2-30 上下两组排列的个体元素趋势方向变化幅度的差异，形成了不同的节奏变化规律

比较图 2-31 中两组油桶，左图趋势方向一致的排列所形成的秩序感较强，整体呈现出相对有序的节奏感；而右图趋势方向不一的排列，整体呈现出较为无序的节奏感。

图 2-31 元素趋势方向变化幅度的差异，形成了两组油桶不同的节奏变化规律

不同规律的排列节奏并不是孤立存在的。不同规律的排列节奏往往统一于整体的设计中，即整体的节奏既有无序的节奏部分，也有有序的节奏部分。设计主体呈现出多种规律的排列节奏时，一方面，不同的规律区间必然形成不同的起伏区间，整体必然存在节奏特征；另一方面，趋于有序或无序的部分，往往也能够作为独立的节奏元素，如图 2-32 所示。

图 2-32 整体的排列节奏可以拆分为无序的起伏部分和有序的起伏部分

在图 2-33 中，围墙整体呈现出较为有序排列的外观形式，但被破坏的部分，呈现出趋于无序排列的外观形式，这体现了不同的规律特征的排列节奏统一于整体的设计中。

图 2-33 在设计中，不同表现倾向的排列节奏往往同时出现

2.4 重复排列的节奏形式

排列的过程性变化，因个体元素外观形式对比不同、间隔对比不同、趋势方向对比不同，塑造了不同的排列结构形式。其过程形态的结构也呈现出不同的节奏特征。其中，重复排列是最基本的节奏的结构表现形式。

重复排列的结构表现形式的特征，一方面是以相同或相近的基本元素为主体，在基本格式内不断连续、有规律地反复出现；另一方面，重复排列层次变化强弱对比相同或者相对差异不大的元素，变化形式反复出现，其结构表现形式具有很强的点排列形成线的形态表象。

重复排列的具体表现形式主要有以下几种。

1. 造型重复排列

造型重复排列是以形状、大小、方向一致，并且以间隔一致的造型为主体进行反复排列形成的，如图 2-34 所示；或以多个个体为一组，同时一组造型的形状、大小、方向一致，并且以间隔一致的造型为主体进行反复排列形成的，如图 2-35 所示。同样的造型反复出现，以及元素和元素之间的变化形式反复出现，是重复排列的基本表现形式。

图 2-34 四边形通过相互间隔反复出现，并且变化形式反复出现

图 2-35 一大一小的四边形成一组造型，通过相互间隔反复出现，并且变化形式反复出现

一排排子弹的弹链形态是典型的造型重复排列，通过子弹之间的间隔对比，呈现出造型重复排列形式，如图 2-36 所示。

图 2-36 弹链的结构表现形式很直观地呈现出造型重复排列的设计样式

在游戏设计中，经常利用造型重复排列设计二方连续或四方连续拼接的纹饰，如墙面花纹、道路花纹、瓦片花纹、地砖花纹及各种连续循环的装饰性花纹，如图 2-37 所示。

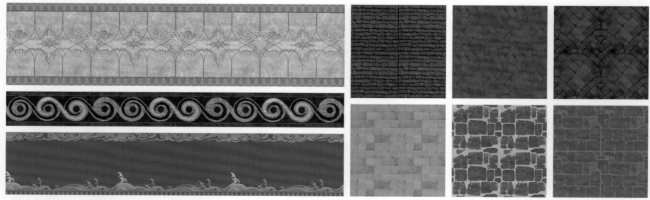

图 2-37 造型重复排列在连续贴图的设计中表现得十分明显

在设计应用中，造型重复排列还表现为连续结构，如连续重复的廊柱结构、墙面结构等，如图 2-38 所示。

图 2-38 连续结构的设计呈现出明显重复排列节奏形式

2. 颜色重复排列

颜色重复排列以物体造型为基础，让不同颜色的属性相互反衬，形成相互间隔并且不断重复。同样的颜色反复出现、不同颜色互为间隔是颜色重复排列的特征，如图 2-39 所示。

图 2-39 红色与黄色色块相互间隔反复出现，并且变化形式也反复出现

在设计中，固有色的排列往往依托于造型排列。在图 2-40 中，红、蓝、黑交替穿插的排列依托于图案形状的排列。在颜色的排列应用中，更多利用造型所构成的平面切割，赋予不同属性以颜色，从而形成色彩搭配关系。

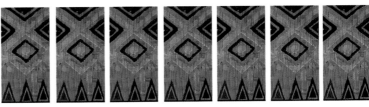

图 2-40 图案构成的纹饰颜色反复出现，构成了颜色重复排列

此外，颜色的重复排列也可以赋予不同结构造型以同样的颜色，从而使其具有重复排列的形态。在塑造武器时，图 2-41 中左边尖刺状的红色与右边刀片上的红色，本质上是一个层次固有色的排列，不同的造型区间通过同样的色彩搭配形成颜色的重复排列。

图 2-41 不同的造型结构通过同样颜色的塑造，构成了颜色重复排列

3. 近似元素排列

近似元素排列由重复排列经过轻微不规则的变化而形成。其排列的方式和方法与重复排列是一致的，一方面表现为造型近似排列，如图 2-42 所示；另一方面表现为颜色近似排列，如图 2-43 所示。近似元素的排列具有重复排列的统一感，同时变化的生动性更强。

图 2-42 经过轻微变化的三角形，形成众多不同的图形形态，相互间隔，构成了近似元素排列

图 2-43 固有色属性经过轻微变化，形成众多不同的颜色样式，相互间隔，构成了近似元素排列

在图 2-44 所示布帘的图案设计中，每个图案元素主题一致，样式、颜色接近，但相邻的元素有轻微的变化，从而构成了近似元素排列。相较于重复排列形成的图案，近似元素排列形成的图案更加生动。

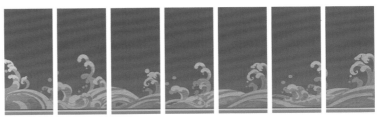

图 2-44 纹饰造型与固有色经过轻微变化，构成了近似元素排列

在设计应用中，也经常将近似元素排列应用于一些偏自然构造的题材，从而让设计对象富有自然形态的生动性。比如在图 2-45 中，昆虫一节一节具有相似造型和相似纹饰的躯体便是较为典型的近似元素排列，一节一节相似的躯体结构让昆虫的外观富有生动性。

图 2-45 昆虫躯体结构的轻微变化让其自身富有生动性

2.5 特异排列的节奏形式

特异排列是重复排列的一种特殊表现形式，当重复排列的局部插入形态变化较大的元素时，便形成特异排列的节奏形式。变异部分与整体的对比差异不能太大，且要在不影响整体排列趋向的情况下，与整体形成明显的反差。特异排列的特征，一方面是以相同或相近的基本元素为主体，在基本格式内不断重复、连续有规律地反复出现，排列的每个层次之间没有明显差异，重复排列的形态占据大部分面积；另一方面是局部部分元素变异，产生对比并因此形成视觉中心。因此，特异排列具有很强的线与点在画面中呈现的外观形式特征。

特异排列的具体表现形式主要有以下几种。

1. 造型特异排列

造型特异排列是在造型重复排列的基础上，由局部的元素出现造型变异形成的。造型特异可以是同样的形状形成大小分量变化的变异，也可以是形状上的变异。形成造型特异的元素与整体造型对比差异越大，则造型特异越明显。比较图 2-46 中上下两组排列，下面一组形成造型特异的元素形状与其他元素形状差异较大，因此造型特异特征要强于上面一组。

图 2-46 相较上面一组，下面一组的梯形特异特征更加明显

在设计中，经常利用造型特异排列的形态构成线的引导，来强调某个局部点的存在感。在图 2-47 中，右端刀刃状结构与整体机械结构存在明显差异，构成了造型特异排列。而造型特异排列中的重复排列部分，强调了特异部分的存在感。

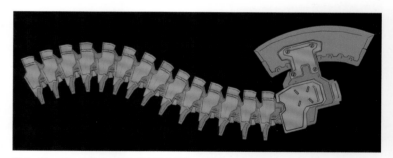

图 2-47 一节一节的机械结构趋向线的表象，并强调了点的存在

造型特异排列在场景设计中的运用也较为常见。在图 2-48 中，一系列水晶灯的重复排列及整体排列的结构形式中，喷泉占据了其中某个水晶灯的位置，喷泉的造型、分量与水晶灯形成明显反差。在整体画面中，喷泉是视觉中心，而水晶灯形成的重复排列部分则强调了喷泉的存在感。

图 2-48 喷泉的造型和分量与水晶灯有十分明显的反差，喷泉是画面中的视觉中心

2. 颜色特异排列

　　颜色特异排列是在颜色重复排列的基础上，对某个局部的色彩做出颜色属性上的明显改变而形成的。颜色特异能够塑造局部的颜色与整体的色彩，并形成鲜明的反差，色彩的对比越强，则颜色特异特征越明显。如图 2-49 所示，红色与黄色、橙色所形成的颜色特异排列中，色彩对比差异较小，颜色特异特征不明显；而蓝色与黄色、橙色所形成的颜色特异排列中，色彩对比差异较大，颜色特异特征也较为明显。

　　如图 2-50 所示，由深、浅蓝灰色相互穿插交替搭配的木板中，掉漆的木板相对于整体附有蓝色油漆的木板，在固有色上形成鲜明反差，构成了颜色特异排列。

　　醒目的颜色能够形成点。在一系列醒目的颜色中，局部颜色与整体颜色形成的鲜明反差，同样也能够形成画面中的视觉中心。如图 2-51 所示，在颜色表现力都较强的灯柱排列中，与周围颜色反差最大的紫红色灯柱，构成了局部颜色的特异特征，最能引起观者的注意。

　　在复杂的设计中，颜色特异排列更多利用造型构成的平面切割，赋予不同属性的元素以颜色，从而形成色彩搭配关系。在图 2-52 中，依托于弩炮的发射造型的原木色与整体昆虫的绿色形成鲜明的反差，构成了颜色特异排列。弩炮因颜色特异，成为画面的视觉中心。

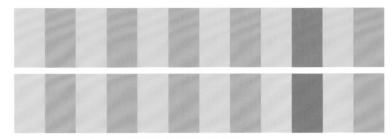

图 2-49 相较上一组，下一组的颜色特异特征更加明显

图 2-50 掉漆的木板相对于整体附有蓝色油漆的木板，在固有色上形成鲜明反差

图 2-51 在整体都较为醒目的颜色中，形成特异特征的紫红色最为醒目

图 2-52 形成特异的颜色在设计中运用于视觉重点的表现

3. 间隔特异排列

　　间隔特异排列是在重复排列的基础上，由局部元素与相邻元素的间隔，出现与整体排列的间隔产生变异而形成的。间隔特异属于同样的元素在空间位置产生特异的一种表现形式。形成间隔特异特征的元素间隔与整体间隔对比差异越大，则间隔特异特征越明显。比较图 2-53 中上下两组排列，下面一组中形成间隔特异特征的方块与其他方块之间的间隔对比较大，因此其间隔特异特征要强于上面一组。

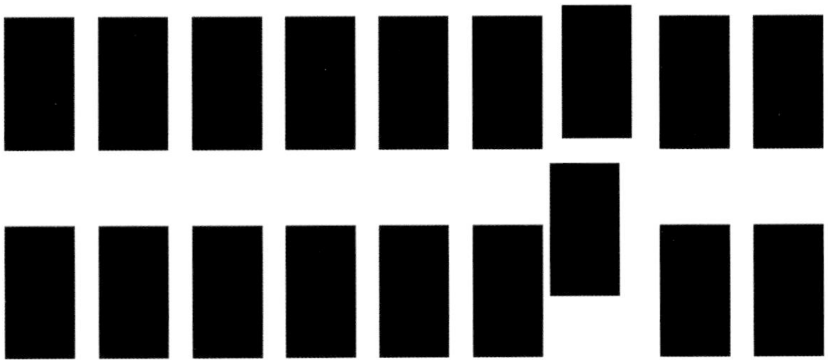

图 2-53 相较上面一组，下面一组的间隔特异特征更加明显

在图 2-54 所示车轮的排列结构中，某个车轮所处的空间位置与其他车轮的间隔具有明显的差异，形成间隔特异排列。形成特异排列的车轮成为画面的视觉中心。

图 2-54 间隔与整体具有明显变化的车轮成为画面中的点

在间隔特异排列的设计运用中，通过相同元素所处相对空间的差异，强调画面中的某个正在进行中的事件形态。在图 2-55 所示的导弹发射架中，某一枚导弹凸出形成的空间差异，构成了正在发射或正在纳入的事件形态。

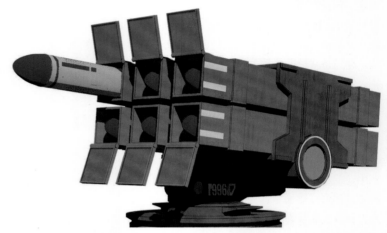

图 2-55 因导弹空间位置的不同，构成了正在进行中的事件形态

4. 方向趋势特异排列

方向趋势特异排列是在重复排列的基础上，由局部的元素呈现出趋势方向的变异而形成的。方向趋势特异排列中，形成特异的元素因方向变化，使形状和空间位置产生变化，因此也属于相同元素的造型与间隔产生特异的一种特殊表现形式。形成个体方向趋势特异的元素与整体的对比差异越大，则方向趋势特异特征越明显。比较图2-56 中上下两组排列，下面一组的水平箭头所呈现出的方向趋势特异特征要强于上一组的倾斜箭头所呈现出的方向趋势特异特征。

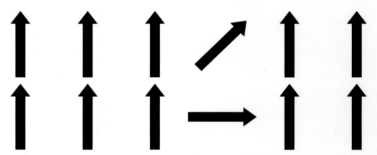

图 2-56 相较上面一组，下面一组的方向趋势特异特征更加明显

当油桶作为排列中的个体元素时，其结构长宽比具有一定的方向性。在图 2-57 所示的整体排列中，某一个油桶的方向与其他油桶有着明显的方向差异，构成了特异排列，成为画面的视觉中心。在方向趋势特异排列中，形成特异特征的油桶因造型方向的改变，其轮廓形态与其他油桶的间距也产生了一定变化，所以也体现出一定的造型特异排列和间隔特异排列的特征。

图 2-57 倾斜的油桶相对正立的油桶构成了个体造型上趋势方向的变化

方向趋势特异排列是相同元素的个体在趋势方向上形成差异构成的，也能够强调画面中某个正在进行中的事件。如图 2-58 中开启的盖子，构成了正在打开或正在关闭的事件形态。

图 2-58 开启的盖子与相对闭合的盖子构成了个体造型上趋势方向的变化

2.6 渐变排列的节奏形式

当构成排列中个体元素的变化处于递进改变的形式时，便形成渐变排列的结构形式。渐变排列的表现形式的特征，一方面是每个个体按一定规律处于递进式的逐渐变化，另一方面是渐变排列每个层次变化强度的强弱也呈现出递进式的逐渐变化，从而产生排列的秩序感和变化过程的趋势感。

渐变排列的具体表现形式主要有以下几种。

1. 造型渐变排列

造型渐变是渐变排列构成中最基础、最直观的渐变形式之一，也是渐变排列中十分重要的部分。造型渐变排列通过塑造排列中的造型元素，赋予不同阶段造型的差异、大小分量的差异、表现力强弱的差异，呈现阶段性渐进式变化。在造型渐变的过程中，排列的造型元素按一定变化强度，以形状、大小等造型元素逐渐产生变化。其中，造型的大小逐渐变化是最基础的造型渐变排列形式之一，如图 2-59 所示。

造型的大小渐变在实际设计应用中较为常见。图 2-60 中巨龙的尖角在一节一节的结构造型上，呈现从大到小的变化，从而形成了造型渐变排列的节奏形式。

图 2-59 相同形状个体的大小渐变是最基础的造型渐变排列形式之一

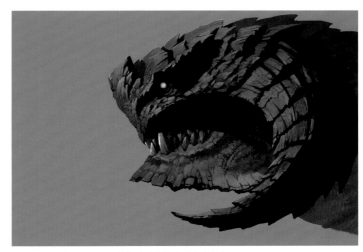

图 2-60 巨龙尖角一节一节的造型结构产生大小渐变

造型渐变排列还表现为具体形状上的逐渐变化过程。形状上的渐变排列要求两两相邻的个体具有相似的形状过渡，如图 2-61 所示。

图 2-61 在排列过程中，圆形逐渐演变成四边形，四边形逐渐拉长

图 2-62 中的植物形成一节一节渐变的排列，从根部结构到顶端的花朵结构，植物每一节的结构之间都具有明显的相似形状的过渡，并最终形成差异化的渐变，从而形成了造型渐变排列的节奏形式。

图 2-62 植物一节一节的造型渐变排列，逐渐产生形状的渐变

在大小变化与形状变化的基础上，造型渐变排列的过程还可以有虚实变化、抽象到具象的变化等变化形式，如图 2-63 所示。

图 2-63 在排列的过程中，造型产生抽象到具象的变化

造型的虚实变化、抽象到具象的变化在一些特效设计中较为常见。在需要表现设计动态效果时，利用造型渐变排列赋予设计对象不同阶段的不同形状变化，即由一种造型变化成另一种造型，这是游戏设计中最常用的设计方式之一，比如角色形象的变身、技能释放的形状等。在最初形态和最终形态之间赋予设计对象一些造型上的渐变，或由抽象到具象的过渡变化，用以表现其结构变化过程的递进关系，让变化的不同阶段、不同形态的造型产生联系，如图2-64所示。

图2-64 在设计动态效果时，设计对象造型的变化过程往往结合由抽象到具象的过渡变化

2. 颜色渐变排列

颜色渐变排列以颜色属性的变化为基础，通过在颜色属性上做出渐进式的变化形成。颜色渐变排列可以由颜色之间的交织过渡形成，也可以通过色块的递进过渡形成，如图2-65所示。交织过渡形成的颜色渐变排列，不同颜色之间没有明显的边界，往往过渡柔和。以色块递进过渡形成的颜色渐变排列，颜色之间的边界较为明显，单独的色块形成的封闭区域构成独立平面。

图2-65 颜色渐变排列可以由多种颜色渐变的交织过渡形成，也可以通过色块的递进过渡形成

在设计应用中，颜色的交织过渡或色块的递进过渡都可以在同样的造型上进行色彩搭配，并产生不同的外观形式。如图2-66中同样造型的猪，左图以交织过渡的颜色渐变排列构成，呈现出较为整体的外观形式；右图以色块递进过渡的颜色渐变排列构成，色块感较强。

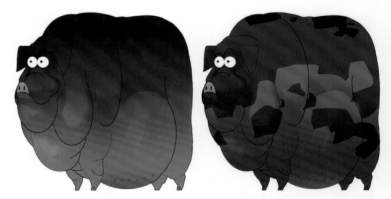

图2-66 左图以颜色交织呈现颜色渐变排列，右图以不同色块逐渐过渡呈现颜色渐变排列

在实际设计应用中，颜色渐变排列往往结合平面切割的知识点，赋予不同元素或不同材质以相同或相似的固有色，制造设计主体的色彩搭配关系。在图2-67中，色彩的搭配从上至下，蓝色色块逐渐减少，同时土黄色色块逐渐增加。通过赋予局部不同的单体元素以相同的蓝色色块，构成颜色渐变排列。比如布袋的蓝色色块、纸箱的蓝色色块、顶棚的蓝色色块等都是通过赋予不同材质以相同色块，从而表现整体色彩搭配的色块形成有节奏的递进过渡。

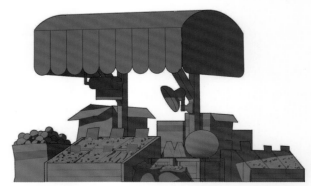

图2-67 蓝色色块与土黄色色块相互穿插构成了颜色渐变排列

3. 间隔渐变排列

间隔渐变排列主要体现在元素与元素间隔疏密的变化上。间隔渐变排列通过塑造元素在间隔上形成稀疏与密集形式，构成递进式的变化关系，如图 2-68 所示。

图 2-68 矩形的间隔逐渐变化产生了空间上的间隔渐变排列

在设计应用中，间隔渐变排列可以理解成元素之间负空间的间隔逐渐产生大小变化，形成负空间造型渐变排列。如图 2-69 中路灯的间隔渐变排列，本质上也可以看作路灯之间负空间的大小变化。

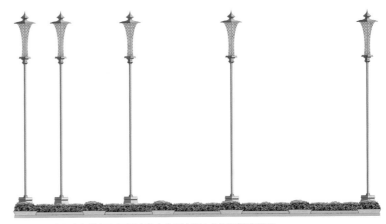

图 2-69 路灯之间的间隔逐渐变化产生了空间上的间隔渐变排列

在设计应用中，间隔渐变排列因强调元素与元素之间在负空间上递进式的节奏变化，而经常用以表现设计对象的加速运动或减速运动。在图 2-70 中，鱼雷的间隔渐变排列呈现出不同的速度感，鱼雷之间的间隔递增能够表现出加速运动，而鱼雷之间的间隔递减则表现出减速运动。

图 2-70 间隔的渐变赋予了鱼雷不同的速度感

因此在设计应用中，沿着设计对象的运动方向，赋予拖影表现设计对象的运动状态，本质是通过同样的造型，在同样的空间内以间隔渐变排列，制造出不同的速度感，如图 2-71 所示。

图 2-71 拖影让跑车呈现出动感

4. 方向趋势渐变排列

方向趋势渐变排列主要体现在具有方向趋势性的元素在排列中元素方向的变化上，它主要通过让个体元素的方向趋势呈现逐渐递进变化关系而形成，如图 2-72 所示。

图 2-72 箭头的方向趋势逐渐变化改变了所处的空间形态，形成了方向趋势渐变排列

当油桶作为排列中的个体元素时，其结构长宽比具有一定的方向性。在整体的排列中，油桶的方向逐渐变化，构成了渐变排列，如图 2-73所示。在方向渐变排列中，依次改变方向趋势的油桶，其轮廓形态和间距也产生了一定的变化，所以也体现出一定的造型特异排列和间隔特异排列的特征。

图 2-73 逐渐倾斜的油桶构成了趋势方向渐变排列

元素的渐变过程能够很明确地呈现设计对象在运动中不同阶段的形态，赋予设计对象以动态倾向。在图 2-74 中，导弹发射架的防护盖依次打开，防护盖的造型在方向上呈现逐渐变化的形态。

图 2-74 依次打开的防护盖，构成了方向渐变排列

2.7 发射排列的节奏形式

前文分享的节奏形式，都是以线的结构形式呈现的。当排列的结构形式表现出发射点和发射线的样式时，便产生发射排列的节奏形式。发射排列是重复排列、渐变排列在结构形式上的一种特殊演变，是一种特殊的重复或特殊的渐变。第一，发射排列具有较强的聚集点，这是其最显著的特征；第二，排列的结构形式具有较强的动感，或者由四周向中心聚集，或者由中心向四周扩散；第三，其结构形式具备点、线、面的特性。

发射排列的具体表现形式主要有以下几种。

1. 离心式、向心式排列

排列的基本结构形式呈现出向外扩散或向内聚拢，产生离心式或向心式排列的外观形式，具有较强的视觉聚焦效果。离心式排列的外观形式呈现出外放式的形式感，向心式排列的外观形式呈现出吸纳式的形式感，如图 2-75 所示。

图 2-75 离心式、向心式排列呈现出向外扩散或向内聚拢的形态

离心式和向心式排列在设计应用中较为常见。这两种排列方式经常用作各种纹饰的设计，如地砖纹饰、旗帜纹饰、窗户拼花纹饰等，如图 2-76 所示。

图 2-76 以离心式、向心式排列塑造的不同类型的纹饰在设计应用中较为常见

立体空间中往往也会运用离心式、向心式排列塑造设计对象的立体结构造型变化。如图2-77中两把不同外形的武器，左图锤子中嵌入的尖刺构成了离心式排列，右图木棒嵌入的铁块结构构成了向心式排列。

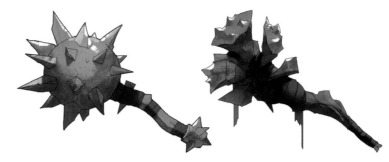

图 2-77 武器嵌入式的结构在立体空间中呈现出离心式、向心式排列

2. 同心式排列

排列的基本结构形式呈现出从中心聚焦点向外逐渐发射扩展，形成一层一层环绕的结构形式，呈现同心式排列的外观形式。以同心式排列塑造的设计对象一方面具有一定的视觉聚焦效果，但相对于离心式和向心式排列的效果较弱；另一方面，通过拉开同心式排列中不同层次环绕结构的体积对比，可以体现较强的空间层次感，如图2-78所示。

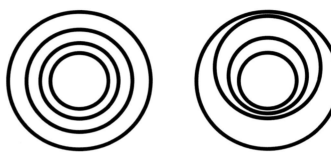

图 2-78 同心式排列结构呈现出从中心向外一层层环绕扩散的形态

同心式排列也经常用于各种类型的纹饰设计，如图2-79所示。在游戏设计应用中，离心式、向心式与同心式排列所构成的纹饰，都可以以二方连续拼接的制作方式呈现，能有效利用有限的贴图面积，设计出较大尺寸的纹饰。

图 2-79 以同心式排列塑造的各种类型的纹饰在设计应用中较为常见

利用同心式排列一层层环绕的特性，可以赋予不同环绕层次不同的体积，来丰富画面的空间感。在图2-80中，外圈的石柱构成的环绕体积感较强，内圈的石砖环绕形成平面的结构，两个层次不同的体积对比丰富了画面的空间感。

图 2-80 在同心式排列中，外圈石柱的立体感较强，内圈石砖的立体感较弱

当同心式排列运用在立体空间中时，不同环绕层次的体积对比差异往往呈现出球场式的结构，塑造的画面有很强的纵深感，如图2-81所示。

图2-81 崖壁一层层环绕的结构形成了明显的同心式排列

离心式、向心式、同心式排列往往不是孤立应用的，而是同时应用的。主要呈现出离心式、向心式的设计，往往包含着较不明显的同心式排列结构；主要呈现出同心式的设计，往往也包含着较不明显的离心式、向心式排列结构。在图2-82中，水晶花窗放射状的结构与环绕状的结构较为均衡，是离心式、向心式、同心式排列在表现上较为均衡的设计。

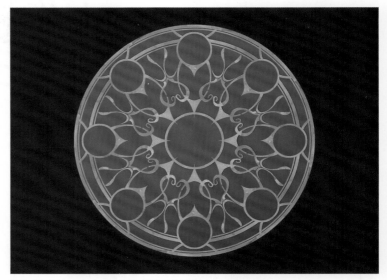

图2-82 图中离心式、向心式、同心式的排列，所占设计比例相当

3. 螺旋式排列

螺旋式排列的基本结构形式呈现出从中心聚焦点向外逐渐旋转、环绕的基本造型及逐渐扩大的结构形式，如图2-83所示。螺旋式排列形成的纹饰，相较离心式、向心式、同心式排列，表现出更丰富的变化。但也因为难以通过二方连续拼接的制作方式做出占用贴图面积较小的纹饰样式，所以较少用于通用纹饰的设计。

在图2-84中，纹饰具有较强的表现力，但纹饰设计的结构无法通过连续性的拼接构成，所以占用贴图的面积相对较大。

图2-83 螺旋式排列结构呈现出从中心向外逐渐旋绕扩大的形态

图2-84 螺旋形结构难以以连续拼接的制作方式呈现

因为螺旋式排列的构成形式具有更大的创作自由度和动感，所以能表现出更多的结构层次变化。在场景设计中，经常利用螺旋式排列来表现更贴近自然形态或不安定形态的设计主体，如图2-85所示。

图2-85 螺旋式排列的岩石呈现出不安定的形态

发射排列的结构具有极强的引导视线聚焦于中心的作用，是天然用于强调视觉中心的排列形式。如放射状鸟类的羽冠结构、卷曲的生物形态等，便是通过向心式排列和螺旋式排列的结构形式强调画面中主体的存在感，如图2-86所示。

图2-86 一些生物的造型特征天然呈现出发射排列的结构

离心式、向心式、同心式、螺旋式排列的结构形式天然运用于表现某些特定生物样式，如螺壳结构、海胆的放射结构等。如图2-87中的生物，便是在鹦鹉螺螺旋式排列的基础上，加入离心式排列的尖刺结构所构成的。

图2-87 发射排列经常在生物设计的运用中呈现

CHAPTER

03

节奏的作用

HOW RHYTHM WORKS

不同的节奏是通过塑造不同元素的排列变化呈现出来的。在此基础上，不同的排列节奏形成的造型外观的差异，赋予了设计对象不同的外观形式，而不同的外观形式给予观者的印象不同，这是传达设计表现的重要手段。

3.1 排列节奏塑造表现力

不同的排列节奏赋予设计对象不同的外观形式，而外观形式的差异能够塑造不同的表现力。表现力直接关系到画面权重的呈现，起到传达不同表现强度的作用。

在设计中，主要通过塑造排列节奏中个体元素的变化来塑造不同强弱的表现力。

1. 塑造个体元素外观形式的变化幅度

排列中个体元素的变化幅度能够塑造不同的表现力。不同排列中元素的不同造型外观形式对比、间隔对比、趋势方向对比构成了不同形式的节奏。在相似的分量下，排列中个体元素外观形式的变化幅度的大小，能够让整体排列形成不同的外观形式，从而塑造不同的表现力，如图3-1所示。

个体元素之间的对比幅度越大，则整体外观形式的表现力也越强，如图3-2所示。

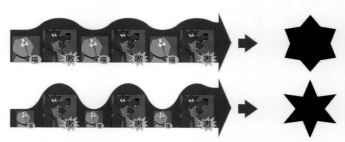

图3-1 通过塑造节奏中个体元素的对比差异，能够形成不同的外观形式

图3-2 个体元素之间的对比幅度越大，则整体外观形式的表现力越强

如图3-3中怪物的外形塑造，右图相对于左图，珊瑚形状的结构对比跨度较大，整体外观形式的表现力也较强。

图3-3 通过改变造型结构对比幅度，右图的表现力强于左图

在设计应用中，当设计对象较为单一时，可以赋予同样的对象不同的个体元素之间不同的对比跨度，让主体对象的外观形式的对比跨度较大，让次要对象的对比跨度较小，从而强调画面主体部分的表现力。在图3-4中，中央主体珊瑚的造型结构相对于边缘次要的珊瑚，外观形式具有更强烈的对比关系，强调了其作为主体的表现力。

图3-4 相较于次要的珊瑚，主体珊瑚的外观形式的对比幅度较大

2. 塑造个体元素外观形式的结构层次

不同结构层次的节奏变化能够塑造不同的表现力。节奏是元素与元素之间变化形成的有规律的组合关系。在相似的分量下，以不同结构层次的个体元素变化塑造节奏，能够让整体排列形成不同的外观形式，从而塑造不同的表现力，如图3-5所示。

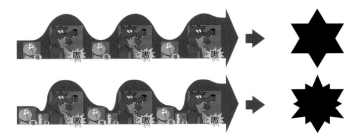

图3-5 节奏变化的层次差异，能够形成不同的外观形式

一方面，相同元素排列的结构层次不同，能够塑造不同的表现力。个体元素的结构层次越丰富，则整体外观形式的表现力越强，如图3-6所示。

图3-6 构成排列节奏的个体元素，结构层次越丰富，表现力则越强

比较图3-7中分量与外形都相似的武器，右图加入了金属的结构层次，呈现出的表现力强于左图单纯只有骨骼结构层次的武器。

图3-7 通过加强个体元素的结构层次，右图的表现力强于左图

在场景设计中，当绘制一些主题较为平淡的作品时，也可以通过赋予画面中物体以不同的结构层次，塑造画面中表现力的强弱关系。对比图3-8中的主体建筑和次要建筑，主体建筑由多种元素组成，而次要建筑的元素较少，建筑的结构层次差异塑造了画面表现力的强弱关系。

图3-8 结构层次较为丰富的建筑，在画面中的表现力较强

另一方面，相同元素排列的重复层次不同，能够塑造不同强弱的表现力。排列的重复层次越丰富，则整体外观形式的表现力也越强，如图3-9所示。

图3-9 相同元素排列的重复层次越丰富，表现力越强

比较图3-10中分量与外形都相似的武器，同样的尖刺排列结构，只有一个层次的排列重复时，其表现力较弱；赋予尖刺更多的重复层次的排列，则呈现出较强的表现力。

图3-10 右图武器有更多尖刺排列的重复，表现力强于左图

在场景设计中，当设计主题较为平淡并且结构比较单一时，可以赋予画面的主要部分较多重复层次以强调其表现力。在图 3-11 所示以岩石为主体的画面中，岩石造型结构的重复层次较多、重复结构较明显的部分表现力较强，而重复层次较少、重复结构较模糊的部分表现力较弱。

图 3-11 岩石层叠的造型结构形成了多个重复层次的排列

3. 塑造个体元素外观形式的变化规律

不同变化规律的节奏能够塑造不同的表现力。在相似分量下，以不同的变化规律塑造节奏，能够让整体排列形成不同的外观形式，从而塑造不同强弱的表现力，如图 3-12 所示。

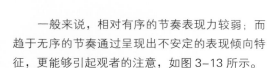

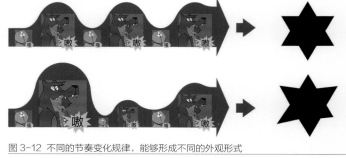

图 3-12 不同的节奏变化规律，能够形成不同的外观形式

一般来说，相对有序的节奏表现力较弱；而趋于无序的节奏通过呈现出不稳定的表现倾向特征，更能够引起观者的注意，如图 3-13 所示。

图 3-13 排列节奏的变化规律越趋于无序，表现力则越强

比较图 3-14 中分量与外形都相似的武器，右图武器的排列节奏具有较强的起伏变化，所呈现出的表现力强于左图。

图 3-14 通过改变排列节奏的变化规律，右图的表现力强于左图

当绘制一些自然环境的场景氛围图时，也可以赋予画面中不同元素以不同的变化规律，从而呈现表现力的强弱关系。在图 3-15 中，主视觉区域的树木轮廓的变化规律趋于无序，而次要视觉区域的树木轮廓的变化规律较为有序，画面呈现出了表现力的强弱关系。

图 3-15 画面主体轮廓的变化规律趋于无序，远景轮廓的变化规律较为有序

排列节奏对于表现力的塑造，是以个体元素的表现力为基础的。如图3-16中造型相似的两只怪物，分别以尖牙和背脊强调排列节奏的方式进行塑造，可以让主体的外观形式具有较强的表现力。但由于个体元素的表现力相似，因此整体的表现力差异不大。

图3-16 左图有排列重复层次更多的尖牙构成视觉重点，右图背脊的排列中个体元素的表现力变化幅度较强，构成视觉重点

3.2 排列节奏塑造表现倾向

不同样式的排列节奏塑造了设计对象不同的外观形式，赋予了设计对象不尽相同的表现力。在不同表现力的基础上，不同的排列节奏所构成的外观形式能够呈现出不同的表现倾向。

在设计应用中，塑造不同的表现倾向，实质上是塑造不同变化规律的节奏。在同样表现力的条件下，排列节奏中各个节奏元素之间的层次变化规律差异，可以让整体外观形式呈现出不同的表现倾向。排列节奏的变化规律可以归纳为两个不同的方向：趋于有序的变化规律及趋于无序的变化规律。因此，表现倾向也可以归纳为两个不同的方向：变化规律一致，形成趋于规整、有序、平和、健康的表现倾向；变化规律不一致，形成趋于散乱、无序、粗犷、病态的表现倾向，如图3-17所示。

图3-17 从左至右的排列，逐渐从有序的变化规律转变为无序的变化规律

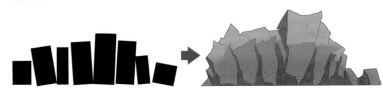

图3-18 以相对有序的排列节奏塑造昆虫甲壳

在同样的设计题材下，以不同变化规律的排列节奏塑造昆虫的甲壳：变化规律相对有序的排列节奏，传达的主题相对平静，如图3-18所示；变化规律呈现出相对不规则起伏变化的排列节奏，传达的主题相对豪放，如图3-19所示；变化规律无序的排列节奏，传达的主题相对散乱，如图3-20所示。

图3-19 以相对不规则起伏变化的排列节奏塑造昆虫甲壳

图3-20 以无序的排列节奏塑造昆虫甲壳

不同变化规律的排列节奏往往统一于主体的设计中。因此整体画面的排列节奏的表现倾向，需要通过节奏所具有的不同表现力强弱在画面中得以呈现。当有序的排列表现力较强时，画面呈现出趋于以有序表现倾向为主的形式感；当无序的排列表现力较强时，画面呈现出以无序表现倾向为主的形式感，如图3-21所示。

图3-21 上一组油桶的排列节奏呈现较为有序的变化规律；下一组油桶的排列节奏呈现较为无序的变化规律

3.3 排列节奏塑造动态倾向

　　排列节奏的过程性变化可以让设计对象产生动态倾向，起到赋予静止物体以动态倾向的作用，并且能让呈现出整体节奏排列的设计对象成为画面的视觉中心。不同的排列节奏呈现出不同的外观形式，所表现出的动态倾向也不同，能够给予观者不同的心理暗示。

　　赋予画面相同或相似的元素，分别呈现出不同阶段的运动形态，能够让静止的物体呈现动态倾向。如图3-22中飞机不同阶段的方向形态，直观地呈现出了趋于垂直的运动形态逐渐变化为水平运动形态的动态倾向特征。具有动势倾向特征的元素能够成为视觉中心，因此通过动态倾向的塑造能够强调设计主体的存在感。

图 3-22 以排列的形式呈现飞机不同阶段的运动形态，直观表现了飞机的动态倾向特征

　　在图3-23中，塑造导弹发射架的防护盖处于打开的不同阶段，可以直观感受到每个防护盖过去的状态，以及未来可能形成的状态，于是赋予了静止的设计对象以动态倾向。

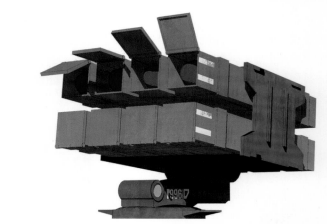

图 3-23 逐渐打开的防护盖，其排列构成的形式感让主体呈现出动态倾向

　　通过排列节奏塑造动态倾向，并且以此强调设计主体的存在感，核心在于对不同阶段运动形态的呈现。对比图3-24中左右两组都表现出较为夸张动作的角色，左图中角色的动作虽然幅度较大，但所呈现的动态相对一致，画面并没有展现出不同阶段的运动形态，因此整体画面没有动态倾向；而右图中的角色呈现不同阶段的运动形态，整体画面有动态倾向。

图 3-24 右图相对于左图，更能引起观者的注意，存在感更强

　　以排列的形式呈现画面相似元素不同阶段的动作来表现画面的动态倾向，是设计应用中强化视觉冲击力的重要手段。在图3-25中，不同士兵在列阵过程中的不同阶段所形成的不同姿态，使静态的画面呈现出动态倾向，表现出更强的视觉冲击力。

图 3-25 不同的士兵呈现出不同的动作姿势，使画面呈现出动态倾向

排列节奏塑造动态倾向的作用，主要用作强调设计对象的存在感，并通过不同节奏形式表现出不同的动态倾向。在设计应用中，主要以下面三种节奏形式塑造设计对象的动态倾向。

1. 恫吓展示表现存在感

排列节奏所塑造的动态倾向能够通过恫吓展示表现存在感。在自然界中，一些生物往往利用展开身体结构的方法增大自己的存在面积，起到恫吓作用。其所形成的排列结构，往往形成一层层展开的动态倾向，可以在视觉上形成主体面积变大的感觉，从而强调设计主体的存在感，如图3-26所示。以这种形式表现出的主体往往具有更强的警示性特征。

图3-26 结构形式形成依次展开的形式感能够强调主体的存在感

在图3-27中，河豚将军一层层逐渐展开的刀刃形成的排列结构形式，在静态的画面中呈现出其展开的过程，构成恫吓展示，强调了主体的存在感。

图3-27 逐渐展开的刀刃强调了主体的存在感，是恫吓展示的典型特征

2. 雄性展示表现存在感

排列节奏所塑造的动态倾向能够通过雄性展示表现存在感。在排列结构形式中，一节节向前、向上凸出的动态倾向，可以让设计主体在视觉上表现出逐渐延长的感觉，展示出更强的雄性特征，从而强调设计主体的存在感，如图3-28所示。以这种形式表现出的主体往往具有更强的攻击性特征。

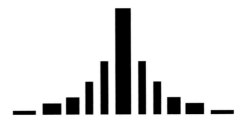

图3-28 排列结构从边缘向中央依次逐渐突出的形式感能够强调主体的存在感

在武器设计中，经常利用排列节奏所形成的雄性展示表现设计主体的存在感。如图3-29中电磁炮的设计，赋予电磁炮更多层次、逐渐向前一节节打开的结构特征，在外观形式上呈现出更强的攻击性。画面利用雄性展示，强调了主体的存在感。

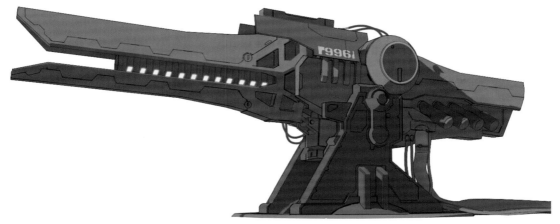

图3-29 逐渐向前一节节打开增强了主体的存在感，是雄性展示的典型特征，经常用于设计具有攻击性的武器

3. 雌性展示表现存在感

排列节奏所塑造的动态倾向能够通过雌性展示表现存在感。在排列结构中，一层层逐渐打开的动态倾向，可以让设计主体在视觉上表现出内敛、逐渐被吸纳、逐渐展示出内核的感觉，展示雌性特征，从而强调设计主体的存在感，如图 3-30 所示。以这种形式表现出的主体往往具有更强的防御性特征。

图 3-30 排列结构从中央向周围依次逐渐展开的形式感能够强调主体的存在感

在图 3-31 中，山洞的结构由里向外、由近及远地让远景层叠结构的岩石形成依次展开的结构形式，呈现出防御性特征。画面利用雌性展示，强调了主体的存在感。

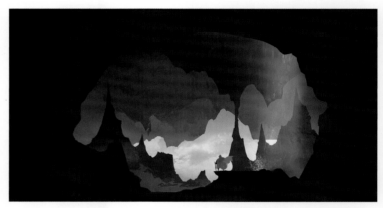

图 3-31 山洞一层层逐渐展现内核的结构，是雌性展示的典型特征

▌3.4 排列节奏塑造趋势感和速度感

我们在第 1 章的设计应用中了解到，呈现线性排列的不同分量点能够制造视觉方向性引导。不同外观形式的排列所呈现出的形式感不同，所产生的视觉引导形成的具有方向性的趋势感和速度感也有所区别。因此，不同外观形式的排列节奏能够表现不同的趋势感和速度感。

趋势感的形成原因如下：首先，方向感是形成趋势感的基础，排列节奏中分量相似的元素呈现线性排列能产生方向感，如图 3-32 所示；其次，通过拉开形成节奏的关键元素对比，如排列中的个体元素造型变化对比、间隔对比、方向趋势对比都能让排列的整体结构形成渐变的过程，从而产生趋势感，如图 3-33 所示。

图 3-32 相似元素的排列呈现出线的表象，表现出方向感

图 3-33 在具备方向性的排列中，元素的大小对比可以进一步让排列表现出趋势感

不同的强弱对比赋予排列不同的趋势特征，进而呈现不同的设计主题。在图 3-34 中，前后车轮大小对比不同，车辆外形呈现出不同的趋势感，并进一步传达不同的概念。

图 3-34 左图车辆的趋势感较弱，右图车辆的趋势感较强

速度感的形成原因如下：排列的间隔可以让人们在视觉上通过个体的间距差异产生相对距离的判断，从而能够感受到画面表现出的速度感，以此为基础，赋予个体元素不同的间距差异，便制造了不同的速度感，如图3-35所示。

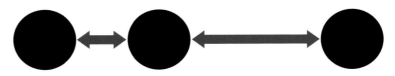

图3-35 排列间隔可以产生对个体距离的判断，感受画面呈现的速度感

如图3-36中弹跳滚动的车轮，通过间距差异，可以很明显地表现出不同阶段车轮速度的变化：间距越近的车轮，其呈现出的速度感越弱；而间距越远的车轮，其速度感越强。

图3-36 从左至右，第一个与第二个车轮间距呈现出的速度感较弱，第二个与第三个车轮间距呈现出的速度感较强

排列节奏在表现趋势感与速度感时，往往共存于同一设计中并成正比，从而呈现设计对象的动感。趋势感较强的设计对象，速度感也较强，趋势感较弱的设计对象，速度感也较弱。如图3-37中跑车的涂装，深蓝色的纹饰从左至右呈现出从大到小的排列，并且间距逐渐变大，用以表现趋势感与速度感。

图3-37 排列节奏表现趋势感与速度感的运用在车辆的涂装上最为明显

在设计应用中，主要通过以下方法塑造形成节奏的关键元素，从而表现设计对象不同的趋势感和速度感。

1. 个体元素外观形式对比塑造趋势感

排列中的个体元素的外观形式差异所形成的对比，实质上是不同分量的点形成的线性排列，因此控制排列中个体元素的分量对比，能够表现不同的趋势感：弱对比排列减弱趋势感，强对比排列加强趋势感。若相邻的元素大小对比差异相对较小，呈现出的趋势感较弱，如图3-38所示；若相邻的元素大小对比差异相对较大，则呈现出的趋势感较强，如图3-39所示。

图3-38 矩形之间的变化对比差异较小，趋势感较弱

图3-39 矩形之间的变化对比差异较大，趋势感较强

在设计中，往往将强趋势对比的排列运用于表现趋势感强的主题，将弱趋势对比的排列运用于表现敦实的主题。以生物设计为例，在图3-40中，相对于左图，右图生物结构一节节排列的元素对比差异更大，于是展现出的趋势感更强。

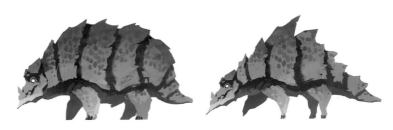

图3-40 排列中个体元素表现力的对比差异形成了不同的趋势感

2. 个体元素间距对比塑造速度感

相邻元素不同的间距能够产生不同的速度感：密集排列减弱速度感，稀疏排列加强速度感。若相邻元素的间隔相对较小，呈现出的速度感较弱，如图 3-41 所示；若相邻元素的间隔相对较大，则呈现出的速度感相对较强，如图 3-42 所示。

图 3-41 矩形之间的排列相对密集，速度感较弱

图 3-42 矩形之间的排列相对稀疏，速度感较强

比较图 3-43 中外形相似的两个武器，相对于左图，右图一层层的排列更加稀疏，呈现出较强的速度感，表现出相对更轻便的特征。

图 3-43 排列中个体元素间隔的对比差异形成了不同的速度感

3. 个体元素趋势方向对比影响趋势感

控制排列中个体元素的趋势方向，会影响整体排列的趋势感：个体元素的趋势方向与整体一致会加强趋势感，个体元素的趋势方向与整体相反则减弱趋势感。呈现出趋势方向变化的整体排列中的个体元素具有方向性：排列中个体元素的趋势方向与整体一致，趋势感较强，如图 3-44 所示；排列中个体元素的趋势方向与整体垂直，趋势感较弱，如图 3-45 所示；排列中个体元素的趋势方向与整体相反，趋势感也呈现相反的走向，如图 3-46 所示。

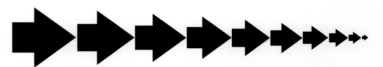

图 3-44 箭头的趋势方向与整体排列趋势方向一致，趋势感较强

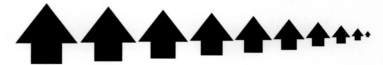

图 3-45 箭头的趋势方向与整体排列趋势方向垂直，趋势感较弱

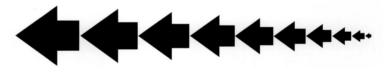

图 3-46 箭头的趋势方向与整体排列趋势方向相反，趋势感也呈现相反的走向

在图 3-47 中，飞行器外形一致，并且都有方向性的图案，但飞行器的趋势感不同。飞行器内部图案造型表现为整体趋势方向中的个体元素。第一张图中，当图案趋势的方向和飞行器的整体趋势方向一致时，加强了飞行器的趋势感；第二张图中，当图案的趋势方向和飞行器的整体趋势方向垂直时，减弱了飞行器的趋势感；第三张图中，当图案的趋势走向和飞行器的整体趋势相反时，则进一步减弱了飞行器的趋势感。

图 3-47 排列中个体元素的方向性影响了整体趋势感的表现

4. 个体元素趋势方向对比影响速度感

控制排列中个体元素的趋势方向，同样会影响整体排列的速度感：个体元素的趋势方向与整体加速趋势方向一致的排列，能够加强速度感，个体元素的趋势方向与整体加速趋势方向相反的排列，则减弱速度感。呈现出加速变化的整体排列中的个体元素具有方向性：排列中的个体元素的趋势方向与整体趋势方向一致，速度感较强，如图3-48所示；个体元素的趋势方向与整体趋势方向垂直，速度感较弱，如图3-49所示；个体元素的趋势方向与整体趋势方向相反，则呈现不出向前加速的速度感，如图3-50所示。

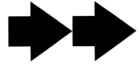

图3-48 箭头的趋势方向与整体加速度排列趋势方向一致，速度感较强

图3-49 箭头的趋势方向与整体排列加速趋势方向垂直，速度感较弱

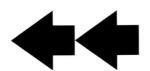

图3-50 箭头的趋势方向与整体加速度排列趋势方向相反，呈现不出向前加速的速度感

在图3-51中，飞机的外形一致，以具有方向性的纹饰塑造飞机的速度感。机身图案造型可以表现为整体趋势中个体趋势的表象。图案从后至前逐渐稀疏，塑造了其加速方向是向前的。第一张图中，当个体图案的趋势方向和整体飞机呈现的加速度趋势方向一致时，加强了飞机的速度感；第二张图中，当个体图案的趋势方向和整体飞机呈现的加速度趋势方向垂直时，减弱了飞机的速度感；第三张图中，当图案的趋势方向和飞机呈现的加速度趋势方向相反时，则进一步减弱了飞机的速度感。

图3-51 排列中个体元素的方向性影响了整体速度感的表现

3.5 排列节奏模拟自然形态

自然界的结构形式富有生命生长形成的节奏感，一些排列可以通过模拟自然形态结构的排列造型，让设计对象拥有自然形态结构的外观形式倾向，传达相应的心理暗示。

自然形态的排列外观形式，往往具有相对秩序化的表现方向，并且在秩序化的基础上存在一些错落的变化，如图3-52所示。在模拟自然形态的排列节奏时，让同样的构造分别处于生长的不同阶段，在排列的过程中依次呈现，形成生长过程的变化，从而使不同的设计主体具有自然形态的节奏特征，模拟出自然形态的形式感。

图3-52 自然界中的不同元素具有的明显的排列结构形式

在设计应用中，通常利用生物结构塑造一些具有自然形态特征或贴近自然形态元素的主题，比如怪物的角、昆虫的甲壳、巨龙的皮肤等以生物结构为原型的设计，如图 3-53 所示。

图 3-53 设计中表现自然形态特征的主体往往通过直接模拟自然形态节奏来塑造

运用自然形态特征的形式感进行设计，可以让观者对设计对象产生本能的认同感。模拟自然结构形式的外观形式，关键是找到参考对象的排列结构的节奏感，在其原有的节奏上，针对性地做出符合设计要求的塑造。

模拟自然形态的方法主要有以下几种。

1. 自然节奏的提炼

提炼自然界中结构形式的节奏变化是塑造自然节奏的基础。提炼其节奏的关键要点是抓住自然界中排列的基本结构造型。比如通过提炼叶子的叶脉结构，可以得到具有叶脉结构特征的排列节奏形式，如图 3-54 所示。

图 3-54 提炼叶子的叶脉结构，得到具有叶脉结构特征的排列节奏形式

在一些动物形象的设计中，往往将动物皮肤上的肌理进行适当提炼，将肌理所呈现出的排列节奏作为画面的表现元素，提炼后呈现出的效果如图 3-55 中三角龙条纹状的头冠肌理、乌贼条纹状的皮肤肌理、剑鱼鱼鳍上疏密过渡的斑点。

图 3-55 动物皮肤上的肌理经过提炼，所呈现出的节奏感形成了画面的表现元素

2. 自然节奏的夸张塑造

在结构变化趋势的基础上进行夸张塑造，也是设计应用中模拟自然形态的重要方法。夸张塑造的关键点在于利用提炼出的自然节奏的结构，进一步塑造排列中个体元素的表现形式、间隔、趋势方向等，得到表现力更强的外形结构。在鱼头部的结构基础上进行夸张塑造，所形成的外形结构具有更强的节奏感，如图 3-56 所示。

图 3-56 进一步夸张鱼头部结构特征使其节奏感更加明显

在实际运用时，对自然形态结构不同的变化幅度的塑造，赋予了造型不同程度的夸张外形，呈现出不同的表现方向与表现力。例如对鹦鹉螺身上尖刺的排列进行不同程度的外观形式的夸张塑造，呈现出不同的表现方向和表现力，如图3-57所示。

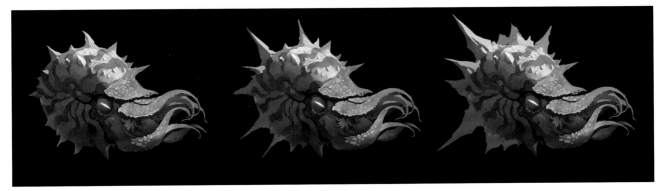

图3-57 对尖刺不同程度的夸张塑造，呈现出不同的表现方向和表现力

3. 自然节奏的代入

提炼出自然界中结构的节奏后，还可以将结构代入非自然形态题材的设计中。代入塑造的关键点在于将提炼出的自然节奏的结构与设计对象的造型相结合，从而让非自然形态题材具有自然结构的特征，如图3-58所示。将自然节奏代入非自然形态题材，也是概念设计中通过模拟近似形态、塑造具有一定想象力设计对象的直接方法。

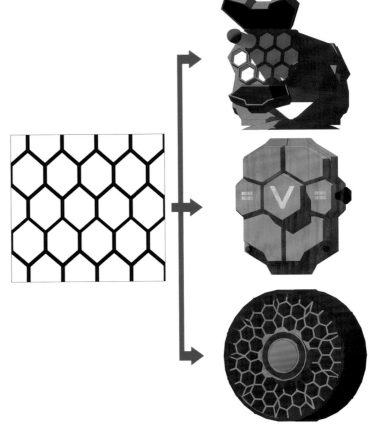

图3-58 蜂窝结构可以应用于各种不同的设计主题中

理论上，设计对象代入了什么样的自然节奏样式的外观形式，原有自然节奏样式所表现出的形式感也将对设计对象的形式感产生影响。在图3-59中，窗户的结构表象便是模拟了叶脉的结构形成的外观形式。提炼于叶脉的结构特征呈现出的形式感，赋予了窗户贴近自然形态的特征倾向。

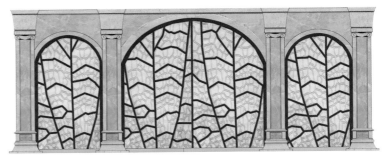

图3-59 叶脉的外观形式作用于建筑结构

CHAPTER

04

轮廓剪影

SILHOUETTE

在塑造物体的外观形式时，通过对轮廓剪影的形状进行塑造，能够直观地呈现出物体的基本造型，同时通过轮廓剪影的形状变化，能够呈现出物体最基本的外观形式节奏变化。所以不同的轮廓剪影也决定了设计对象不同的外观形式，会使设计对象表现出不同的形式感。在设计中，对于设计对象轮廓剪影的塑造，是传达设计意图最基本、最核心的方法之一。

■ 4.1 轮廓剪影的意识

直射光投射于不同造型的物体上，可以获得不同形状的剪影，而这种剪影可以在一定程度上呈现出该物体概括性的外形。轮廓剪影是物体概括性的形状，如图 4-1 所示。在设计应用中，往往将不同概括性的轮廓剪影形状根据设计需要有序地组织起来，获得最基础的概括性的图形样式。

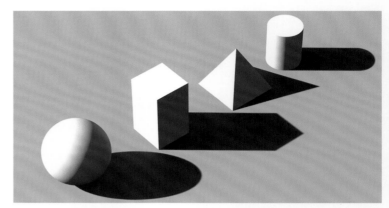

图 4-1 被投射于地面的剪影可以在一定程度上呈现出物体的形状特征

通过塑造轮廓剪影，只能呈现出物体最基础的、概括性的形状，并且只能以轮廓剪影长线条与短线条的对比变化表现不同物体的形状特征。如图 4-2 中不同的物件，通过长短线条对比变化特征，塑造了不同轮廓剪影外形上的形式感。因此在设计应用中，根据设计的需要，可以赋予不同设计对象以不同长短线条的对比变化，从而让轮廓剪影呈现出不同的形式感。无论是岩石、树木、建筑还是角色，都可以通过轮廓剪影塑造外观形式。

图 4-2 不同物体轮廓剪影的长短线条变化，会使物体具有较大差异

元素的轮廓剪影长短线条的变化直观地构成了最基础的形状印象，因此在绘画或设计创作中，建立轮廓剪影的观察意识就显得尤为重要。轮廓剪影的观察意识在于将任何所观察到的复杂元素的整体外形看作概括性、抽象化的剪影图形。如图 4-3 中的岩石、瀑布、小树林，通过提炼其整体外形的变化趋势，并以统一色块填充，便得到了能够呈现出相应元素概括性形状的轮廓剪影。

图 4-3 通过提炼不同元素的整体外形，可以得到概括性形状的轮廓剪影

在所提炼出的轮廓剪影基础上，通过重新组织不同的轮廓剪影形状，也可以呈现出画面的造型特征，如图4-4所示。

图4-4 通过对轮廓剪影的塑造，能够呈现出场景概括性的造型特征

轮廓剪影虽然能够直观地呈现出最基础的外形，建立第一印象，但其呈现出的形状信息也较为有限。同样的剪影，通过进一步的塑造也有可能最终形成完全不同的元素。因此，轮廓剪影的形状是深入塑造造型的基础，在设计中起到了基础的形状塑造作用，如图4-5所示。

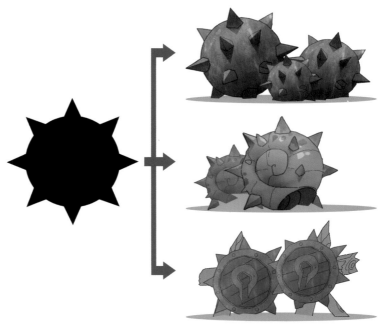

图4-5 通过进一步塑造齿轮的轮廓剪影，最终呈现出完全不同的元素

4.2 轮廓剪影的塑造

通过对轮廓剪影线条的塑造，可以得到不同形状的剪影。不同长短线所塑造的轮廓剪影能够呈现不同的平面切割样式，因此轮廓剪影的形状是塑造不同外观形式的基础。

轮廓剪影的概括性极强，但本质还是在塑造具象元素，以此为基础，在设计应用中，主要用以下方法塑造轮廓剪影。

1. 通过基础造型塑造不同的轮廓剪影

通过基础造型塑造轮廓剪影是设计中最基本的方法之一。武器、角色、岩石、树木、建筑、车辆等不同题材的设计原理都是相同的，如图4-6所示，但在塑造轮廓时，也需要充分考虑形状的合理性。

图4-6 不同的轮廓剪影由不同的造型构成

纹饰设计是最基础的轮廓剪影表象之一，设计的自由度相对较大，本质是将具象的图案概括成抽象的图案。在图4-7中，云纹轮廓剪影的长短线较为平均，海浪的轮廓剪影的长短线变化跨度则较大。

图4-7 图中云纹和海浪的轮廓剪影都属于抽象化的纹饰图案

武器轮廓剪影的长短线表现相对较为简单，但在设计时需要考虑武器的工艺塑造的合理性。在图4-8中，左图中剑身构成了其轮廓剪影长线的部分，短线条则由剑柄的变化构成；而右图轮廓剪影的长短线变化较小，但长线条部分依然由刀身部分构成。

图4-8 剑的轮廓剪影长短线对比较大，短刀的轮廓剪影长短线对比较小

在角色设计中，往往通过各种不同形状的服饰与装备表现轮廓剪影的变化。在图4-9中，两个不同角色设计的关键装备，分别由垂直的旗帜与弯曲的羽毛构成。不同形状的装饰物，构成了不同角色轮廓剪影外形的重要组成部分。

图4-9 左图通过角色背后的旗帜塑造长线条轮廓剪影，右图通过角色头部的羽毛装饰塑造长线条轮廓剪影

岩石是场景设计中常见的元素。在设计岩石轮廓剪影的长短线变化时，需要考虑岩石结构的成因，并在此基础上进行塑造。风沙侵蚀构成的岩石与岩浆喷发构成的岩石长短线的走向具有较大的差异，如图4-10所示。

图4-10 左图岩石的轮廓剪影由风沙侵蚀形成，右图岩石的轮廓剪影由岩浆喷发形成

植物也是场景设计中常见的元素。设计植物时要充分结合植物所在环境，以及运用植物具有向上、向阳光、向水源方向生长的规律特性进行塑造。在此基础上，植物轮廓的长线条部分往往表现出植物整体的生长走向，如图4-11所示。

图4-11 不同类型的植物，其根本的生长规律是一致的

建筑也是场景设计中常见的元素。设计建筑的轮廓剪影长短线变化，核心是要结合建筑结构关系塑造轮廓剪影。如建筑依托于地形，其墙面、立柱大多与地面垂直，线条可长可短。屋顶可以由倾斜的曲线组成，也可以由直线组成，线条可长可短，如图4-12所示。

图4-12 不同风格的建筑，都是依托于建筑结构的合理性塑造轮廓剪影的

在设计机械的轮廓剪影时，则需要考虑机械结构的合理性。如设计车辆时，长线条部分往往与车辆的运动方向相对水平，呈现运动的方向性，如图 4-13 所示。

图 4-13 机械的轮廓剪影依托于其机械结构的合理性塑造

2. 通过不同视角塑造不同的轮廓剪影

同样的造型，因观察的视角不同，呈现出的轮廓剪影也不同。所以在设计应用中，需要尽量选择呈现轮廓剪影较好的角度进行设计创作，如图 4-14 所示。

在游戏设计的应用中，因设计的对象在 3D 游戏中很可能是全方位视角呈现的，设计时并不可能顾及每个角度的轮廓，所以往往以设计对象实际可能呈现在画面中的主视角轮廓塑造为主。在图 4-15 中，铁匠铺的轮廓以接近正视视角进行了深入创作。铁匠铺在游戏中往往具有特殊功能，可以引导玩家接近、进入，因此正面的表现往往是游戏实际呈现的主视角，塑造其剪影的外轮廓，可以更贴近游戏实际呈现的画面。

图 4-14 同样的建筑在不同视角下的轮廓剪影不尽相同

图 4-15 游戏场景设计往往选择接近正视的视角作为主要创作角度

3. 通过不同姿势塑造不同的轮廓剪影

同样的造型，因姿势不同，所呈现出的轮廓剪影也不同。这方面知识的应用在角色设计中较为常见，如图 4-16 所示。

图 4-16 同样角色的造型在不同姿势下的轮廓剪影不尽相同

画面中主体角色的塑造，在体形、装备、视角都确定的前提下，塑造动作幅度较大的姿势，并结合环境赋予披风被吹起的动态结构，进一步塑造了轮廓剪影长短线的对比，如图 4-17 所示。

图 4-17 主体角色动作幅度较大的姿势构成了其表现力较强的轮廓剪影

4. 通过概括夸张塑造不同的轮廓剪影

轮廓剪影长短线的变化在绘画方面也有广泛的应用，尤其在绘制一些卡通造型时，通过概括夸张设计对象的形状可以塑造不同的轮廓剪影，如图 4-18 所示。

图 4-18 不同的概括塑造了双髻鲨轮廓剪影不尽相同的外观形式

如图 4-19 中的猴子造型，在考虑生物的结构、姿势的前提下，对其轮廓进行概括夸张，提炼了后背形成画面的长线条部分，与其他短线条部分形成对比，塑造了角色的轮廓剪影，如图 4-19 所示。

图 4-19 猴子相对简练的后背轮廓，形成画面中的长线条部分

不同的动态和姿势可以得到不同的轮廓剪影。如图 4-20 中的灰狼撑竿跳的姿势和熊跨栏的姿势，所呈现的基础轮廓剪影不一样，因此概括夸张的表现方向是略有差异的。

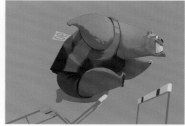

图 4-20 不同的姿势，其概括提炼的外形也不尽相同

5. 通过不同元素组合塑造不同的轮廓剪影

同样的一组元素，因组合的方式不同，所呈现出的轮廓剪影也不同。在画面需要呈现较多元素时，往往需要考虑多个元素组合所构成轮廓剪影的长短线变化，如图 4-21 所示。

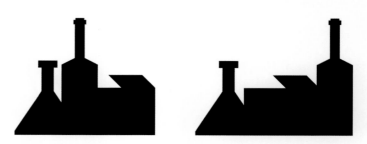

图 4-21 不同的组合方式，让同样元素的物件形成两组不同的轮廓剪影

这方面在具有较多内容并且景别层次比较分明的场景氛围图中运用得较为广泛，往往直观地表现为连贯的景别影调。在图 4-22 中，画面主体的轮廓剪影由多辆坦克组合构成，连续排列的坦克形成了连续的影调，并且与远景形成了鲜明的对比，构成画面主体的轮廓剪影。

图 4-22 有较多元素的画面中，轮廓往往由相接近景别层次中的不同元素共同构成

4.3 轮廓剪影的作用

　　构成轮廓剪影的不同长短线是通过相互对比产生的，并且在所塑造的设计对象外轮廓中得以呈现。不同的长短线变化构成了不同样式的外轮廓剪影造型，能够塑造基本的外观形式，表现基础的形式感。

　　通过将角色形象以概括性的轮廓剪影的形式进行塑造，轮廓剪影不同的长短线变化呈现出了角色形象基本的外观形式，表现出了基础的形式感，如图 4-23 所示。

图 4-23　通过轮廓剪影塑造了基本的外观形式

　　轮廓剪影的塑造所呈现出的基本的外观形式，是概念设计在最初阶段传达设计想法、验证设计方案是否切实可行的有效方法。在设计应用中，主要通过以下几个层面影响设计主体的形式感，并起到不同的作用。

1. 轮廓剪影塑造最基础的表现力

　　结合排列节奏塑造表现力的知识点，利用轮廓剪影的外观形式能够传达最基础的表现力。比较图 4-24 中上下两组木箱，上面一组木箱外轮廓的长短线变化幅度小、变化过程柔和、变化层次稀少，外观形式表现力较弱；下面一组木箱外轮廓的长短线变化幅度较大、变化过程强烈、变化层次丰富，外观形式表现力较强。

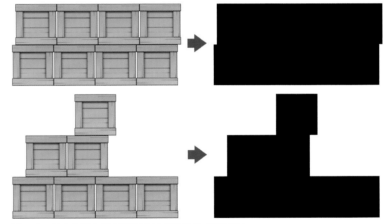

图 4-24　轮廓剪影直观地呈现出了木箱外观形式的表现力

2. 轮廓剪影塑造最基础的表现倾向

　　结合排列节奏塑造表现倾向的知识点，利用轮廓剪影的外观形式能够传达最基础的表现倾向。比较图 4-25 中上下两组油桶，上面一组油桶轮廓剪影长短线变化趋于有序的排列节奏，呈现出较为规整的表现倾向；下面一组桶轮廓剪影长短线变化趋于无序的排列节奏，呈现出较为散乱的表现倾向。

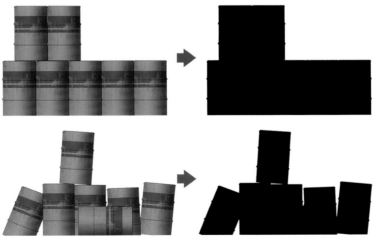

图 4-25　轮廓剪影直观地呈现出了油桶排列所构成外形的表现倾向

3. 长线条塑造方向感和趋势感

结合点线面的基础知识不难发现，线和面具有制造方向感和趋势感的特性，并产生指向性、表现动态倾向等作用。在轮廓剪影表现中，往往以长线条呈现方向性或趋势性特性，因此长线条能够赋予设计对象方向感或趋势感的外观形式特征。设计主体的外观形式长短线变化幅度越大，越趋于具有方向性或趋向性的面和线，能够赋予设计对象造型的方向感和趋势感越强，如图4-26所示。

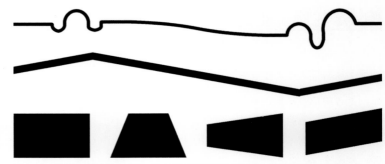

图 4-26 不同动态倾向的线或面，均由长短线的轮廓对比变化中的长线条部分塑造而成

在图 4-27 所示分量相似的三块岩石中，左侧外轮廓长短线变化幅度较小的岩石所呈现出的造型形式感没有明显的方向感和趋势感，而中间外轮廓长短线变化幅度较大的岩石的造型形式感呈现出明显的方向感，右侧的岩石两端的线条具备长短线对比，呈现出趋势感和指向性特征。

图 4-27 不同的长短线构成了不同外观形式的岩石

轮廓剪影的长短线塑造方向感或趋势感的作用，在设计角色、交通工具等较为强调动态倾向，以及需要塑造设计对象呈现安定或不安定感时较为常用。如图 4-28 中机械角色的造型，其整体轮廓剪影形状在较为明显的曲线长线条及激光剑所形成的直线长线条的塑造下，具有较强的趋势感。整体角色的外轮廓具有趋于正梯形的外观形式，具有较强的安定感。在此基础上，从头部延伸出的机械结构所形成的曲线长线条，赋予了设计对象较强的动势特性。

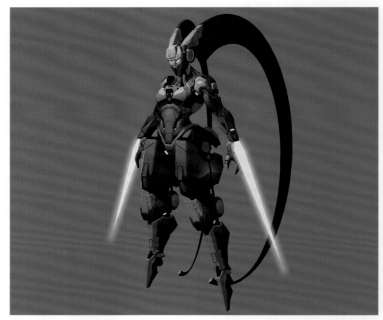

图 4-28 长线条让角色具有较强的动势特性

当长线条较为明显的主体存在于画面中时，实际上也赋予了画面相同的方向感或趋势感。图 4-29 中的列车炮作为画面主体，外轮廓长线条特征十分明显，并且呈现出左右延伸的方向性，于是整体画面也呈现出相应的方向感。

图 4-29 作为画面主体的列车炮，其长条形的外观形式让画面呈现出方向感

4. 短线条塑造轮廓剪影的层次变化

在轮廓剪影长线条所赋予设计主体的方向感或趋势感的外形基础上，通过塑造局部的短线条，能够赋予轮廓剪影层次变化。设计主体的长线条中所包含的短线条变化越丰富，则整体轮廓剪影的层次感越强，如图 4-30 所示。

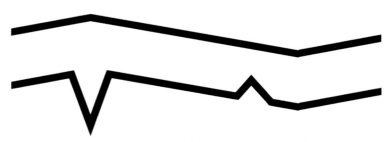

图 4-30 上方长短线的变化较为单调，下方长短线的变化则具有更多层次

图 4-31 中倾斜的岩石具有明显的长线条特征，并且呈现出左右延伸的方向性，使整体画面呈现出相应的方向感。在此基础上，岩石局部所具有的小结构构成了整体长线条中短线条的变化，呈现出左右延伸的方向感，并且具有一定的层次变化。

图 4-31 倾斜的岩石具有较强的方向感，同时整体岩石的局部小结构所形成的短线条丰富了轮廓剪影的层次

4.4 轮廓剪影的节奏韵律

轮廓剪影的节奏由构成轮廓的基本元素构成。其基本元素便是围合形成轮廓剪影的具有不同方向性的长短线。长短线作为节奏中的独立元素并互为间隔，如图 4-32 所示。

图 4-32 构成轮廓剪影的长短线是构成其节奏的基本元素

轮廓剪影由不同的长短线围合而成，所以轮廓剪影节奏的趋向是沿着物体轮廓剪影的外形环绕呈现的，如图 4-33 所示。轮廓剪影不同方向性的长短线趋向性的变化是形成轮廓剪影的节奏的基本条件。

图 4-33 轮廓剪影的节奏趋向沿着轮廓剪影外形呈现

轮廓剪影的节奏韵律本质上是外观形式节奏在物体轮廓剪影塑造层面上的应用，因此将排列节奏的知识点套用于轮廓剪影的节奏塑造，同样也是围绕轮廓中不同长短线的对比层次、韵律起伏、对比幅度、变化规律及局部层次这些方面进行的。

1. 轮廓剪影节奏的塑造

有规律的重复是节奏的基本结构表象，在塑造基础的轮廓剪影节奏时，可以将塑造方法归纳为对形成轮廓剪影的元素进行排列，让元素与元素之间的变化形成有规律的重复组合关系，形成轮廓剪影的节奏。图 4-34 中曲折起伏的线段，便是基本的轮廓节奏表象。

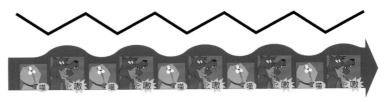

图 4-34 将轮廓剪影线的变化以有规律的重复组合呈现，形成轮廓剪影的节奏感

变化规律相同并且不断重复是一种较为单调的节奏表现形式，直观地表现为造型重复排列节奏，往往用于表现较为次要的内容或部分。图4-35中联排建筑的轮廓剪影以相同的对比变化不断重复，形成了基本的轮廓节奏表现形式，塑造出的建筑主体较为普通。

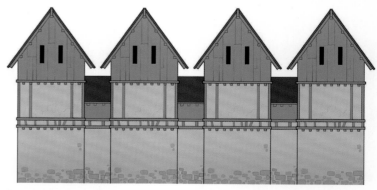

图 4-35 建筑的轮廓剪影规律性地重复变化，形成了基本的轮廓剪影表现形式

2. 轮廓剪影节奏的韵律起伏

以轮廓剪影节奏为基础，赋予轮廓剪影节奏中重复的规律，以不同的强弱对比呈现起伏变化时，便能够使轮廓剪影节奏产生韵律起伏，如图4-36所示。轮廓剪影的节奏韵律也是表现不同排列节奏、呈现不同形式感最直接的方法之一。

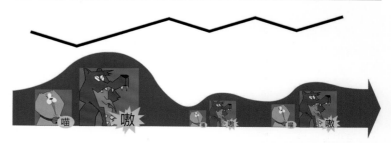

图 4-36 赋予轮廓剪影长短线变化，形成不同的起伏层次，以便形成轮廓剪影节奏的韵律起伏

轮廓剪影节奏韵律的外观表现上，长短线变化表现出长线条、短线条、相对长的线条、相对短的线条的变化形式。变化组合关系直观地构成疏密关系的对比，呈现出稀疏简练、密集复杂、相对简练、相对复杂的外观形式。例如，在图4-37所示一系列不同形状的建筑中，分量较小但形成较多连续变化的建筑形成了轮廓剪影节奏韵律密集的部分，而较大分量的建筑具有连贯性的长线条外形特征，形成了较为简练的部分。

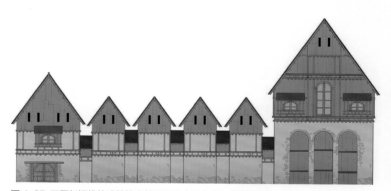

图 4-37 不同长短线的建筑轮廓剪影呈现出具有明显疏密关系的对比

结合轮廓剪影的塑造的知识点，要想在设计中表现轮廓剪影的节奏韵律，应充分考虑设计对象的基础形状、视角、姿势及概括幅度的影响。图4-38中挖掘机的外轮廓剪影呈现出不同方向性的长短线条对比。长线条与短线条沿着挖掘机的外形相互间隔，并呈现出过程性起伏的变化，形成了挖掘机轮廓剪影的节奏韵律。在此视角下，挖掘机的四肢、动臂具有明显的长线条特征，构成了画面中相对简练的节奏层次；护栏、雷达天线等造型元素具有明显的短线条特征，构成了相对密集的层次。

图 4-38 挖掘机的外轮廓剪影构成简练与复杂的节奏层次

结合轮廓剪影的塑造的知识点，在处理场景氛围图时，也表现为在同一景别层次下，不同元素共同构成轮廓剪影长短线的节奏韵律，以及不同疏密关系的外观层次样式。图4-39中前景的雕像与树木构成了同一景别层次下的轮廓剪影造型，其长短线的节奏，通过树冠相对密集的层次、雕像的外形轮廓剪影共同构成了该景别层次下轮廓剪影的节奏韵律。

图4-39 雕像与树木共同构成了前景长短线的节奏韵律

3. 轮廓剪影节奏的对比幅度

元素的不同对比幅度直接影响到节奏的层次变化关系。在轮廓剪影节奏中，一方面，轮廓剪影长短线之间的对比幅度影响节奏感的强弱。对比幅度较小的轮廓节奏，趋势感、节奏感较弱，表现力同样较弱；而对比幅度较大的轮廓节奏，趋势感、节奏感较强，表现力同样较强，如图4-40所示。

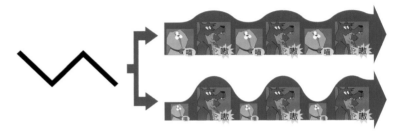

图4-40 将轮廓剪影以不同的对比幅度进行塑造，能够呈现出不同的节奏感

另一方面，轮廓剪影长短线之间的对比幅度影响轮廓剪影的节奏韵律特征的强弱。节奏感较弱的轮廓剪影节奏韵律，不同起伏区间的对比不明显，韵律特征较弱；而节奏感较强的轮廓剪影节奏韵律，不同起伏区间的对比较为明显，韵律特征也较强，如图4-41所示。轮廓剪影塑造物体的表现力，本质是通过节奏感和韵律特征在轮廓剪影塑造层面起作用的。

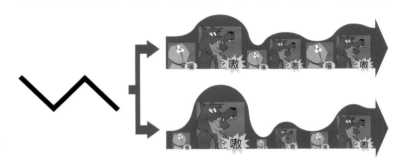

图4-41 将轮廓剪影以不同的对比幅度进行塑造，能够呈现出不同的韵律特征

比较图4-42中题材相同、外观相似的建筑。左图建筑的轮廓剪影以对比幅度较小的节奏进行塑造，不同长短线的起伏层次较为接近，韵律特征不明显，塑造出的整体轮廓剪影外观较为平庸；右图轮廓剪影以对比幅度较大的节奏进行塑造，不同长短线具有明显的起伏层次变化，呈现出较为明显的韵律特征，塑造出的整体轮廓剪影外观较为醒目。

图4-42 左图建筑轮廓剪影的对比幅度较小，右图轮廓剪影的对比幅度较大

4. 轮廓剪影节奏的变化规律

节奏是元素有规律的重复组合关系，因此轮廓剪影节奏必然也存在变化规律特征，并且相应地影响到设计主体的表现倾向，如图 4-43 所示。轮廓剪影塑造物体的表现倾向，本质上是通过节奏变化规律的特征在轮廓剪影塑造层面起作用的。

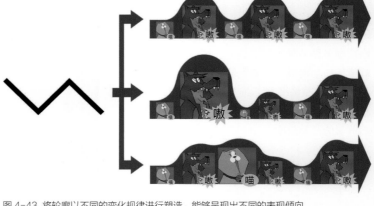

图 4-43 将轮廓以不同的变化规律进行塑造，能够呈现出不同的表现倾向

比较图 4-44 中的鹦鹉螺设计图，以趋于有序的节奏变化规律塑造轮廓剪影时，鹦鹉螺呈现出规整的表现倾向；当以趋于无序的节奏变化规律塑造轮廓剪影时，鹦鹉螺呈现出偏向混乱的表现倾向。

图 4-44 鹦鹉螺身上尖刺的变化规律差异使轮廓剪影形成了不同的表现倾向

5. 轮廓剪影节奏的局部层次

在元素较为丰富的节奏韵律表现中，整体节奏的元素中往往包含细微的变化，构成局部的节奏，也就塑造了局部节奏的层次。在局部层次上，轮廓剪影的节奏韵律表现为大的轮廓剪影元素之中也包含着局部变化较细微的轮廓剪影节奏韵律。局部的轮廓剪影节奏变化依附于整体的轮廓剪影节奏变化。图 4-45 中蓝色区间细微的变化构成了局部轮廓剪影的节奏韵律，并包含于整体的轮廓剪影节奏中。

图 4-45 蓝色区间的局部变化包含于整体的节奏韵律中

在图 4-46 中，左图所示的斧头具有整体节奏，但缺乏局部的变化，节奏的层次感较弱；而右图所示斧头的外形塑造，在整体轮廓剪影的节奏韵律变化基础上，加入了一些细微的结构变化，丰富了设计对象节奏韵律的层次感。

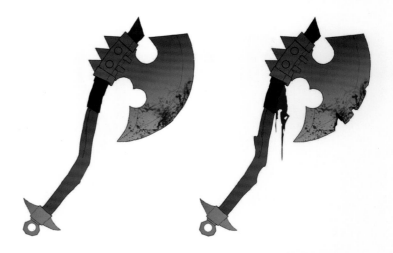

图 4-46 右图中木柄和斧身局部微小的变化丰富了设计对象节奏韵律的层次感

结合轮廓剪影的塑造的知识点，在角色设计中，可以在角色整体的轮廓剪影造型的节奏基础上，赋予一些局部装备造型上的变化，从而丰富轮廓剪影节奏的层次感。在图4-47中，角色的背包、枪械、忍者刀等装备，都赋予了角色造型局部上细微的变化，丰富了整体节奏韵律的层次感。

图4-47 局部的装备丰富了角色整体节奏韵律的层次感

在内容较为丰富的场景氛围图设计中，主体元素的轮廓剪影节奏的层次往往较为丰富，而次要的部分，层次感较弱。在图4-48中，次要建筑的轮廓虽然有节奏上的变化，但层次感较弱；教堂作为画面的主体，其外观形式的表现力较强，轮廓剪影的节奏韵律变化较强；而在教堂整体的节奏变化中，教堂局部的一些结构塑造，构成了包含于教堂整体造型的局部节奏变化，丰富了教堂节奏韵律的层次感。

图4-48 建筑造型细节结构的塑造，丰富了整体节奏韵律的层次感

CHAPTER

05

平面切割

SURFACE CUTTING

由不同长短线所构成的轮廓剪影，与背景的对比中存在着辨识度差异，在画面中进一步形成了大小不同的平面。轮廓剪影形成的外观形式，在不同辨识度的平面的塑造上，进一步深入塑造了设计对象的外观形式，呈现出更为丰富的形式感，这是设计应用中十分重要的知识点。

5.1 平面切割的意识

要建立平面切割的意识，首先要了解辨识度。

封闭的轮廓区间能够形成平面。当轮廓围合的区间与背景的对比能够形成明显趋于整体的封闭区间时，此独立区间即为一个平面。同样轮廓剪影的图案，与背景的对比越强，则辨识度越高，越能够趋于独立的平面。因此通过辨识度的差异，能够塑造不同层次的平面切割关系，如图5-1所示。在此基础上，平面主要分为外轮廓平面和内轮廓平面。

图5-1 轮廓剪影与背景的对比，辨识度越高则越趋于独立的平面

图5-2中同样造型的攻击机通过调整相邻色块之间的对比，构成不同辨识度的封闭区间，从而形成不同样式的平面切割。同样是橘黄色的座舱，左图中更接近于外表涂装，弱化了对比，于是更能把座舱和外表的黄色涂装部分看成一个整体的区间；右图座舱与外表灰色的对比较强，即辨识度较高，则座舱更趋于一个独立的平面。

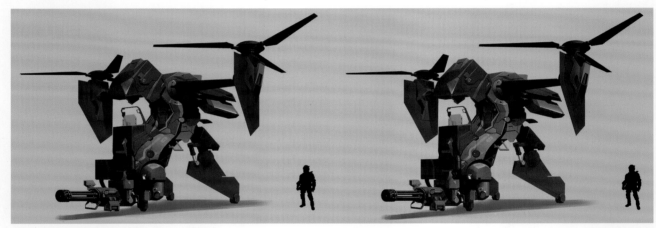

图5-2 同样的攻击机造型，不同的辨识度塑造，构成了不同的平面切割关系

其次，要了解外轮廓平面与内轮廓平面。

长短线围合形成的轮廓剪影，往往与画面背景形成对比，具有较高的辨识度，形成独立区间，构成最基础的外轮廓平面。如建筑的剪影、角色的剪影、车辆的剪影，本质上都是大小、形状不同的平面，如图5-3所示。

图5-3 轮廓剪影构成的封闭区间形成外轮廓平面

在外轮廓平面的基础上，进一步塑造更多层次的辨识度，构成封闭的区间，进而构成内轮廓平面。如建筑的不同结构、角色服饰的不同材质、车辆的不同元素物件，本质上都是对外轮廓平面进一步塑造辨识度后形成的内轮廓平面，如图5-4所示。

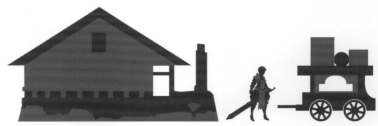

图5-4 对外轮廓平面做进一步切分，构成内轮廓平面

外轮廓平面与内轮廓平面往往构成整体与局部的层次关系。内轮廓平面包含在外轮廓平面中，在通常情况下，其辨识度往往低于整体的外轮廓平面与背景的辨识度。图 5-5 中的岩石外形构成了设计主体整体的轮廓平面，在此基础上，绿色的苔藓与岩石色彩上的差异，形成主体内部辨识度较低的封闭区间，形成了内轮廓平面。苔藓构成的内轮廓平面丰富了岩石的层次感。

图 5-5 苔藓所塑造的内轮廓平面辨识度较低，影响不了外轮廓平面的辨识度

内轮廓平面同样由不同的长短线构成。内轮廓平面之间形成了内轮廓线，要考虑其长短线的变化节奏韵律。同样的，外轮廓所构成的剪影造型，在不同节奏的内轮廓长短线的变化中，塑造了不同的内轮廓造型，呈现出不同的外观形式，形成了不同的形式感，如图 5-6 所示。

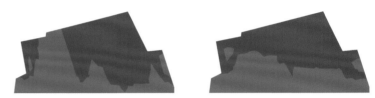

图 5-6 内轮廓平面长短线变化的差异，赋予了外轮廓相同的岩石不同的外观形式

5.2 平面切割的正负形契合关系

平面切割必然形成正形和负形的关系。

平面的切割关系形成了正负形，正负形表象即图与底的关系。任何图像都是由图和底两个部分组成的。在画面中成为视觉对象的部分叫图，周围其余的部分叫底。以图 5-7 这张经典的正负形图为例，不同的观察角度，决定了画面在观者眼中是两个人的侧脸还是一个花盆。当观者眼中看到的是两个人的侧脸时，白色区间即为底；当观者眼中看到的是一个花盆时，黑色区间即为底。

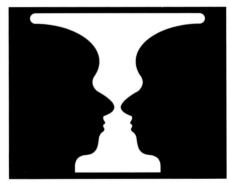

图 5-7 黑白平面切割构成了正负形关系

平面切割所构成正负形的图与底是一种衬托与被衬托的关系。在图 5-8 中，天空与海洋颜色相似，与珊瑚岛的轮廓剪影构成了平面切割关系。从将其简化提炼出的黑白平面对比结构图可以看出，在塑造珊瑚岛的轮廓剪影的同时，事实上也塑造了天空与海洋的轮廓剪影，所以正形与负形的塑造是相辅相成的。

图 5-8 天空与海洋所构成的蓝色平面区间与珊瑚岛的轮廓剪影相互衬托，构成正负形关系

正形与负形相互衔接表现出的过渡关系，是通过契合关系实现的，即正形的造型与负形的造型的相互结合关系。正负形直观地表现为两个不同形状的形成轮廓与结构能够互相衔接的样式，这也是契合形态的基本表象，如图5-9所示。平面契合关系塑造了不同平面在造型上过渡的结构样式，能够说明造型与造型之间的变化关系，同时还是体积结构关系契合的基础，这是设计应用中十分重要的知识点。

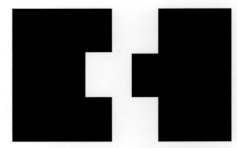

图 5-9 正负形衔接过渡关系表现为平面契合关系

通过对内轮廓线的塑造呈现出的正负形契合关系是设计中常见的结构表现形态。缺乏契合关系会显得结构之间是脱节的，而具有契合关系的平面过渡，能够让设计对象的平面衔接关系显得较为扎实。比较图5-10中两把外轮廓一致的剑，左图的剑缺乏平面的契合衔接过渡，表现上较为单薄；右图的剑具备契合结构，因此在结构表现上较为扎实。

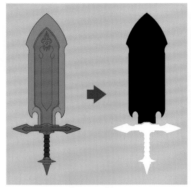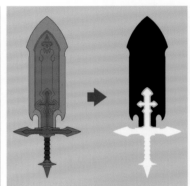

图 5-10 相较于左图，右图的契合关系使武器的结构更加扎实

在场景设计中，平面的契合关系往往还表现为设计主体的正空间通过负空间的间隔形成有一定距离的契合关系。在图5-11中，左图左右两边的岩石与中间的背景形成契合关系。从简化提炼出的黑白平面对比结构图可以看出，左右岩石的造型形成的平面，虽然有一定的距离，但其外轮廓形状仍具有形成契合关系的结构形式。

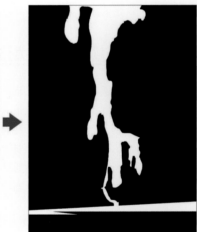

图 5-11 画面中的前景岩石与背景形成了正负形契合关系

5.3 平面切割的塑造

无论是外轮廓平面还是内轮廓平面，都是由不同辨识度所构成的封闭区间形成的。那么平面切割的塑造，也可以概括为通过制造不同辨识度所构成的相对封闭的区间，从而形成平面切割关系。

简单来说，在设计应用中，平面切割的塑造方法主要有以下三种。

1. 造型疏密对比塑造平面切割

图5-12左图的六角星与背景的疏密对比差异较小，辨识度较低；右图疏密对比差异较大，辨识度较高。所以通过造型的疏密对比能够构成相对封闭的区间，从而塑造平面切割。在设计平面切割关系时，较为基础的是造型区分，表现为造型上简单与复杂的对比。

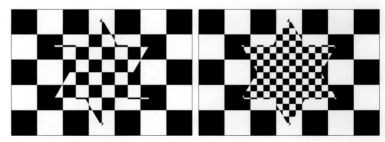

图 5-12 造型上简单与复杂的对比能够制造不同的辨识度

通过造型的疏密对比塑造设计对象的平面切割，在色调较为单一的设计对象中较为常用。如设计机械时，经常表现为机械外壳的简单与内部机械结构的复杂形成造型上鲜明的疏密关系对比，如图5-13所示。

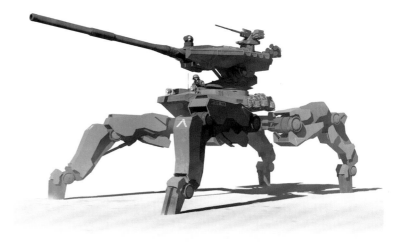

图 5-13 自行火炮的外装甲比较简练，而内部机械的转动结构较为复杂

在场景设计中，造型疏密对比塑造平面切割，主要表现为分量小而数量较多的密集元素与分量大但结构相对简单的元素，形成画面上的疏密对比。图5-14中建筑分量较小，但结构比较密集；树木分量较大，但结构比较简练。建筑与树木形成的疏密对比构成了画面的平面切割关系。

图 5-14 场景中密集的建筑群与简练的树木形成疏密对比

2. 固有色或材质对比塑造平面切割

在设计中，不同材质往往呈现出不同的固有色与质感。在相同的材质中，呈现出的相同质感能够与固有色形成封闭的区间。图5-15左图中的六角星与背景的固有色属性对比差异较小，辨识度较低；右图六角星与背景的固有色属性对比差异较大，辨识度较高。所以通过固有色或材质对比能够构成相对封闭的区间，从而塑造平面切割。固有色或材质的平面切割在设计中表现为对设计对象色彩搭配关系的运用。

图 5-15 固有色的颜色属性上的对比能够制造不同的辨识度

在图5-16中，蒸汽车由金属、木材、瓦片等不同材质塑造而成，不同的材质有着不同的固有色，并且不同材质固有色的辨识度差异构成了相对封闭的区间，塑造了设计对象的平面切割关系。

图 5-16 蒸汽车不同材质所形成的不同颜色区间构成了平面切割关系

在此基础上，设计时往往可以赋予不同的材质以相同的纹饰涂装设计、喷漆或污渍等能够弱化设计对象原始材质质感或固有色的图形结构，从而改变设计对象的材质和固有色的平面切割关系，呈现出新的平面切割样式。图5-17左图中蒸汽车的油漆涂装及右图的蓝色污渍都弱化了原本木材与金属所形成的平面切割关系，构成了新的平面切割样式。

在场景氛围的设计中，因受到空气透视、光线反射等外界因素的影响，不同材质往往呈现相同或接近的颜色。连续材质因颜色接近从而趋于同一个平面。如图5-18中的天空与海洋，虽然是两种不同的元素，但在场景中颜色较为接近，所以构成了同一个平面区间。

图5-17 涂装设计和污渍弱化了蒸汽车原本木材或金属的质感与固有色表现

图5-18 天空与海洋颜色接近，构成了同一个平面区间

3. 光影对比塑造平面切割

强烈的光亮或阴影可以弱化不同造型和颜色的辨识度。在光影对比的影响下，呈现疏密关系对比和固有色对比的六角星辨识度降低，而光影关系所形成的平面切割关系较为明显。所以通过强烈的光影对比能够构成相对封闭的区间，从而塑造平面切割，如图5-19所示。

以物件设计为例，图5-20中的元素结构相对比较丰富，固有色对比比较鲜明，赋予较强的光照和投影后，受到直射光照射的区域和暗部区域，分别呈现出相对统一的封闭区间，形成平面切割关系。一方面，物件之间的素描关系对比较弱，因此结构辨识度较低；另一方面，固有色被弱化，因此颜色辨识度较低。

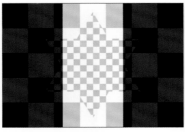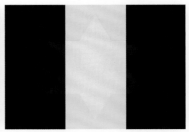

图5-19 在光影对比所形成的切割关系下，造型与颜色的辨识度较低

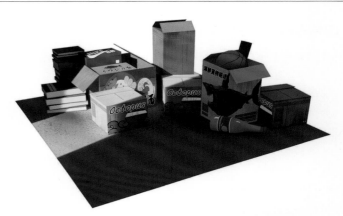

图5-20 在光影对比所形成的平面切割关系下，造型与颜色的辨识度较低

光影对比塑造的平面切割，在场景氛围图中较为常用。首先，足够强的光亮能够使画面形成统一的平面区间。在图5-21中，足够强的光亮削弱了远景建筑群的结构与固有色的对比，从而让画面中的亮部形成一个封闭的平面区间。

图5-21 强烈的光亮弱化了远景建筑群的结构和固有色的对比，从而形成了一个封闭的平面区间

其次，足够强的暗调也能够使画面形成统一的平面区间。在图5-22中，大面积阴影区域削弱了岩石暗部的结构与固有色的对比，让画面中的暗部形成一个封闭的平面区间。

图5-22 暗部弱化了岩石的结构和固有色的对比，从而形成了一个封闭的平面区间

5.4 平面切割的作用

平面是轮廓剪影与背景的对比所构成的辨识度呈现出趋于独立的封闭区间。因此，平面对比变化可以分为造型对比变化和辨识度对比变化。平面对比变化在设计中起到的作用，主要通过平面的形状变化与辨识度的高低变化两个方面呈现。

在图5-23中，树干上附着的苔藓与树干的色彩有明显的辨识度差异，构成了独立的封闭区间，形成了平面切割关系。苔藓呈现出的不同形状构成了平面造型的对比变化。

图5-23 苔藓的形状塑造了平面造型的对比变化

在图5-24中，树干在形状变化的基础上，以树干为底，赋予不同封闭区间的苔藓不同对比度的色彩，于是苔藓与树干呈现出不同的辨识度变化，即构成了平面切割的辨识度对比变化。

图5-24 不同大小的苔藓与树干辨识度的差异构成了平面切割的辨识度对比变化

轮廓剪影塑造了基础的表现倾向与表现力。在此基础上，平面的切割进一步塑造了内轮廓的造型，同时通过不同辨识度对比变化塑造了内轮廓平面的层次关系。平面造型的对比变化，进一步完善了轮廓剪影的外观形式，呈现出不同的形式感，并通过平面切割形成的形状和辨识度特征传达不同的设计概念。

在图5-25中，通过将角色以概括性的平面切割的形式进行塑造，让轮廓剪影内部进一步形成不同的形状变化，呈现出角色最基本的内部造型的外观形式，在轮廓剪影的基础上，进一步表现出角色的形式感。

图5-25 通过平面切割进一步完善了角色内部造型结构的外观形式

平面切割的塑造呈现出的基本外观形式，是概念设计在最初阶段传达设计想法、验证设计方案是否切实可行的有效方法。在设计应用中，主要通过以下几个层面影响设计的形式感。

1. 平面切割塑造表现力

结合排列节奏塑造表现力的知识点，利用平面切割的外观形式能够传达不同强弱的表现力。比较图 5-26 中上下两组木箱的组合形式，上面一组木箱平面之间的变化幅度小，变化过程柔和，变化层次较少，外观形式表现力比较平庸；下面一组木箱平面之间的变化幅度较大，变化过程强烈，变化层次丰富，外观形式呈现出较强的表现力。

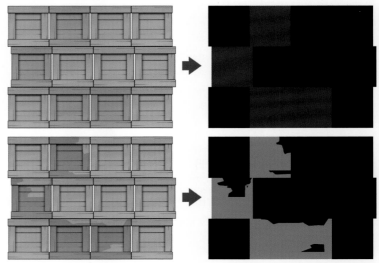

图 5-26 木箱不同色块所构成的平面切割关系直观地呈现出了外观形式的表现力

2. 平面切割塑造表现倾向

利用轮廓剪影的外观形式能够传达不同的表现倾向。比较图 5-27 中上下两组油桶，外轮廓剪影表现倾向一致。在此基础上，塑造不同平面切割呈现出不同的内轮廓剪影。上面一组油桶内轮廓剪影所形成的平面切割关系趋于有序的排列节奏，呈现出较为规整的表现倾向；下面一组油桶的内轮廓剪影所形成的平面切割关系趋于无序的排列节奏，则呈现出较为混乱的表现倾向。

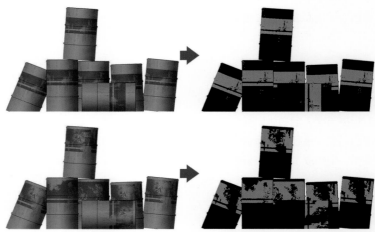

图 5-27 轮廓剪影直观地呈现出了油桶排列所构成外观形式的表现倾向

3. 平面切割塑造方向感、速度感、趋势感和体积感

结合点、线、面构成与排列节奏的知识点，线、面及排列节奏可以塑造方向感、速度感和趋势感，如图 5-28 所示。因此当平面的切割形状构成了线或面的造型，并沿着外轮廓的趋势方向形成排列时，平面切割能够塑造方向感、趋势感及体积感，其本质是点、线、面与排列节奏的知识点在平面切割中的运用。

图 5-28 不同形式的平面切割本质是线或面的塑造，并通过排列关系，呈现出相应的形式感

如图 5-29 中苔藓与树干所构成的平面切割，左图中不同平面趋于大小相似的排列关系，呈现出一定的方向感；右图中趋于聚合关系或从大到小的排列关系，呈现出一定的趋势感。

图 5-29 左图的平面切割赋予了树干方向感，右图则呈现出了树干的趋势感

若平面的切割构成趋于垂直于外轮廓趋势方向，并环绕着物体的线或面的塑造，则能够强化表现体积关系，呈现出空间感。如图 5-30 中的苔藓，作为排列中的个体趋势，呈现出相对垂直于树干趋势的外观形式，并环绕于树干表面，使得树干的体积结构看起来较为明显。

图 5-30 趋于线的平面切割强化了树干的体积感

4. 平面切割塑造一部分的空间关系

一方面，平面切割所形成的元素会在平面上处于不同的位置，能够说明一部分的空间关系，即平面切割能够塑造同一景别层次下的平面上相对位置的空间关系。图 5-31 中岩石轮廓剪影位于建筑轮廓剪影的右边，呈现出了两者之间的平面上的空间关系。

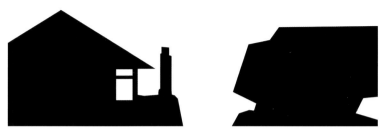

图 5-31 轮廓剪影之间呈现出同一景别中左右相对位置的空间关系

图 5-32 中一系列的建筑平行排列于同一景别层次中，建筑之间只能呈现出同一平面内上、下、左、右的空间关系。单纯平面切割塑造的空间关系较为单一，在设计场景氛围图时不太常用。

图 5-32 建筑从左至右依次排列，呈现出同一景别下平面上的空间关系

另一方面，在元素形成平面上的相对位置基础上，让平面形成前后遮挡，构成空间穿插，也能够说明一部分的空间关系，即平面切割能够塑造不同景别层次下的平面上前后相对位置的空间关系。图 5-33 中岩石轮廓剪影呈现于建筑轮廓剪影后面。平面之间的相对位置塑造与空间穿插，也是塑造场景空间关系的重要手段。

图 5-33 轮廓剪影之间呈现出前后相对位置的空间关系

图 5-34 中一系列的建筑处于同一景别层次中，但建筑之间存在穿插关系，因此建筑之间在同一平面上呈现出明显的景别层次，塑造了建筑之间的前后空间关系。

图 5-34 近处的建筑遮挡住一部分远处的建筑，形成了轮廓剪影的穿插关系

5. 通过辨识度对比塑造空间层次

平面辨识度的对比变化，可以塑造设计对象的空间层次强弱关系。在图 5-35 中，同样外观形式的轮廓剪影在与背景对比的辨识度较高时，不同景别之间的空间层次感较强；当与背景对比的辨识度较低时，则不同景别之间的空间层次感较弱。

图 5-35 同样的建筑造型，左图空间层次感较强，右图空间层次感较弱

在图 5-36 中，建筑与天空形成平面切割关系。当天空为蓝色，与建筑形成较高的辨识度对比时，画面的空间层次感较强；当天空呈现出黄色，与建筑形成较弱的辨识度对比时，画面的空间层次感较弱。

图 5-36 通过控制不同景别层次之间辨识度的对比关系，能够有效地强化空间层次感或弱化空间层次感

6. 通过辨识度对比塑造结构层次

通过平面切割辨识度的对比变化，可以塑造不同结构层次的对比关系。同样造型结构的平面切割关系，相互之间的辨识度对比越强，则结构层次跨度越大；相互之间的辨识度对比越弱，则结构层次越趋于整体。不同结构层次表现了不同的外观形式，如图 5-37 所示。

图 5-37 不同的辨识度使建筑呈现出不同的结构层次

在图 5-38 中，四组机械造型一致，通过赋予平面切割以不同的辨识度，构成了不同的外观形式。第一张图中平面切割的辨识度对比最强，结构层次较为丰富；第二张图减少了一部分的平面切割层次，结构层次则相应减少，趋于相对简单；第三张图中平面之间的辨识度较低，结构层次也较为单调，整体较为统一；而第四张图中平面之间的辨识度最低，几乎区分不出不同的结构层次，但整体也最统一。

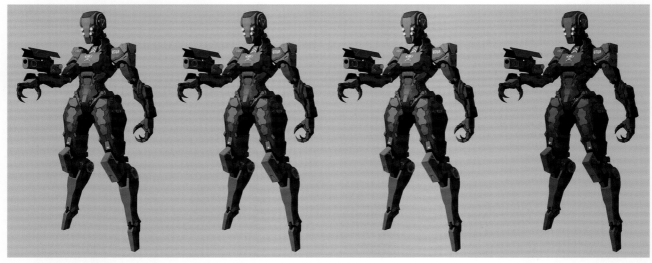

图 5-38 通过对平面切割辨识度的塑造，不同结构层次的角色呈现出不同的外观形式

5.5 平面切割的节奏韵律

平面的节奏由构成平面切割的基本元素构成，其基本元素便是平面切割所塑造的不同辨识度的封闭区间。平面元素直观地表现为不同面积、不同长宽比等外观形式，并以辨识度的差异使其作为节奏中的独立元素。在图 5-39 中，岩石与沙地就形成了大面积与小面积的对比。

图 5-39 不同辨识度的差异，构成了岩石与沙地的平面切割关系

以三种塑造平面切割的方法为基础，同一物体的平面节奏变化往往由其造型疏密对比的趋势变化、材质与固有色对比的趋势变化、光影对比的趋势变化共同构成，如图 5-40 所示。同时，平面的对比变化由不同辨识度所构成的封闭区间构成。因此平面节奏的变化趋向，可分为造型变化的趋向和辨识度变化的趋向。

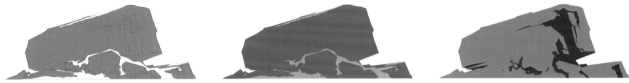

图 5-40 塑造平面切割的方法比较多样，于是构成平面节奏的趋势变化样式也较多

一方面，平面由不同的造型构成，所以平面的节奏变化具有造型的变化趋向。在图 5-41 中，岩石和沙地的不同颜色交错，并且岩石呈现自上而下面积逐渐缩小的趋向，沙地呈现自上而下面积逐渐增大的趋向。平面造型的基本元素的趋向性的变化，是形成平面节奏的基本条件。

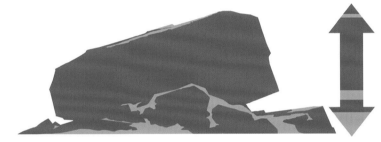

图 5-41 岩石与沙地因固有色差异所构成的平面的节奏趋向，呈现出上下方向的变化

另一方面，平面之间不同的辨识度对比，让所有平面的节奏变化具有辨识度的变化趋向。岩石下方较为密集的部分与整体岩石形成辨识度较高的对比，相应的上方破碎区间的部分与整体岩石形成辨识度较低的对比，岩石的结构呈现出自下而上辨识度逐渐降低的趋向，如图 5-42 所示。

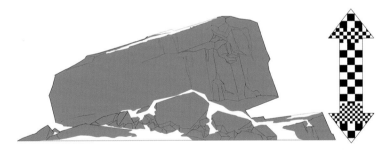

图 5-42 岩石造型所构成平面辨识度对比的节奏趋向，呈现出自下而上逐渐减弱的变化

画面中的平面可以由造型、材质与固有色、光影构成，因此在同一元素中，由不同方法构成的平面的节奏趋向很可能是不相同的。如同一块岩石，亮调区间与暗调区间形成交错，亮调区间呈现出从左往右比重逐渐减少的趋向，暗调区间呈现出从左往右比重逐渐增多的趋向，如图 5-43 中，岩石左右趋向变化与其造型、固有色上下趋向变化形成了差异。

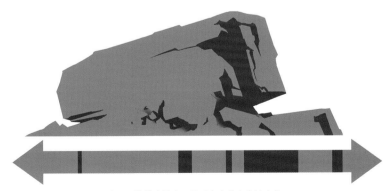

图 5-43 岩石光影所构成平面的节奏趋向，呈现出左右方向的变化

平面的节奏韵律本质上是外观形式节奏在物体平面切割塑造层面上的应用，因此将排列节奏的知识点套用于平面的节奏塑造，同样也是围绕平面形状和辨识度的对比层次、韵律起伏、对比幅度、变化规律及局部层次这些方面进行。

1. 平面节奏的塑造

有规律的重复是节奏的基本结构表象，在塑造基本的平面节奏时，可以将塑造方法归纳为对形成平面的元素进行排列，让元素与元素之间的变化形成有规律的重复组合关系，形成平面的节奏感。图5-44中一大一小的方块以不同辨识度相互间隔，便是基本的平面节奏表象。

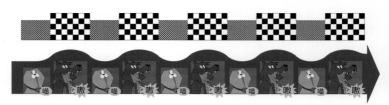

图5-44 将平面的变化以有规律的重复组合呈现，形成平面的节奏感

变化规律相同并且不断重复是一种较为单调的节奏表现形式，直观地表现为造型和色彩重复的排列节奏，往往用于表现形状结构较为特定的主题。图5-45中墙面结构的疏密关系以相同的对比变化不断重复，形成基本的平面节奏表现形式，塑造出的墙面外观也较为枯燥、普通。

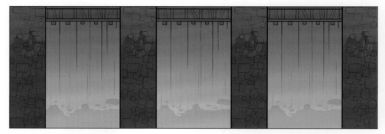

图5-45 墙面不同材质的规律性重复变化，形成了基本的平面节奏表现形式

2. 平面节奏的韵律起伏

以平面节奏为基础，赋予其中重复的规律以不同的对比呈现起伏变化时，便能够使平面节奏产生韵律，如图5-46所示。平面节奏韵律承接轮廓剪影节奏韵律，又是体积结构节奏韵律的基础，在设计中起着重要的作用。

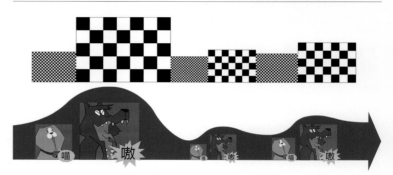

图5-46 不同大小、不同辨识度的平面构成了平面的节奏韵律

平面节奏韵律在外观表现上，一方面，造型变化表现出大面积平面区间、小面积平面区间、相对大面积平面区间、相对小面积平面区间的变化形式。另一方面，辨识度的变化呈现出较强的对比、较弱的对比、相对强的对比、相对弱的对比的变化形式。同时，不同平面之间的内轮廓线，也相应呈现出节奏韵律特征，如图5-47所示。

图5-47 爬山虎使墙面的平面节奏韵律呈现出明显造型、辨识度、内轮廓线的变化

将平面节奏运用于角色设计中，角色的平面切割关系呈现出平面造型和辨识度的节奏变化。在图5-48中，角色的平面节奏一方面呈现出不同颜色区间自上而下的相互间隔，并呈现出过程性的起伏变化，如红色区间的变化呈现出发饰的面积相对较小、中部衣物面积较大、下方鞋子面积较小的变化；另一方面，不同颜色区间相邻的辨识度也呈现出过程性的起伏变化，如头发的颜色与衣物的红色及肤色之间辨识度对比较强，衣物与袜子的颜色较为接近，辨识度对比较弱，而在袜子与脚踝之间加入金属装饰，又让脚部的辨识度对比相对较强。

图5-48 不同大小、不同辨识度的平面塑造了角色的平面节奏韵律

结合平面切割的塑造的知识点，处理场景氛围图中的平面节奏时，也表现为对于不同元素呈现出相同的封闭区间，共同构成平面节奏韵律的变化。在图 5-49 中，远景较为明亮，同时地面也具有较为明亮的光斑，远景色调和地面光斑颜色较为相似，亮色调所构成封闭区间的面积自上而下，形成了大面积、小面积、相对大面积的节奏韵律。

图 5-49 远景与地面的光斑共同构成了亮色区间所形成的平面节奏韵律

3. 平面节奏的对比幅度

元素的不同对比幅度直接影响到节奏的层次变化关系。在平面节奏中，一方面，不同平面的对比幅度影响节奏感，对比幅度较小的平面节奏，节奏感较弱，呈现出的表现力同样较弱；而对比幅度较大的平面节奏，节奏感也较强，呈现出的表现力同样较强，如图 5-50 所示。

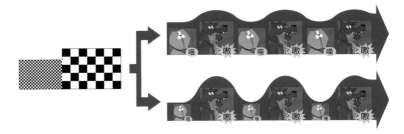

图 5-50 将平面以不同的对比幅度进行塑造，能够呈现出不同的节奏感

另一方面，不同平面的对比幅度影响平面节奏的韵律特征。节奏感较弱的平面节奏韵律，不同起伏区间的对比差异不明显，韵律特征较弱；而节奏感较强的平面节奏韵律，不同起伏区间的对比差异较为明显，韵律特征也较强，如图 5-51 所示。平面切割塑造物体的表现力，本质是通过节奏感和韵律特征在平面塑造层面起作用的。

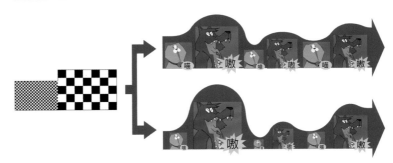

图 5-51 将平面以不同的对比幅度进行塑造，能够呈现出不同的韵律特征

以形状的变化对比幅度为例，比较图 5-52 中两个广告牌的设计。左图不同平面形状以对比幅度较小、变化过程柔和的节奏进行塑造，平面之间的起伏层次较为接近，韵律特征不明显，广告牌表现力较弱；右图不同平面形状以对比幅度较大、变化过程较为强烈的节奏进行塑造，平面之间具有明显的起伏层次变化，呈现出较为明显的韵律特征，广告牌表现力较强。

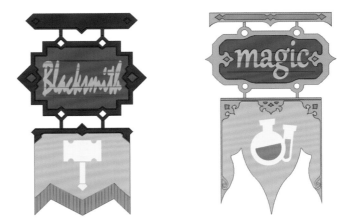

图 5-52 左图形状的对比幅度较小，右图形状的对比幅度较大

以辨识度的变化对比幅度为例，比较图 5-53 中平面切割形状相同的岩石设计。左图岩石平面切割辨识度以对比幅度较小的节奏进行塑造，平面之间的层次感较弱，外观较为平庸；右图平面切割辨识度以对比幅度较大的节奏进行塑造，平面之间的层次感较强，外观较为醒目。

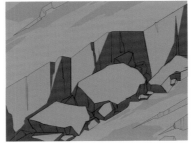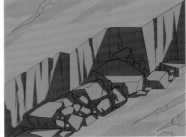

图 5-53 左图的对比幅度较小，右图的对比幅度较大

4. 平面节奏的变化规律

节奏是元素有规律的重复组合关系，因此平面节奏必然也存在变化规律特征，并且相应地影响到设计主体的表现倾向，如图5-54所示。平面切割塑造物体的表现倾向，本质是通过节奏变化规律的特征在平面塑造层面起作用的。

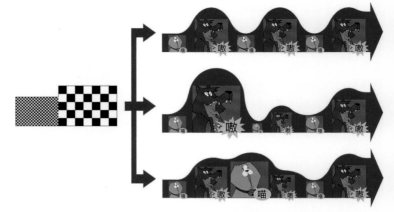

图5-54 将平面以不同的变化规律进行塑造，能够呈现出不同的表现倾向

比较图5-55中的怪物设计，怪物身体的纹理色块呈现出明显的平面切割关系，以趋于有序的节奏变化规律塑造纹理的变化关系时，怪物呈现出如左图所示的规整的表现倾向；当以趋于无序的节奏变化规律塑造纹理的变化关系时，怪物呈现出如右图所示的偏向混乱的表现倾向。

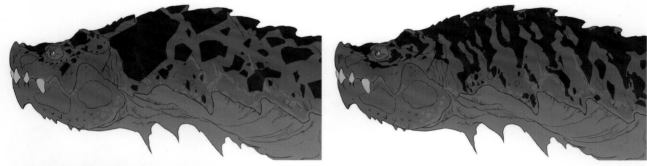

图5-55 怪物身上纹理的变化规律差异使平面切割形成了不同的表现倾向

5. 平面节奏的局部层次

在元素较为丰富的节奏韵律表现中，整体节奏的元素中往往包含细微的变化，构成局部的节奏，也就塑造了节奏的局部层次。平面的节奏韵律在局部层次上表现为大的封闭区间之中也包含着局部变化较细微且辨识度较低的平面节奏韵律。局部的平面节奏变化依附于整体的平面节奏变化。图5-56中蓝色区间细微的变化构成了局部微弱的平面节奏韵律，并包含于整体的平面节奏中。

图5-56 蓝色区间细微的变化包含于整体的平面节奏中

比较图5-57所示的墙体，自上而下的木质部分、墙面部分和砖石部分构成了不同的辨识度，形成了平面切割的节奏。左图墙体具有整体平面切割节奏，但缺乏局部的变化，节奏的层次感较弱；右图在整体墙面所形成的平面节奏韵律变化基础上，下方的大小不同的砖石呈现出局部的平面节奏变化，其细微的弱对比平面节奏变化包含于整体墙面的平面节奏变化中，丰富了墙面节奏韵律的层次感。

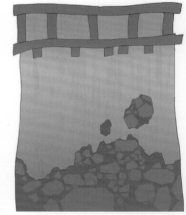

图5-57 墙面砖块弱对比的大小疏密变化丰富了局部平面节奏的层次感

结合平面切割塑造的方法，在角色设计中，可以在角色整体的平面节奏基础上，赋予一些局部平面结构细微的大小结构过渡、纹理对比等，并赋予其一定的节奏变化，从而丰富平面节奏的层次感。如图5-58中角色肩甲的纹理、裤子的暗纹，都赋予了角色造型局部上细纹的平面切割关系，丰富了整体节奏韵律的层次感。

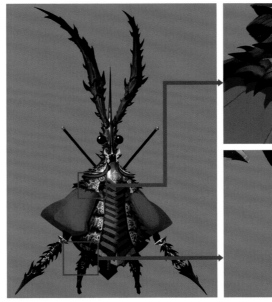

图5-58 虽然局部的纹理不明显、面积较小或辨识度较低，但丰富了角色的平面节奏层次感

在内容较为丰富的场景氛围设计中，主体元素的平面节奏层次往往较为丰富，表现出更多细微的平面节奏韵律变化；而次要的部分层次感较弱，呈现出弱对比的平面切割关系。图5-59中远景次要建筑的平面切割关系虽然有节奏变化，但辨识度较低，缺乏更深层次的平面切割关系，层次感较弱；而前景建筑作为画面的主体，平面的节奏韵律变化较强。同时，在其整体的节奏变化中，建筑的一些局部，如植物等细节结构的塑造，构成了画面整体平面切割中的局部平面节奏变化，丰富了建筑主体节奏韵律的层次感。

图5-59 画面中前景建筑主体平面辨识度较高且层次感较强，远景层次感较弱

CHAPTER

06

体积结构

VOLUME STRUCTURE

长短线塑造轮廓剪影，轮廓剪影形成平面，而平面的本质是将原本立体的设计案例简化于平面空间内，方便观察设计对象的构成形式。设计对象的外观形式最终是以立体的造型呈现于空间中的，即元素具有的体积结构。所以，接下来会引入体积构成的概念，进一步以体积为基础深入推敲设计元素造型的节奏变化。

6.1 体积结构的意识

以体积结构作为基础塑造设计对象的外观形式，首先需要对基础几何体结构有所认识，建立万物皆由基础几何体结构构成的意识，即设计的对象都是由圆柱体、立方体、圆锥体、球体等基本的几何体结构演变塑造而来的，如图6-1所示。在学习绘画时，往往以绘制最简单的几何体石膏作为入门练习，因为几何体结构是塑造体积结构关系的基础。

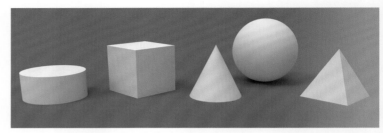

图6-1 几何体往往是绘画中练习造型的基础题材

在此基础上，轮廓剪影所塑造出的结构的平面切割关系，最终以体积结构呈现其外观形式，进而表现不同的形式感。所以在设计轮廓剪影时，也应以体积结构为基础进行塑造，如图6-2所示。

图6-2 最终以体积结构呈现其外观形式

因此，平面切割所形成的正负形契合关系最终也以体积结构的契合呈现，体积与体积形成结构上相互衔接的造型形态，如图6-3所示。

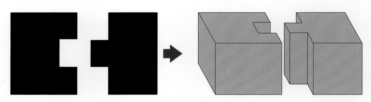

图6-3 正负形契合关系最终表现为体积结构的契合关系

在图6-4中，机械外壳与内部结构具有不同的固有色，形成了平面上正形与负形的契合关系。在此基础上，其立体结构也呈现出外壳的体积结构与内部关节结构在立体空间上契合的关系。

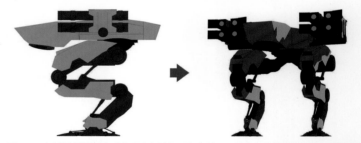

图6-4 机械的侧视图表现出固有色的平面契合关系，并且在立体结构中呈现出体积的契合关系

结合轮廓剪影与平面切割的知识点，表现设计对象的外观形式，最终需要塑造其体积结构，并且在体积结构的基础上，将轮廓剪影与平面切割的表象呈现于立体空间中。在设计中建立观察体积结构的意识，需要注意以下几个方面。

1. 观察体积结构要忽略纹理颜色

物体的固有色往往具有较为丰富的变化，会干扰到对于体积结构形状的判断，因此建立观察体积结构的意识，应先过滤掉物体的固有色，将其以单一颜色的几何体作为观察基础，如图6-5所示。

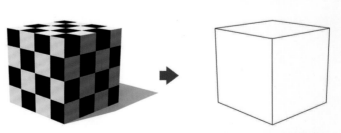

图6-5 过滤掉立方体上黑白方格的色彩图案后，呈现出的立方体结构更加直观

在图 6-6 所示的较为复杂的立体结构中，岩石上附着着苔藓，具有较丰富的颜色变化，但其造型的本质是不规则的几何体的体积结构。

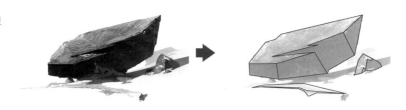

图 6-6 岩石的固有色对比比较大，但其基本结构是不规则的几何体结构

在设计应用中，也可以在同样的体积结构基础上，以不同的纹理、颜色进行塑造，从而呈现不同的主题。如图 6-7 中的纸箱趋于立方体结构，对于同样的体积结构，通过不同的涂装，得到不同的设计主题，但其造型的本质，即作为立方体的结构是一致的。

图 6-7 不同的固有色涂装作用于相同的立方体的结构中，呈现出不同的主题

2. 观察整体体积结构要忽略局部结构

整体体积结构不会因为局部结构的差异而改变整体体积结构的外观形式。物体的体积结构往往也具有较丰富的变化，局部结构往往会干扰对于整体体积结构形状的判断。因此观察物体时，要观察整体的体积结构，暂时忽略局部结构，如图 6-8 所示。整体体积结构的塑造，往往决定了设计对象整体的外观形式，是呈现设计对象表现方向与表现力的重要途径。

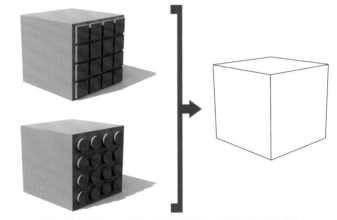

图 6-8 无论立方体结构局部呈现出怎样的结构形状，整体依然是立方体结构

在图 6-9 所示的较为复杂的立体结构中，岩石局部具有较丰富的细节结构造型变化，但岩石整体上趋于一个不规则的立体结构。

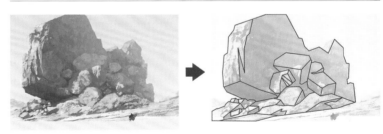

图 6-9 岩石具有较多细节结构造型，但观察时应以整体体积结构作为观察起点

在图 6-10 中，两个外形略有差异的车轮的局部凹凸结构不尽相同，但两者的体积结构在本质上依然都是趋于相同形状的圆柱体。

图 6-10 车轮整体体积结构相同，局部结构形状的差异改变不了整体体积结构的外观形式

3. 局部体积结构包含于整体体积结构中

在把握好整体结构的情况下，往往要对整体体积结构进行进一步切分，观察其局部的体积结构，挖掘整体中的细节，如图 6-11 所示。局部体积结构的塑造也是丰富设计对象外观形式的重要途径。

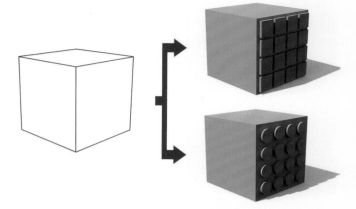

图 6-11 在整体体积结构的基础上，往往可以塑造多种局部的体积结构

在图 6-12 中，处于岩石整体体积结构框架内的局部造型具有较丰富的结构变化，这让整体的体积结构呈现出更丰富的细节。

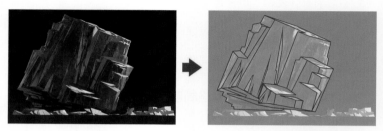

图 6-12 右图红线所示的体积结构中，蓝线所示的局部体积结构依附于整体体积结构

在设计应用中，也经常通过对局部体积结构进行塑造来呈现设计的细节。如图 6-13 中的机械主体趋于一个圆柱体，在主体体积结构基础上，依附于圆柱体的大小不同的体积结构丰富了局部细节的塑造，让设计主体的外观形式更加饱满。

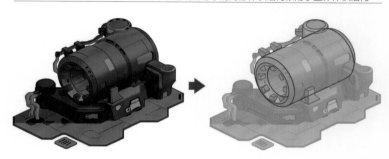

图 6-13 局部细节的塑造，表现为依附于整体体积结构的局部体积结构

从整体的体积结构到局部的体积结构的观察过程，是建立观察体积结构意识的最为核心的知识点。越是复杂的物体，从整体到局部体积结构的层次也越多。在创作中，用较为概括的体积结构进行塑造，还是用层次丰富的体积结构进行塑造，取决于设计目的。一般来说，在使用的元素相同的情况下，表现画面的次要部分时，往往以较为概括的体积结构进行塑造，表现画面的主要部分时，则会塑造更多的局部细节，丰富体积结构的层次感，如图 6-14 所示。

图 6-14 远处雕像的体积结构较为概括，近处雕像的体积结构较为丰富

4. 带有曲面的体积结构由多个直面构成

体积结构由多个连续的面围合而成，一些带有曲面的体积结构由多个直面构成。在此认知条件下，观察任何包含曲面的体积结构，都要将其曲面表面概括为多个连续的直面，如图6-15所示。

图6-15 连续的围合面越多，外形越趋于圆润的曲面

图6-16中岩石的外形呈现出球体结构特征，岩石整体的体积结构依然可以通过连续的直面来进行概括。

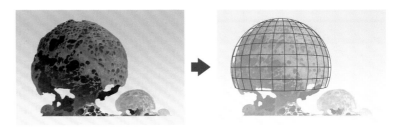

图6-16 通过连续的面可以概括岩石趋于球体的体积结构

在场景氛围的设计中，带有曲面的体积结构较为常见。在图6-17中，地面的缓坡结构可以理解为带有曲面的体积结构的表象。因此在创作中，同样也可以将其概括为对许多连续的四边形所构成的体积结构进行的塑造。

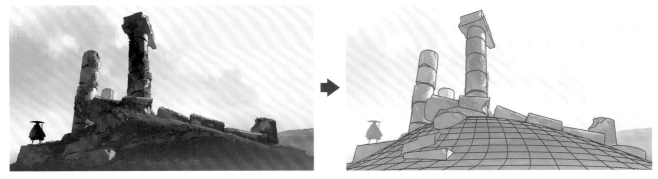

图6-17 自然场景中的地面造型往往呈现出带有曲面的体积结构

5. 平面结构的本质是厚度较小的体积结构

平面结构包含于立体空间中。在立体空间中，平面的本质是厚度较小的体积结构。在此认知条件下，观察任何单薄的平面结构，都要将其当作立体空间中的面片体积结构，如图6-18所示。

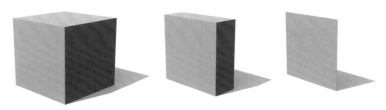

图6-18 不同厚度的体积结构都可以呈现于立体空间中

在图6-19中，报纸和光盘的体积结构厚度较小，是典型的面片体积结构，与不同形状的纸箱、书籍、笔筒等立方体、圆柱体结构共同存在于立体空间中。单薄的面片体积结构同样也是画面中塑造体积结构的重要组成部分。

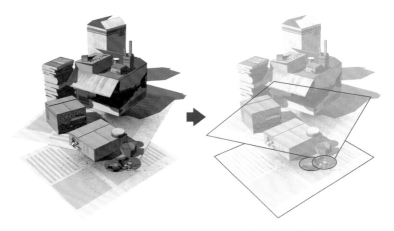

图6-19 报纸和光盘是典型的存在于立体空间中厚度较小的面片体积结构

建立了观察体积结构的意识之后，在创作中想要表现不同设计对象的造型、呈现不同的外观形式，便需要对其体积结构进行不同方式的塑造。一方面，体积的塑造是美术中强调的对于形体结构塑造的基础；另一方面，体积的塑造是设计中强调的对于正空间的空间关系的塑造，也是设计中必备的技能。

在创作中，对体积结构的塑造主要可以归纳为以下几种方法。

1. 基础几何体结构的塑造

一些结构较为简单的元素，往往以最基础的几何体造型呈现。如球体的篮球、圆柱体的车轮、圆锥体的路障、立方体的纸箱等，都是以趋于基础几何体的体积结构呈现其外观形式的，如图6-20所示。

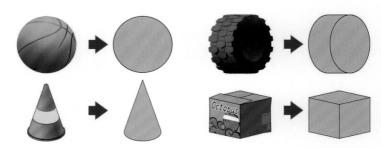

图6-20 以基础几何体结构塑造的元素往往较为简单

以基础几何体塑造的对象的体积结构整体感往往较强，但结构变化较少、较为单调，通常在创作中结合较强的光照所构成的明暗对比呈现其结构关系，表现空间感。在此基础上，用基础几何体表现的设计对象也缺乏生动性，往往在画面中会塑造为较为次要的部分或呈现单调的题材。图6-21中的立柱体积结构趋于长方体，在较强的光照下呈现出较强的体积感，并在画面中作为次要部分用于衬托中间倒下的雕像。

图6-21 画面中立柱的造型趋于立方体体积结构

2. 切割基础几何体结构

对基础的几何体结构做一些规则切割，能够深入塑造出一些相对较为规则的体积结构。相对于基础几何体，切割后的体积结构的外观形式更富于变化，如图6-22所示。

一些较为简单的科幻题材的组件，往往由基础几何体做出的相对规整的切割件构成。在设计图6-23中的探测装置时，从将其简化提炼出的几何体结构图中，可以明显看出，探测装置是在圆柱体的基础上，通过规则的切割，构成具有一定结构变化的体积结构。

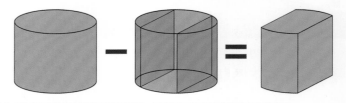

图6-22 通过对圆柱体进行规则切割，呈现出富有变化的规则几何体结构

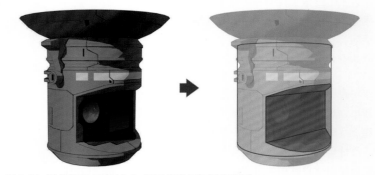

图6-23 机械装置的基础结构由对圆柱体进行规则切割得到

对基础的几何体结构做一些不规则切割，能够深入塑造一些相对自然的体积结构。一些自然界中的不规则岩石、晶石等结构，基本上可以理解为由不规则切割几何体塑造而成，如图6-24所示。

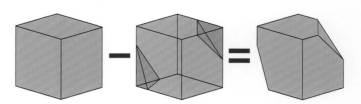

图6-24 通过对立方体进行不规则的切割，呈现出富有变化的不规则几何体结构

一部分较为简单的岩石是典型的以基础几何体结构做出不规则切割形成的不规则造型。如图6-25所示的石块，从将其简化提炼出的几何体结构图中，可以很直观地看出岩石是由立方体经过多次不规则的切割后得到的不规则体积结构。

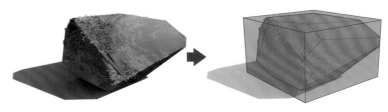

图6-25 大部分较为简单的岩石可以通过切割基础几何体进行塑造

3. 基础几何体结构相组合

对基础几何体或切割后的几何体进行组合，可以塑造出一些较为复杂的体积结构，这是体积塑造中常用的方法，如图6-26所示。同样的，基础结构通过不同的组合方式所呈现的外观形式往往也不尽相同。

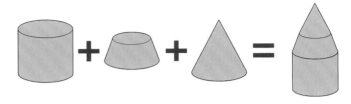

图6-26 通过组合不同的基础几何体，可以呈现较为复杂的体积结构

一些形状较为复杂、结构较为丰富的设计对象，往往是通过组合不同的立方体、圆柱体等基础几何体或组合经过较为规则切割后的基础几何体塑出的较为复杂的体积结构。如图6-27中的建筑，从将其简化提炼出的几何体结构图中，可以直观地看出其是由多个几何体组合构成的。

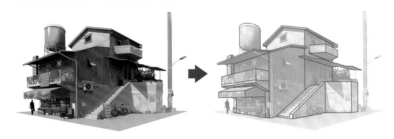

图6-27 建筑往往由多个几何体组合构成

同样的体积结构通过不同的组合方式，也能赋予体积结构不同的外观形式。体积的组合方式大致上可分为两种形式：叠加方式和交错衔接方式，如图6-28所示。一方面，单纯以叠加方式组合的体积结构层次单薄、空间关系较弱；另一方面，以交错衔接方式组合的体积结构层次丰富、空间关系较强。同时，使用交错衔接方式呈现出的排列重复层次更加明显，因此所塑造出的设计对象的表现力也更强。

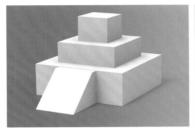

图6-28 不同的组合方式，也让整体体积结构呈现出不同的外观形式

在图6-29中，两组分量和造型相似的建筑，从将其简化提炼出的几何体结构图中，可以直观地看出两组建筑体积结构都以规则几何体组合呈现。相较于以叠加方式组合塑造的建筑，以交错衔接方式组合的建筑能够让各个体积结构形成体积结构卡住体积结构的衔接关系，让体积结构层次较为丰富。在此基础上，一方面，光影形成的平面切割关系通过体积结构关系呈现，所以通过交错衔接方式塑造的体积结构，也能够形成更丰富的光影平面切割层次；另一方面，光影是表现空间关系的重要手段，通过交错衔接方式塑造的体积结构的空间感较强。

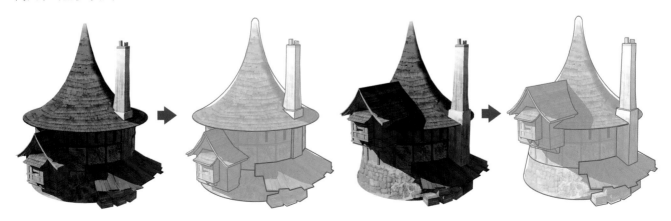

图6-29 左图建筑通过叠加方式呈现，右图建筑通过交错衔接方式呈现

两种组合方式形成的不同体积结构，往往在设计中起着不同的作用。从对图 6-30 场景中的建筑简化提炼出的几何体结构图中，可以直观地看出建筑基本上以几何体结构组合构成。蓝框中以叠加方式呈现出的体积结构层次单薄，表现力较弱，往往在画面中用作较为次要的部分的衔接和塑造；而红框中外观形式需要呈现出较强表现力的中央建筑主体，则以交错衔接方式塑造其体积结构关系。

图 6-30 以交错衔接方式呈现的体积结构变化更加丰富，在直射光条件下，光影的平面切割也更丰富，是题材平淡的设计图用于强调主体元素的重要方法

4. 扭曲基础几何体结构

对基础几何体结构做一些扭曲，能够塑造出一些曲面变化较强的几何体结构。扭曲呈现出的结构富有曲线体积结构，并且呈现出曲线的外观形式特征，其造型可以抽象概括为拧紧毛巾的结构特征，如图 6-31 所示。

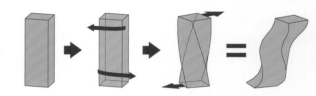

图 6-31 通过对基础几何体结构做一些扭曲的塑造，可以呈现出具有曲线外观形式特征的体积结构

在图 6-32 中，从树木简化提炼出的几何体结构图中可以看出，树木的外观形式呈现出螺旋式生长的圆柱体体积结构。

图 6-32 扭曲的体积结构在树木的设计中较为常见

在扭曲的结构框架下，还可以做出不同扭曲造型相缠绕的结构。不同结构扭曲缠绕也是结合扭曲结构做出体积结构相叠加的特殊方式，也可以将造型抽象概括为若干条拧紧的毛巾相互缠绕在一起的结构特征，如图 6-33 所示。

图 6-33 通过组合两种不同的扭曲造型，呈现出相互缠绕的结构形式

将图 6-34 中巨大树木的造型简化提炼出几何体结构图，其结构特征很明显地表现为由若干扭曲的圆柱体相互缠绕而成，并且呈现出相互缠绕后螺旋式向上生长的外观形式。扭曲并产生螺旋式的体积结构在外观表现上较为复杂和富于变化，是体积结构的塑造方法中较难掌握的部分。

图 6-34 扭曲并相互缠绕的树木呈现出的空间感较强

比较图 6-35 中不同通风管的体积结构。相较于第一张图，第二张图中的通风管被赋予了扭曲结构，塑造的空间感也较强；相较于第三张图，第四张图被赋予了扭曲并相互缠绕的体积结构，天然形成了空间穿插，其空间感又比第三张图中单纯扭曲的体积结构的空间感更强。

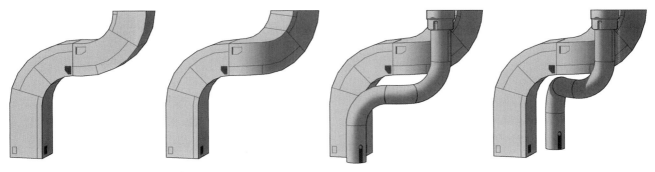

图 6-35 不同的扭曲造型表现出的空间感也不同

6.3 体积结构的作用

在设计应用时，轮廓剪影、平面切割的构成形态最终以体积结构呈现于立体空间中。体积结构的变化是通过对相互独立的体积结构进行对比产生的，并且在所塑造的设计对象的整体造型中呈现。不同的体积结构塑造了不同样式的立体造型，能够塑造立体空间中的外观形式，表现立体空间中的形式感，并通过立体造型传达不同的设计概念。

在图 6-36 中，通过将角色以概括性的体积结构的形式塑造出不同形状的体积结构，呈现出了角色在立体空间中的外观形式，表现出立体空间中角色的形式感。

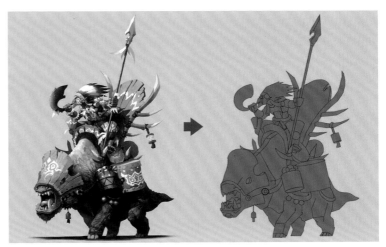

图 6-36 通过对体积结构的塑造完善角色在立体空间中的外观形式

体积结构的塑造呈现出的基本外观形式，是概念设计中最终塑造造型、验证设计方案的立体结构是否切实可行的有效方法。在设计应用中，主要通过以下几个层面影响设计的形式感，从而对设计对象的塑造起到不同的作用。

1. 体积结构塑造表现力

结合排列节奏塑造表现力的知识点，利用体积结构的外观形式能够传达不同的表现力。比较图 6-37 中上下两组木箱，上面一组木箱不同体积结构之间的变化幅度小，变化过程柔和，变化层次较少，外观形式表现力比较平庸；下面一组木箱不同体积结构之间的变化幅度较大，变化过程强烈，变化层次丰富，外观形式呈现出较强的表现力。

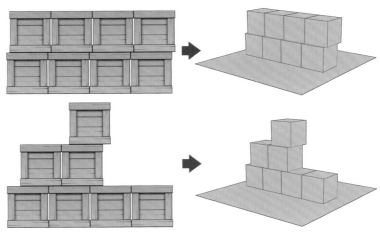

图 6-37 木箱的造型最终以体积结构的形式在立体空间中呈现其表现力

2. 体积结构塑造表现倾向

结合排列节奏塑造表现倾向的知识点，利用轮廓剪影的外观形式能够传达不同的表现倾向。比较图 6-38 中上下两组油桶，轮廓剪影形成的排列节奏，在立体空间中最终呈现出圆柱体的排列节奏。上面一组圆柱体在立体空间中的排列节奏趋于有序，外形也呈现出较为规整的表现倾向；下面一组圆柱体在立体空间中的排列节奏趋于无序，外形也呈现出较为混乱的表现倾向。

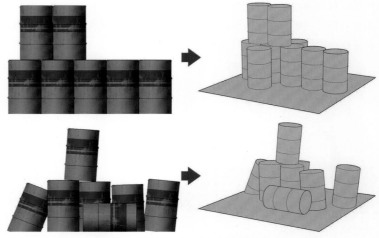

图 6-38 油桶的外观形式最终以体积结构的形式在立体空间中呈现其表现倾向

3. 体积结构塑造空间关系

相对于平面切割能够说明一部分空间关系，对设计对象体积结构进行塑造，能够直接表现设计对象处于立体空间中的外观形式，从而呈现空间关系，体积结构的塑造属于正空间塑造，通过结构表现画面的空间感，是设计空间关系的基础，如图 6-39 所示。其在正空间的塑造基础上呈现出负空间，最终表现立体空间中元素之间的空间关系。

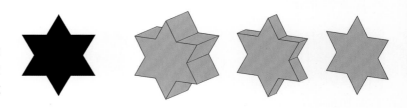

图 6-39 相对于平面造型，体积结构更加能够呈现物体在立体空间中的外观形式

因此在设计应用中，赋予能够体现设计对象体积结构关系的视角，往往能使其空间感较强。以图 6-40 中同样造型的车辆在不同视角下的表现为例，左图的视角呈现出的外观形式趋于平面的表象，因此空间感较弱；右图的视角更加能够体现车辆在立体空间中的体积结构，因此空间感较强。

图 6-40 同样的造型，能够表现出主体体积结构的画面视角，让主体的空间感更强

▌6.4 体积结构的节奏韵律

体积结构的节奏由构成体积结构的基本元素构成，其基本元素，便是立体空间中不同大小、不同长短、不同厚度及不同外观形式的体积结构，并以不同体积结构之间的负空间作为间隔形成节奏中的独立元素。如图 6-41 中不同分量、不同形状的岩石，便是通过相互之间的间隙所形成的负空间构成了不同岩石体积结构的节奏中的独立元素。

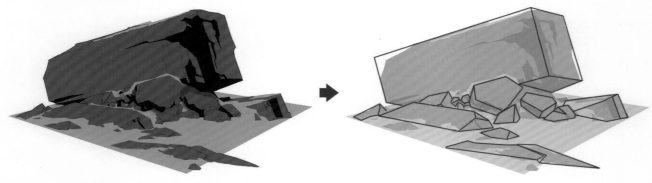

图 6-41 体积结构的不同外观形式是构成其节奏的基本元素

体积结构呈现于立体空间中，因此体积结构节奏的趋向必然是在立体空间中呈现的，变化的趋向往往结合轮廓剪影长线条的趋势，并且从体积较大的元素往体积较小的元素变化。在体积结构变化的过程中，趋于扁平的体积结构，其轮廓剪影的长线条部分往往主导了变化的趋向，如图6-42所示。

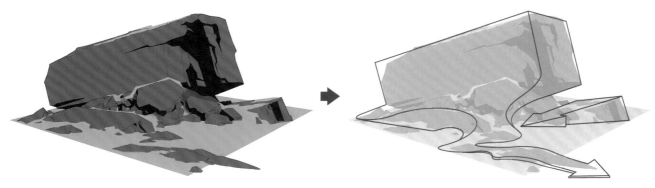

图6-42 体积结构节奏的趋向在立体空间中呈现

体积结构的节奏是处于立体空间的趋向性变化，每个空间方向都有可能形成体积结构变化的节奏方向。因此在塑造其节奏感时，往往以某个方向的变化为主，形成主要的变化节奏，而其他的变化方向形成次要的节奏，如图6-43所示。

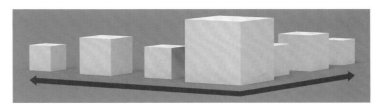

图6-43 立方体在水平和纵深两个方向形成节奏韵律

在此基础上，立体空间中体积结构节奏的趋向性变化受到透视因素的影响。同样的造型处于空间中的不同位置，因不同的距离所形成近大远小的影响，在整体画面中呈现出不同的表象，在画面中的透视视野越大，则这种影响也越大。如图6-44中同样造型的箱子，位于近处的箱子构成了画面中较大的体积结构元素表象，而位于远处的箱子构成了画面中较小的体积结构元素表象。

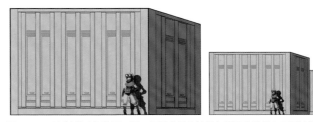

图6-44 因所处的空间位置不同，相同分量的箱子在画面中呈现出不同的体积结构表象

在场景设计中，体积结构的节奏趋向常受透视因素的影响。场景中的建筑分量较为接近，因所处空间中的距离不同，较近的建筑在画面中构成较大的体积结构元素，而远处的建筑在画面中构成较小的体积结构元素，体积结构节奏的趋向呈现出由近及远的变化，如图6-45所示。

图6-45 由近及远的建筑呈现出近大远小的表象

体积结构的节奏韵律本质上是外观形式的节奏韵律在物体体积结构的塑造层面上的应用，因此将排列节奏的知识点套用于体积结构的节奏韵律塑造，同样也是围绕不同形状体积结构的韵律起伏、对比幅度、变化规律及局部层次这些方面进行的。

1. 体积结构节奏的塑造

有规律的重复是节奏的基本结构表象，在塑造基本的体积结构节奏时，可以将塑造方法归纳为对不同体积结构的元素进行排列，让元素与元素之间的变化形成有规律的重复组合关系，形成体积结构的节奏感。如图6-46中不同形状相互间隔的体积结构，便是基本的体积结构节奏的表象。

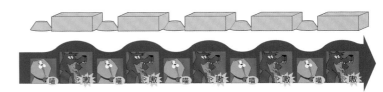

图6-46 将几何体的变化以有规律的重复组合呈现，形成了体积结构的节奏感

变化规律相同并且不断重复是一种较为单调的节奏表现形式，直观地表现为造型重复排列节奏，往往用于表现较为次要的内容或部分。图 6-47 中的建筑以相同的对比变化不断重复，形成基本的体积结构节奏表现形式，塑造出的整体建筑外观也较为单调。

图 6-47 建筑的规律性重复变化，形成了基本的体积结构节奏形式

2. 体积结构节奏的韵律起伏

以体积结构节奏为基础，赋予体积节奏中重复的规律以不同的对比呈现起伏变化时，便能够使体积结构的节奏产生韵律，如图 6-48 所示。体积结构的节奏韵律直观地呈现于立体空间中，并且直接塑造了空间关系的节奏韵律。

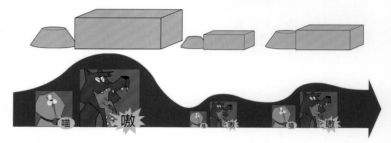

图 6-48 不同大小、不同形状的体积结构构成了体积结构的节奏韵律

在体积结构节奏韵律的外观表现上，不同体积结构的变化表现出较大的体积、较小的体积、相对较大的体积、较小的体积或相对长、相对短、相对立体、相对扁平的变化形式。变化组合关系直观构成了造型的疏密关系对比，进一步影响平面节奏韵律。图 6-49 中较大的体积结构往往单独形成稀疏平面，更多较小的体积结构通过组合往往形成密集的平面。

图 6-49 不同大小的体积结构节奏变化，影响到了轮廓节奏并形成了平面的疏密关系变化

在体积结构节奏韵律的外观表现上，不同于轮廓剪影和平面切割，体积结构具有较强的独立性，表现出独立的体积结构是节奏中的一个个体元素，因此体积结构的节奏必然会结合间隔节奏进行塑造，即同样的体积结构之间的负空间节奏关系。在同样的体积结构形状变化基础上，不同体积结构之间的间隔差异对整体外观形式也有巨大影响，如图 6-50 所示。

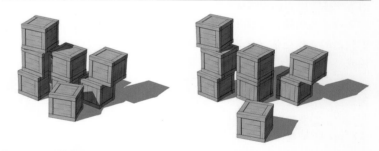

图 6-50 同样的体积结构节奏，因间隔节奏的差异形成了不同的外观形式

以图 6-51 中老虎背后的箱子所形成的体积结构在立体空间中的变化为例，箱子之间没有明显的负空间间隔节奏关系，不同大小的箱子互为独立元素形成间隔。一方面，从上至下，箱子大小呈现出较强的过程性起伏变化，是整体体积结构节奏变化的主要变化方向；另一方面，从前至后，不同大小的箱子也具有微弱的过程性起伏变化，是整体体积结构节奏变化的次要变化方向。

图 6-51 不同大小的纸箱在立体空间中的排列，构成了画面中体积结构的节奏

具有负空间间隔的体积结构的节奏在场景氛围的设计中比较常见。如图 6-52 所示，建筑之间具有明显的负空间间隔节奏关系，结合透视形成近大远小的影响，构成了体积结构变化关系。画面从右往左，近景建筑的体积结构较大但比较扁平，并且逐渐过渡到相对立体的中央塔楼结构；中景建筑体积结构较小但相对密集；远景相对于整体，体积结构较大。场景中的体积结构由近及远，形成了大体积结构、小体积结构、相对较大的体积结构的节奏韵律。

图 6-52 在立体空间中的体积结构的节奏，要结合透视因素的影响

3. 体积结构节奏的对比幅度

元素的不同对比幅度直接影响到节奏的层次变化关系。在体积结构节奏中，一方面，不同体积结构的对比幅度影响节奏感。对比幅度较小的体积结构节奏，节奏感较弱，呈现出的表现力同样较弱；而对比幅度较大的体积结构节奏，节奏感较强，呈现出的表现力同样较强，如图 6-53 所示。

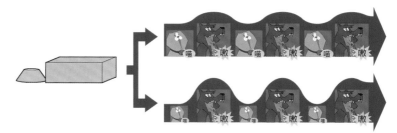

图 6-53 将体积结构以不同的对比幅度进行塑造，能够呈现出不同的节奏感

另一方面，不同体积结构的对比幅度影响轮廓剪影节奏韵律特征的强弱。节奏感较弱的体积结构节奏韵律，不同起伏区间对比差异不明显，韵律特征较弱；而节奏感较强的体积结构节奏韵律，不同起伏区间对比差异较为明显，韵律特征也较强，如图 6-54 所示。体积结构塑造物体的表现力，本质上是通过节奏感和韵律特征的强弱在立体空间塑造层面起作用的。

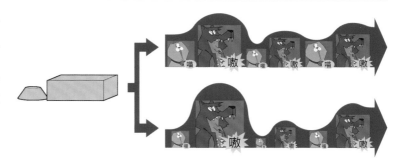

图 6-54 将体积结构以不同的对比幅度进行塑造，能够呈现出不同的韵律特征

轮廓剪影、平面切割的构成形态在设计中最终以不同体积结构呈现于立体空间中，体积结构节奏的对比幅度，在一些情况下会影响到轮廓剪影与平面切割节奏的对比幅度。因此在实际创作过程中，常常在体积结构的塑造过程中，反推轮廓剪影和平面切割节奏的对比幅度，如图 6-55 所示。

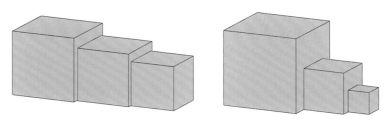

图 6-55 立方体不同的对比幅度也相应地影响到轮廓剪影、平面切割的对比幅度

比较图 6-56 中题材相同、外观相似的建筑：左图建筑的不同体积结构以对比幅度较小的节奏进行塑造，体积结构之间的起伏层次较为接近，韵律特征不明显，建筑外观较为平庸；右图不同体积结构以对比幅度较大的节奏进行塑造，体积结构之间具有明显的起伏层次变化，呈现出较为明显的韵律特征，建筑外观较为醒目。

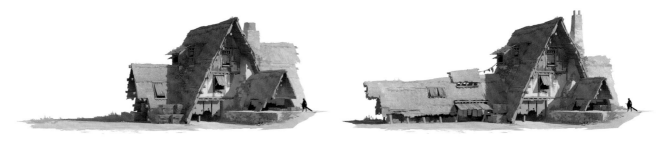

图 6-56 左图建筑的对比幅度较小，右图建筑的对比幅度较大

4. 体积结构节奏的变化规律

节奏是元素有规律的重复组合关系，因此体积结构节奏也必然存在变化规律特征，并且相应地影响到设计主体的表现倾向，如图6-57所示。体积结构塑造物体的表现倾向，本质上是通过节奏变化规律的特征在立体空间塑造层面起作用的。

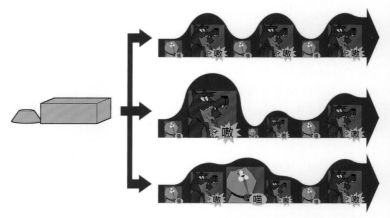

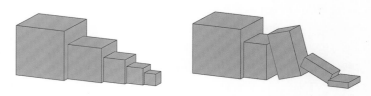

图 6-57 将体积结构以不同的变化规律进行塑造，能够呈现出不同的表现倾向

轮廓剪影、平面切割的构成形态在设计中最终以不同体积结构呈现于立体空间中，体积结构节奏的变化规律特征，在一些情况下会影响到轮廓剪影与平面切割节奏的变化规律特征。因此在实际创作过程中，常常在体积结构的塑造过程中，反推轮廓剪影和平面切割节奏的变化规律特征，如图6-58所示。

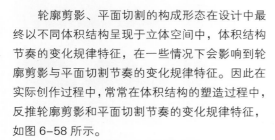

图 6-58 立方体不同的变化规律特征也相应地影响到轮廓剪影、平面切割的变化规律特征

比较图6-59中的狼牙棒设计图，以趋于有序的变化规律塑造设计对象体积结构的节奏时，狼牙棒呈现出规整的表现倾向；而当以趋于无序的变化规律塑造设计对象体积结构的节奏时，狼牙棒呈现出偏向混乱的表现倾向。其本质是节奏变化规律特征在起作用。

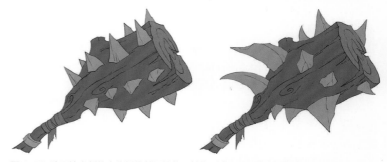

图 6-59 狼牙棒尖刺的变化规律差异使体积结构形成了不同的表现倾向

5. 体积结构节奏的局部层次

体积结构的节奏韵律在局部层次上表现为大的体积结构变化中也包含着局部变化较细微且较小的体积结构的节奏韵律。局部的体积结构的节奏变化依附于整体的体积结构的节奏变化。图6-60中蓝色区间细微的变化构成了局部体积结构的节奏韵律，其细微的体积节奏变化包含于整体体积结构的节奏中。

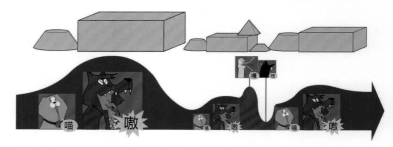

图 6-60 局部加入较小的体积结构，丰富了整体体积结构节奏韵律的层次感

比较图6-61中的物件设计图，大小不一的箱子形成了体积结构的节奏韵律。左图箱子具有整体节奏但缺乏局部的变化，节奏的层次感较弱；而右图在整体体积结构的节奏变化基础上，加入较小的物件构成了局部体积结构的节奏，并包含于整体体积结构的节奏变化中，丰富了设计对象节奏韵律的层次感。

图 6-61 局部较小的元素丰富了整体体积节奏韵律变化的层次感

在机械设计中，局部体积结构的节奏塑造对整体设计的影响较为明显。图6-62中的角色整体由较为明显的几何体结构塑造而成。在此基础上，赋予一些局部体积结构大小对比关系，如头部、肩膀等局部细微的凸起或凹陷、较大或较小、较立体或较扁平的几何体元素，这些元素的体积结构呈现出的节奏变化，可以丰富整体体积结构节奏韵律的层次感。

图6-62 局部较小的体积结构丰富了整体体积结构节奏韵律变化的层次感

在内容较为丰富的场景氛围设计中，主体元素的体积结构节奏往往层次较为丰富，表现出的体积结构节奏韵律的变化幅度较大。而次要的部分，层次感较弱，呈现出变化幅度较小的体积结构节奏韵律。图6-63中城堡作为画面主体元素，其体积结构的节奏具有较大幅度的变化，造型变化层次也比较多。而作为画面中次要元素的民房，虽然也具有体积结构的节奏韵律变化，但变化的幅度较小，层次也相对较少。

图6-63 画面中的主体元素，其体积结构节奏变化层次较多，而次要的部分变化层次较少

CHAPTER

07

色彩搭配

轮廓剪影、平面切割、体积结构知识点的运用，能够塑造设计对象造型上的外观形式。要在此明确的造型基础上完成设计，还需要进一步掌握色彩搭配的知识点。不同辨识度的色彩能够形成平面切割关系，而色彩搭配以固有色塑造的平面切割关系为基础，通过进一步推敲颜色属性上的对比变化而形成。同样的平面切割关系，通过色彩完善其外观形式，能呈现出不同的形式感，传递不同的情绪。

■| 7.1 颜色的基本属性

　　光线在物体的表面反射或穿透，进入眼睛，再传递到大脑，从而让观者产生对物体的色彩感知。颜色分为无彩色和有彩色，无彩色单纯表现为黑、白、灰的属性，有彩色具有色相、明度和纯度的属性，如图7-1所示。

图7-1 颜色可以分为无彩色和有彩色

　　颜色的属性变化是色彩搭配的基础，其中有彩色的属性搭配是色彩搭配的核心内容，即颜色的色相属性、明度属性、纯度属性。

1. 色相属性

　　色相是颜色的相貌称谓，除了黑、白、灰所构成的无彩色以外，所有颜色都具有色相属性。色相属性是有彩色最基本的属性，如图7-2所示。人们观察物体的颜色，首先识别的是色相。红、橙、黄、绿、青、蓝、紫为基本色相。其中，大部分的红色、橙色属于暖色，呈现出暖色外观形式的色彩搭配往往给人温暖、热情的感觉。大部分的蓝色、青色属于冷色，呈现出冷色外观形式的色彩搭配往往给人寒冷、安静的感觉。而大部分的绿色与紫色属于中性色，中性色可趋于冷色，也可趋于暖色，比如暖色和绿色搭配，那么绿色会有偏冷的感觉；如果冷色和绿色搭配，那么绿色会有比较温暖的感觉。

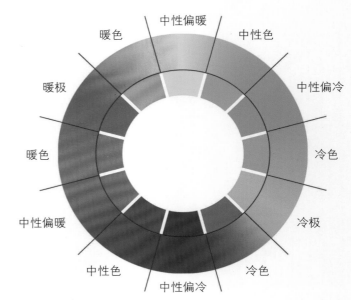

图7-2 根据色相属性的差异，色相可以分为多种类别

　　图7-3中峡谷的整体色彩为橙色，橙色属于暖色，因此画面呈现出较为温暖的感觉；而冰川的整体色彩为青色，青色属于冷色，因此画面呈现出较为寒冷的感觉。

图7-3 色相的冷暖差异，让画面呈现出不同的感觉

中性色根据与其搭配的不同颜色，呈现出或冷或暖的感觉。图 7-4 中紫色的岩石在整体环境趋于橙色时，呈现出冷色倾向；而当整体环境趋于青色时，呈现出暖色倾向。在设计中，经常利用中性色的这一特性，调和画面中整体冷暖对比变化跨度较大的区域，让画面中色相的变化过渡得较为柔和。

图 7-4 同样的中性色与不同冷暖倾向的颜色搭配时，呈现出的冷暖倾向也不同

2. 明度属性

明度是指颜色的明暗深浅程度。各种有色物体因为反射光量的不同而产生不同程度的明暗，因此物体的明度不仅取决于物体表面固有色的反射率，还取决于受到外部环境照明的强度。浅的颜色反射率高，深的颜色反射率低，其中白色的反射率最高，黑色最低。颜色反射率越高，则越能反射外部环境的光线，外部环境光线对其明度的影响越强，反射率越低，则外部环境光线对其明度的影响越弱。所以颜色的明度有两种含义。

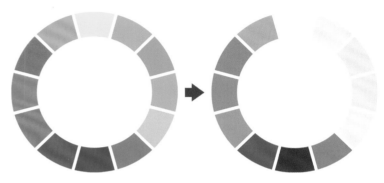

图 7-5 将纯色色相以灰度呈现，可以观察到其所具有的明度属性

一是不同种类颜色的不同明度，即每一种纯色都有与其对应的明度，如图 7-5 所示。

将图 7-6 的画面以灰度呈现，可以直观地观察到不同颜色呈现出的不同明度。其中，雕像的颜色与猴子身体的颜色明度接近，呈现出较浅明度，而猴子的衣物则呈现出较深的明度。

图 7-6 将左图以灰度呈现，可以观察到色相所具有的明度对比

二是同一色相的不同明度。如同一种颜色在强光照射下显得明亮，在弱光照射下显得较灰暗、模糊。同一种颜色加黑或加白掺和以后，也能产生各种不同的明暗层次，如图 7-7 所示。

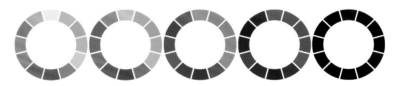

图 7-7 从左至右，颜色的明度逐渐降低

在图 7-8 中，以第一张图的颜色为基础，第二张和第三张图明显地呈现出在不同的光照环境下，色彩的明度出现变浅与变深的变化。因此在需要表现场景光影对比的设计中，往往要考虑不同光照对于色彩明度的影响，过强或过弱的光照都能让颜色趋于整体，构成由光影切割出的平面。

图 7-8 画面中的猴子与雕像在不同的光照条件下，同样的固有色呈现出不同的明度

3. 纯度属性

纯度也称饱和度，是指颜色中含有色成分的比例。颜色含有的有色成分越多，则纯度越高；有色成分越少，则纯度越低，越趋于无彩色，如图7-9所示。

图7-9 从左至右颜色含有色成分的比例逐渐降低

在图7-10中，以第一张图的颜色为基础，减弱第二张、第三张图的颜色纯度。随着颜色纯度的降低，画面所含的有色成分也逐渐减少，颜色色相的对比也趋于统一，画面逐渐趋于无彩色。在设计应用中，经常利用低纯度的颜色处理画面中次要部分的色彩搭配，让次要部分的颜色趋于整体。

图7-10 第一张图的颜色纯度最高，第二张适中，第三张有色成分较少，画面较为灰暗

7.2 色调

色调是指画面中色彩的总体倾向，单种颜色没有呼应对比，就不能成为色调。画面中虽然用了多种颜色，但总体有一种倾向，如偏蓝或偏红、偏暖或偏冷等，这种倾向就是画面的色调。色调具有共性，有的是以色相的一致性组成有某种颜色倾向的色调，有的是以明度的一致性组成明调或暗调，有的是以纯度的一致性组成鲜艳色调或含灰色调。其中某种颜色的因素起主导作用，设计应用中就称之为某种色调。

无彩色不含任何色彩倾向，无彩色塑造的画面单纯呈现出灰色调，因此无彩色的色调根据明暗程度不同，大致可以分为暗色调、浅色调、亮色调，如图7-11所示。

图7-11 无彩色单纯以明暗程度区分色调，呈现出的不同色调较为直观

有彩色的色调以颜色的色相、明度、纯度三大属性为基础，变化产生各种具有不同倾向的色彩关系。从色相的角度出发，根据色彩类型，色调可划分为以红、橙、黄、绿、青、蓝、紫为倾向的色调，以及相应色相所构成的冷暖色调。从明度的角度出发，色调可根据含白、黑的比例划分为浅、中、深等色调。从纯度的角度出发，色调可根据含灰色的比例，划分为鲜明、浓重、钝涩等色调，如图7-12所示。

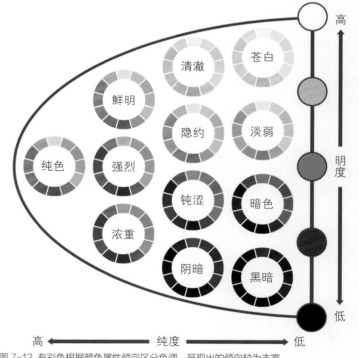

图7-12 有彩色根据颜色属性倾向区分色调，呈现出的倾向较为丰富

有彩色的色调类型较多，根据所混合的不同分量的黑、白、灰色，可以概括为不同明暗倾向的色调。当色彩中加入的白色成分较多时，整体画面呈现出亮色调；当色彩中加入的灰色成分较多时，整体画面呈现出中间调；当色彩中加入的黑色成分较多时，整体画面呈现出暗色调，如图7-13所示。

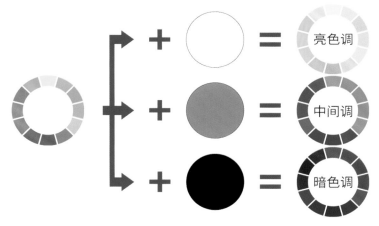

图7-13 根据色彩所含的黑、白、灰色分量，可将有彩色的色调简化为不同明暗倾向的色调

同样的造型，以不同的色调搭配画面中的色彩关系，能够呈现出不同的外观形式，表现不同的形式感。在图7-14造型相同的三张岩石设计图中，第一张图色调明亮，画面中的色彩含有较多白色，亮度较高，所以整体色感较淡，也比较柔和；第二张图以中间调呈现，画面的色彩倾向于固有色的表现，所以整体色感很强，其效果浓艳、强烈；第三张图呈现出暗色调，画面中黑色成分较多，所以整体色感阴暗、深沉。

图7-14 不同的明暗倾向，直接影响了岩石的外观形式，表现出不同的形式感

色调是画面中的色彩总体倾向。在整体色调的基础上，画面的局部也存在着色调层次。图7-15中的画面整体倾向于暗色色调，在此基础上，画面局部因为受到光照、景别、空气透视等因素影响，呈现出不同的色调。远景因为受空气透视影响，颜色被弱化，呈现出淡色色调；前景的岩石大面积处于阴影中，呈现出暗色色调；红色的苔藓固有色最为明确，呈现出中间调；强烈的光照与黄色的草地叠加显得更加鲜亮，呈现出亮色调。

图7-15 画面元素、景别层次较为丰富的场景中，色调在画面的不同局部层次中呈现出不同的倾向

色彩之间的对比是色彩搭配的基础，颜色属性的不同强弱对比，构成了不同的色彩搭配模式。较弱的色彩对比让画面色彩关系趋于统一，形成融合型色彩搭配模式。较强的色彩对比让画面色彩关系趋于冲突，形成对比型色彩搭配模式。

1. 消色对比

无彩色单纯表现为黑、白、灰的属性，以无彩色所构成的颜色对比关系称作消色对比。在消色对比中，从黑到白的一系列中性灰色，只有亮度的差别，没有色相和饱和度的差别。明暗对比跨度的差异构成了不同强弱的对比关系，明暗对比跨度越小则对比关系越弱，明暗对比跨度越大则对比关系越强。其中，黑色与白色的明暗跨度最大，对比关系最强，如图7-16所示。

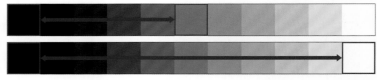

图7-16 相较于黑色与中灰色的对比跨度，黑色与白色的对比跨度更大

白色的图案在较浅的底图上对比关系较弱，图案辨识度也较低；而白色的图案在越深的底图上对比关系越强，图案辨识度也较高，如图7-17所示。

图7-17 白色与浅灰色的对比关系较弱，白色与深灰色的对比关系较强

2. 色相对比

色相对比是以颜色色相属性跨度变化为基础的对比关系。色相是有彩色的首要特征，是区别不同颜色类型的直接标准。两种具有明显色相差别的颜色搭配时，色相之间的对比跨度越小，则对比关系越弱，色彩之间的辨识度也越低；对比跨度越大，则对比关系越强，色彩之间的辨识度也越高，如图7-18所示。

图7-19中的坦克通过不同色相搭配呈现出不同强弱的对比关系，左图色相之间的对比跨度较小、对比关系较弱，右图色相之间的对比跨度较大、对比关系较强。

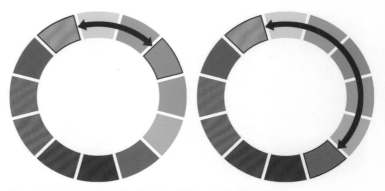

图7-18 相较于橙色与绿色的对比跨度，橙色与蓝色的对比跨度更大

图7-19 墨绿色与黄色的对比关系较弱，墨绿色与樱红色的对比关系较强

色相可以分为冷色区间、暖色区间及中性色区间，因此色相的对比也具有冷暖对比的属性。图7-20中第一张图的颜色几乎都以暖色构成，冷暖对比关系较弱；第二张图通过绿色与褐色的对比，呈现出较强的冷暖对比；第三张图中蓝色与褐色进行对比，冷暖对比关系最强。

图7-20 颜色属性的对比呈现出明显的冷暖差异的对比

3. 明度对比

明度对比是以颜色明度属性跨度变化为基础的对比关系，色彩的明度对比可以是同色相的明度对比，也可以是不同色相的明度对比。两种具有明显明度差异的颜色搭配时，明度之间的对比跨度越小，则对比关系越弱，色彩之间的辨识度也越低；对比跨度越大，则对比关系越强，色彩之间的辨识度也越高，如图7-21所示。将亮色与暗色放在一起，当颜色与周围颜色明度差异很大时，亮色会更加明亮，暗色会更加暗淡。

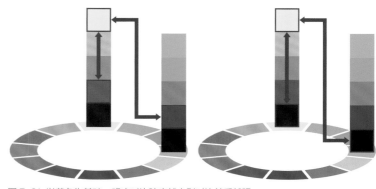

图7-21 以黄色为基础，明度对比跨度越大则对比关系越强

图7-22中角色的冲锋衣与机甲形成明度对比的差异。左图的明度对比关系较弱，右图的明度对比关系较强。右图角色的面部在较低明度冲锋衣的衬托下，颜色显得更加明亮。

图7-22 相对于左图，右图的明度对比关系更强，角色的面部更加醒目

结合光影对比塑造平面切割的知识点，当物件处于阴影中时，颜色呈现出较低的明度。相同的色相在视觉感受上，暗部的色相对比所构成的辨识度也较低。图7-23中两个紫色的箱子分别处于直射光光照与阴影中。与橄榄绿的箱子对比可以看出，处于直射光光照区域的颜色对比关系较强，而阴影中的颜色对比关系较弱。

图7-23 大面积阴影所形成的暗部具有融合不同色彩的作用

利用较强的投影减弱色彩的对比关系，是设计中常用的方法。图7-24中蓝色的墙体与岩石有较强的色相对比关系。在充足的光照区域下，色彩较为鲜艳，色彩之间的辨识度较高；而色相处于暗部的蓝色墙面与岩石的色彩对比，明度较低，色彩之间的辨识度较低。

图7-24 场景设计中常用大面积的阴影融合次要部分的色彩，让主要部分的色彩更加突出

颜色的明度属性也决定了颜色对于光线的反射率。所有颜色中，白色的反射率最高，黑色的最低。因此，白色在暗部光线不充足的条件下仍然较为明显，而黑色则在亮部光线充足的条件下较为明显。所以利用固有色的明度属性差异，可以塑造画面中亮部或暗部的色彩强弱对比层次。在色相不变的情况下，需要让暗部的色彩明显，则加入反射率高的颜色，而需要让亮部色彩更加明显，则加入反射率较低的颜色。需要让色彩更加融合时，则尽可能让颜色明度保持一致。在图7-25中，暗部的白色比较明显，则构成了在暗部区域内较为醒目的色彩部分，而红色和背景墙面在光照不足的情况下则更为融合。

图7-25 画面中暗部的白色较为醒目，其他颜色则更为融合

4. 纯度对比

纯度对比是以颜色纯度属性跨度变化为基础的对比关系，色彩的纯度对比可以是同色相的纯度对比，也可以是不同色相的纯度对比。两种具有明显纯度差别的颜色搭配时，纯度之间的对比跨度越小，则对比关系越弱，色彩之间的辨识度也越低；对比跨度越大，则对比关系越强，色彩之间的辨识度也越高，如图7-26所示。当某种颜色与周围颜色纯度差异很大时，这种颜色会更加醒目。同时，当底色比图案颜色纯度更高时，该图案色的纯度看起来会比实际更低；相反，如果底色比图案色纯度低，那么图案色的纯度看起来会比实际更高。

在图7-27中，左图色块之间的纯度都较高，但纯度的对比关系较弱，右图色块之间的纯度对比跨度较大。绿色色块在左图中高纯度蓝色色块的衬托下，看起来较为灰暗；而同样的绿色色块在右图低纯度颜色的衬托下，看起来较为鲜艳醒目。

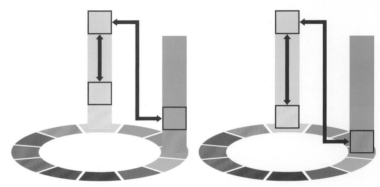

图7-26 以黄色为基础，纯度对比跨度越大，则对比关系越强

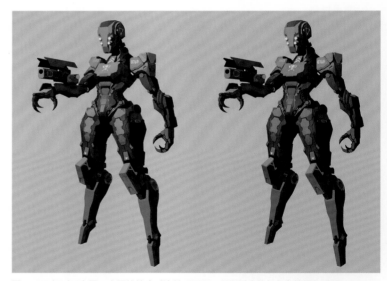

图7-27 相对于左图，右图的纯度对比关系更强，所以其中的绿色色块更加醒目

结合光影对比塑造平面切割的知识点，当物件处于较强直射光区域时，颜色呈现出较低的纯度。相同的色相在视觉感受上，亮部的色相对比所构成的辨识度也较低。图7-28中的两个紫色的箱子分别处于强光照与阴影中，与橄榄绿的箱子对比可以看出，处于亮部的颜色对比关系较弱，而处于阴影中的颜色对比关系较强。

图7-28 大面积的光亮所形成的亮部具有融合不同色彩的功能

在场景设计中，也经常利用景别、光照、空气透视等因素，赋予画面色彩不同的纯度对比，对画面的主要部分在较高的纯度区域内进行塑造，对次要的部分在较低的纯度区域内进行塑造。图 7-29 的前景纯度较高，颜色鲜艳，而同样色相的远景，在空气透视的作用下，颜色纯度较低。

图 7-29 场景设计中常用不同强弱对比的颜色塑造不同景别的层次，拉开画面中的景别关系

7.4 色彩的造型关系对比

当两种或两种以上的颜色存在于同一范围内时，相互之间必定存在面积比例、形状和相对位置的造型关系。颜色的造型关系对比与颜色本身的属性并没有直接的关系，但能对色彩搭配效果起到非常大的作用。色彩的搭配效果与不同颜色的面积比例、形状和相对位置有直接关系，有时候甚至比颜色的选择更为重要。结合点、线、面的知识点，不同颜色的面积比例差异、形状差异、相对位置差异呈现出的形式感也不同。

1. 色彩的面积比例

色彩的面积比例是指各种色块在画面中占据的量的比例关系。当颜色属性对比关系较强时，画面中面积较大的颜色会对面积较小的起到烘托或融合作用。当占据画面中央颜色的面积较小时，则背景的颜色主导了画面的色调，形成优势色彩，并烘托中央颜色。当占据画面中央颜色的面积较大时，则中央的颜色主导了画面的色调，形成优势色彩，并弱化边缘颜色，如图 7-30 所示。当不同颜色呈现出相似面积时，没有颜色形成画面中的优势色调，则颜色之间产生抗衡。当颜色产生抗衡时，色彩的对比效果最为强烈，如图 7-31 所示。

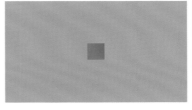

图 7-30 左图蓝色主导画面并且烘托了褐色，右图褐色主导画面并且弱化了边缘的蓝色

图 7-31 褐色面积与蓝色面积相似，没有任何一种颜色能够在画面中形成优势色调

颜色面积对比的差异呈现出不同的外观形式。在图 7-32 中，第一张图的橙色与深灰色面积对比关系较强，并且橙色占据画面中央，在深灰色的衬托下，观者的视线更容易被集中到橙色区域；第二张图中橙色分布于设计主体边缘，被深灰色所融合，存在感较弱；第三张图中橙色与深灰色面积比例接近，呈现颜色的抗衡，整体对比效果强烈，视线更容易集中于车辆主体。

图 7-32 橙色的涂装位于车辆不同位置及所占据整体面积的比例不同，构成了不同的色彩对比关系

当颜色属性对比关系较弱时，颜色面积的对比，虽然呈现出色彩的优势或抗衡关系，但因为颜色属性差异不大，色彩之间的辨识度较低，因此颜色面积大小的差异对色彩之间对比关系的影响较小，面积对比的优势或抗衡关系也较弱，如图 7-33 所示。

图 7-33 颜色之间较弱的辨识度弱化了面积大小差异对其对比关系的影响

在图 7-34 中，船屋的颜色属性对比关系较弱，左图颜色之间的面积对比差异较大，褐色呈现出色彩的优势；右图不同颜色的面积相似，形成颜色之间的抗衡。比较两张图，在色彩辨识度差异不大的情况下，面积对比的优势或抗衡关系也较弱，因此两张图整体感都较强。

图 7-34 左图与右图虽然色块之间的比例差异较大，但外观形式的整体感都较强

面积大的颜色，往往易见度高、容易让人受到刺激，大片刺激的颜色会使人难以忍受，如图 7-35 所示。所以在设计中，往往赋予画面中较大面积的颜色以较低的纯度或较低的对比度，从而降低大面积颜色的易见度；中等面积的颜色多采用中等程度的对比度；而小面积则采用鲜艳、明亮或对比的色彩搭配，从而引起观者的充分注意。

图 7-35 左图大面积、高纯度的颜色较为刺眼，而右图相对让人感到舒适

这个知识点经常应用在画面图案和背景的色彩对比搭配上。当画面中图案占据画面面积较小时，则采用高对比的色彩搭配，背景则用表现力较弱的颜色；而在图案占据画面面积较大时，则可以适当提高背景色彩的对比度，如图 7-36 所示。

图 7-36 设计中往往根据色彩的面积比例调整其颜色属性之间的对比强弱

在场景设计中，往往需要根据设计主体所占据画面的面积比例来搭配主体与底图的色彩对比关系。在图 7-37 中，左图纯度较高的鲜红色背景及飞机上红色的苔藓占据了画面的大部分面积，而飞机裸露出的颜色纯度较低的金属部分占据画面的面积较小，因此整体画面十分刺眼；右图的背景颜色较浅，色彩对比关系较强的飞机在弱对比色调背景的衬托下较为醒目，因此整体画面较为柔和。

图 7-37 左图色彩过于刺眼，而右图则相对柔和

2. 色彩的形状

　　色彩的形状是指色块在画面中的轮廓形状。色块轮廓形状的差异，对画面中色彩的对比关系有较大影响。在面积比例不变、颜色属性对比一致的情况下，当颜色属性对比关系较强时，轮廓琐碎、复杂的色彩形状，色彩的对比关系较弱；而轮廓完整、简练的色彩形状，色彩对比关系较强，如图 7-38 所示。

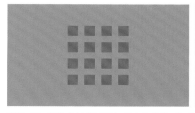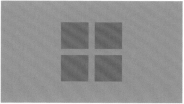

图 7-38 褐色色块的面积与蓝色色块的面积相似，但褐色色块零散分布的左图的色彩对比关系较弱，褐色色块集中分布的右图的色彩对比关系较强

　　色彩的形状对色彩搭配的影响直观地表现在图案外轮廓的塑造上。在图 7-39 中，左图的外轮廓形状趋于琐碎、复杂，色彩的对比关系较弱；右图趋于完整、简练，色彩的对比关系较强。

图 7-39 相较于左图，右图更加整体的轮廓让颜色之间的对比关系更强

　　图案的设计往往应用于立体造型结构中，因此图案的色彩形状对整体色彩搭配具有一定的影响。图 7-40 中两张图的红色涂装面积比例相似，左图红色色块的轮廓较为琐碎，色彩凝聚性较弱，整体的色彩对比关系较弱；右图红色色块的轮廓较为简练，色块具有较强的凝聚性，整体的色彩对比关系较强。

图 7-40 相较于左图，右图更加整体的色彩形状让颜色之间的对比关系更强

　　当颜色属性对比关系较弱时，颜色的分布形状虽然呈现出聚集或分散的状态，但因为颜色属性差异不大，色彩之间的辨识度较低，所以对色彩对比的影响也较弱，如图 7-41 所示。

图 7-41 颜色之间较低的辨识度弱化了形状差异对其对比关系的影响

　　图 7-42 中左图的外轮廓形状趋于琐碎、复杂，右图趋于完整、简练，但因色彩之间的辨识度较低，因此左右两图的颜色对比差异不大，都具有较强的整体感。

图 7-42 在颜色属性对比关系较弱的色彩搭配中，左右图的色彩对比差异不大

图 7-43 中的机甲涂装具有不同的形状差异，左图色块的轮廓较为琐碎、复杂，右图色块的轮廓较为简练、整体。但两张图中色彩搭配的颜色属性对比关系较弱，色彩之间的辨识度较低，因此色块轮廓的形状差异对于色彩对比关系的影响也较弱，使左右图都具有较强的整体感。

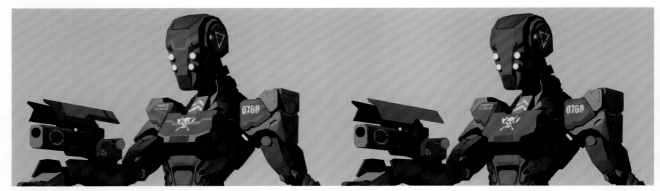

图 7-43　左图与右图虽然色彩之间的形状差异较大，但外观形式的整体感都较强

3. 色彩之间的相对位置

　　色彩之间的相对位置是指各种色块的分布距离。不同颜色所形成封闭的区间，在平面上形成相互距离远近的差异对比。不同颜色在画面中距离的差异，也对画面中色彩的对比关系有较大影响。当颜色属性对比关系较强时，色彩的位置远时对比差异较小，相互接触时对比差异较大，相互切入时对比差异更大，而色彩形成一色包围一色的状态时对比差异最大，如图 7-44 所示。

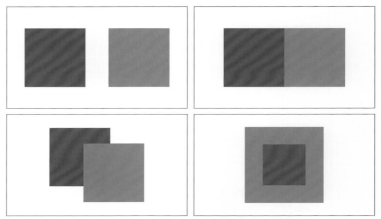

图 7-44　图中褐色面积与蓝色面积相似，色彩之间的相对位置差异影响了色彩的对比关系

　　色彩的相对位置对色彩搭配的影响直观地表现在图案的不同色块间距上。图 7-45 中左图色彩的间距松散，色彩的对比关系较弱；右图色彩的间距紧凑，色彩的对比关系较强。

图 7-45　相较于左图，右图更加紧凑的色彩间距使色彩对比关系更强

　　图案的设计往往应用于立体造型结构中，因此图案色彩的相对位置对整体色彩搭配同样具有一定影响。在图 7-46 所示机甲的色彩搭配中，左图的黄色色块分布较为零散，色彩间距较大，色彩凝聚性较弱，整体的色彩对比关系较弱；右图的黄色色块集中于一个区间，色彩间距较小，色块具有较强的凝聚性，在视觉感受上，整体的色彩对比关系相对比较强烈。

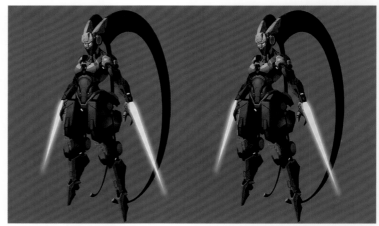

图 7-46　相较于左图，右图更加集中的色彩形状让色彩之间的对比关系更强

当颜色属性对比关系较弱时，因为颜色属性差异不大，色彩之间的辨识度较低，所以色彩的相对位置差异对色彩对比关系的影响极其微弱，如图 7-47 所示。

图 7-47 颜色之间较低的辨识度弱化了相对位置差异对其对比关系的影响

图 7-48 中左图的色彩间距松散，右图的色彩间距紧凑，但因色彩之间的辨识度较低，因此左右图的色彩对比差异不大，左右图都具有较强的整体感。

图 7-48 在颜色属性对比关系较弱的色彩搭配中，左右图的色彩对比差异不大

如图 7-49 中攻击机的涂装，其色彩搭配的颜色属性对比关系较弱。左图的白色色块分布较为零散，色彩间距较大；右图的白色色块集中于一个区间，色彩间距较小。比较两张图，在色彩辨识度差异不大的情况下，色彩的相对位置的差异对于色彩对比关系的影响也较弱，因此左右图的整体感都较强。

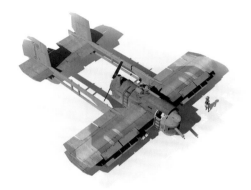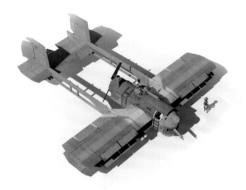

图 7-49 左图与右图虽然色彩的相对位置差异较大，但外观形式的整体感都较强

7.5 色彩的材质差异对比

色彩依附于不同的材质而存在，不同的材质表面的组织结构不同，所具有的吸收与反射光的能力也不同。色彩的材质差异对比以不同材质对光的反射差异为基础，由同样的颜色在不同的材质上呈现出不同强弱对比关系而形成。

当光照射到非透明材质上时，粗糙的材质会呈现出漫反射，色彩的光泽度较低，色彩看起来比原有明度稍低；越光滑的材质越趋于镜面反射，色彩的光泽度越高，并且会随着光的变化而显得不稳定，使颜色显得比实际的明度或高或低，因此看起来色彩对比度更高，如图 7-50 所示。

图 7-50 光照射到粗糙材质上产生漫反射，照射到光滑材质上产生镜面反射

当光斜射到透明材质上时，一部分光依然会产生反射，而另一部分透过透明材质的光会发生折射。在半透明材质中，不仅有漫反射、反射、折射，还有一部分光线进入物体之后，在物体内部不断散射而形成子面散射。材质的透明度不同，光在材质内产生散射的次数也不同，从而形成不同强度的子面散射，如图 7-51 所示。通常子面散射越强，色彩纯度越高。

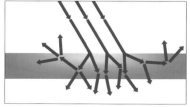

图 7-51 光斜射到透明材质上产生折射，照射到半透明材质上产生子面散射

因此相同的固有色，在不同粗糙度或不同透明度的表现下，均呈现出色彩上的差异。如图7-52中同样颜色的圆球，较为光滑的圆球光感较强，固有色呈现得较弱，色彩之间的明度对比关系较强；而较为粗糙的圆球明度对比关系较弱，固有色的对比关系较强。在透明度较强的圆球组合中，可以清晰地看到前后圆球交错后呈现出较深的色彩；而子面散射较强的圆球色彩的变化幅度则较大。将几组不同材质的圆球放置一起，同样的颜色呈现出明显的色彩差异。

以此知识点为基础，在设计中可通过赋予物体不同的材质，塑造色彩之间的对比差异。图7-53中飞艇载具的外观基本上由金属材质构成，但通过赋予不同区间以不同的粗糙度，可呈现出不同色块光感上的差异，从而塑造色彩的对比差异。

图 7-52 同样的固有色在不同的材质直观地呈现出色彩对比的差异

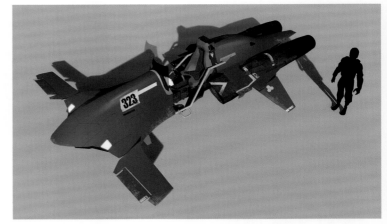

图 7-53 在设计中，也常通过塑造不同的材质，表现色彩的对比差异

7.6 融合型的色彩搭配模式

色彩属性对比关系较弱，形成融合型的色彩搭配模式。色环上相邻的颜色称为类比色，根据对比强弱可细分为类似色、邻近色和同类色。融合型的色彩搭配模式以类比色搭配为基础，色调相对统一，更容易统一画面，营造区域主题氛围。

1. 类似色搭配

类似色是指色环上任意 60° 以内的颜色，以此色彩范围内的色彩搭配构成类似色，如图 7-54 所示。在类比色中，类似色的色调变化范围最大，因此塑造的画面相对整体，并呈现出较为丰富的变化，从而在营造相对宁静区域的气氛时，不至于让画面过于平淡。类似色由于色相对比较柔和，给人以平静、调和的感觉，在色彩搭配中较为常用。

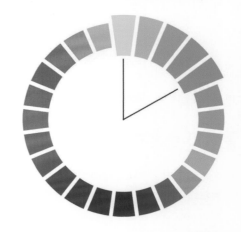

图 7-54 色环中颜色的选取范围表示出类似色搭配的色彩区间

图 7-55 主要由绿色、黄色、橙色、棕色等颜色搭配构成，色相的选取范围主要集中于橙色到绿色之间，色彩形成了类似色搭配。画面所呈现的色彩，整体统一于暖色调区间，但也呈现出较为微弱的冷色变化。

图 7-55 利用类似色搭配所构成的画面，颜色较为统一且较为丰富

2. 邻近色搭配

邻近色是指色环上任意 30° 以内的颜色，以此色彩范围内的色彩搭配构成邻近色搭配，如图 7-56 所示。在类比色中，邻近色的色调变化范围比类似色小，但比同类色大，因此塑造的画面相对整体，并具有一定的变化，但变化幅度较小，色彩搭配的效果比类似色更加统一，同时比同类色更加清晰。

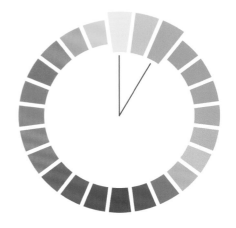

图 7-56 色环中颜色的选取范围表示出邻近色搭配的色彩区间

图 7-57 主要由绿色、青色、蓝色搭配构成，色相的选取范围集于绿色到蓝色之间，色彩形成了邻近色搭配。画面所呈现的色彩，整体统一于冷色调区间，画面的冷暖变化较弱。

图 7-57 利用邻近色搭配所构成的画面，颜色较为统一且变化较少

3. 同类色搭配

同类色是指色环上任意 15° 以内的颜色，以此色彩范围内的色彩搭配构成同类色搭配，如图 7-58 所示。在类比色中，同类色的色调变化范围最小，塑造的画面最为整体，因此这类色彩搭配颜色属性之间的对比关系很弱，看上去只有一种颜色，通过细微的色调差异构成朦胧的视觉效果，属于单一颜色的色彩搭配、同色深浅的色彩搭配的一种。所以同类搭配所构成的画面色调较为和谐统一，具有单纯、柔和、高雅、文静、朴实和融洽等效果。同时，同类色的颜色属性之间由于太具共性、缺乏个性差异，所以对比效果单调。

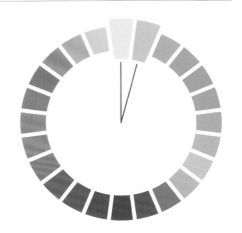

图 7-58 色环中颜色的选取范围表示出同类色搭配的色彩区间

图 7-59 主要由红色和少量的樱红色搭配构成，色相的选取范围集中于红色与樱红色的极小范围之内，色彩形成了同类色搭配。画面所呈现的色彩整体统一于暖色调区间，冷暖变化极弱，但色彩的融合度极高。

图 7-59 利用同类色搭配所构成的画面，颜色最为统一，但比较单调

色相是颜色的第一属性，以色相的融合为基础，融合型的色彩搭配模式还可以通过赋予画面相似的色彩明度属性或纯度属性，让画面的明度或纯度变化控制在较小的范围之内，从而进一步融合画面，让画面更加具有整体感。

4. 同明度搭配

以相似明度的色彩进行搭配形成同明度搭配模式。图7-60主要由蓝色、白色和少量的青色搭配构成，在此基础上，画面的纯度对比差异虽然较大，但颜色明度集中在较高的区间，并且明度的对比变化关系也相对较弱，构成了同明度的色彩搭配。在同明度色彩搭配中，因明度相似，往往赋予画面较大的纯度对比，从而拉开画面的色彩层次。

图7-60 画面中不同色彩的明度属性都保持在较为接近的区间

图7-61 画面中不同色彩的纯度属性都保持在较为接近的区间

5. 同纯度搭配

以相似纯度的色彩进行搭配形成同纯度搭配模式。图7-61主要由青色、红色和白色搭配构成，在此基础上，画面的明度对比差异虽然较大，但颜色纯度集中于较低的区间，并且纯度的对比变化关系也相对较弱，构成了同纯度的色彩搭配。在同纯度色彩搭配中，因纯度相似，往往赋予画面较大的明度对比，从而拉开画面的色彩层次。

6. 弱对比的消色搭配

以无彩色所构成的黑白灰对比为基础，当画面中无彩色的对比区间集中于较小的范围时，则构成了画面弱对比的消色搭配模式，如图7-62所示。弱对比的消色搭配，颜色之间的灰度跨度对比不大，因此画面中的内容往往辨识度不高，呈现出的画面也较为模糊。

图7-62 画面中无彩色的灰度都保持在较为接近的区间

7.7 对比型的色彩搭配模式

色彩属性对比关系较强，形成对比型的色彩搭配模式。色环上间距较大并且色相之间具有明显的色彩属性差异的颜色称为间隔色。根据对比关系的强弱，可以细分出互补色、分裂补色、交叉补色、对比色和中差色。对比型的色彩搭配模式以间隔色为基础，颜色之间的辨识度较高，独立的颜色能够形成单独的封闭区间，更容易起到切割画面、强调重点的作用。

1. 互补色搭配

色轮上相距180°的两种颜色称为互补色，互补色也称为撞色，在此色彩范围内的色彩搭配构成互补色搭配，如图7-63所示。在间隔色中，互补色的色调变化范围最大，因此塑造的画面色彩对比关系最强。互补色通过颜色的强烈衬托能直接表现画面的视觉冲击力，但过于强烈的色彩对比塑造出的外观形式会带来不安定、不协调、过于刺激的感觉，因此互补色搭配往往让面积较大的颜色纯度较低，而重点要突出的颜色面积较小。

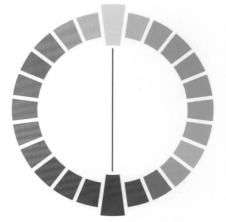

图7-63 色环中色彩的对比范围表示互补色搭配

图 7-64 主要由褐色和青色搭配构成，褐色与青色形成强烈对比的互补色搭配。画面通过互补色的搭配营造出较强的不安定感的氛围。画面中褐色面积较小，而青色面积较大，因此通过降低大面积青色的纯度来削弱互补色搭配所带来的过于强烈的色彩对比关系，让画面显得相对和谐。

图 7-64 褐色与青色的互补色关系制造出较为强烈的不安定感

2. 分裂补色搭配

同时用互补色及类比色的方法来确定的颜色关系，就称为分裂补色，在此色彩范围内的色彩搭配构成分裂补色搭配，如图 7-65 所示。这种颜色搭配既具有类比色的低对比度的整体统一，又具有互补色的视觉冲击力，形成了一种既和谐又有重点的颜色关系。在互补色搭配的基础上，引入分裂补色可以中和画面的色彩过分刺激的视觉效果。

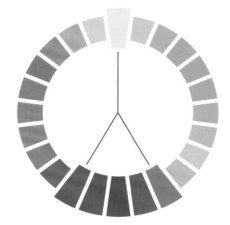

图 7-65 色环中色彩的对比范围表示了分裂补色搭配

图 7-66 主要由湖蓝色、橙色和米黄色搭配构成，湖蓝色构成了画面中的冷色调区间，与橙色和米黄色所构成的暖色调区间形成了分裂补色搭配。分裂补色的搭配赋予了场景中的建筑较为醒目的色彩，使画面具有较强视觉冲击力的同时，也让整体色彩相对和谐。

图 7-66 分裂补色搭配让画面呈现出较为平静的画面感，同时也具有较强的视觉冲击力

3. 交叉补色搭配

交叉补色由两组或多组相邻的互补色所构成，在此色彩范围内的色彩搭配构成交叉补色搭配，如图 7-67 所示。交叉补色具有多组互补色对比的特征，同时还具有相邻的颜色形成类比色的特征。所以交叉补色也可以理解为两组类比色的对比关系，其所构成的色彩搭配关系具有五彩缤纷的画面感，能够传递生动的感觉。交叉补色搭配的应用，关键在于控制颜色之间的比例，让不同面积的颜色形成相互穿插的结构关系。

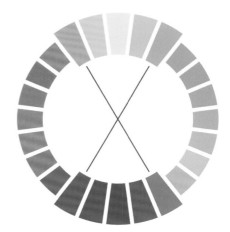

图 7-67 色环中色彩的对比范围表示了交叉补色搭配

图 7-68 中除了黑灰色岩石以外，主要由柠檬黄色与群青色、草绿色与紫色两组互补色搭配构成。其中，柠檬黄色与草绿色形成类比色关系，群青色与紫色形成类比色关系，通过交叉补色的搭配赋予场景较为绚丽的色彩。同时，因色彩搭配存在类比色的特征，色彩之间的递进关系也相对比较柔和。

图 7-68 画面的颜色在交叉补色的塑造下，显得五彩缤纷

4. 对比色搭配

色轮上间隔 120° 的两种颜色称为对比色，在此色彩范围内的色彩搭配构成对比色搭配，如图 7-69 所示。在间隔色中，对比色不会有互补色那么强烈的色彩冲突，但所塑造的色彩搭配依然具有较强的对比。一方面，对比色的色相间隔较大，颜色之间的对比也相对明显；另一方面，相较于互补色，对比色的间隔较小，所以色彩的纯度虽然较高，但画面依然相对较为柔和。在设计应用中，除了一些儿童玩具的色彩搭配以外，同时运用到三种对比色的情况较为少见，两种对比色搭配的设计较为常见，如红色与蓝色、橙色与绿色等。

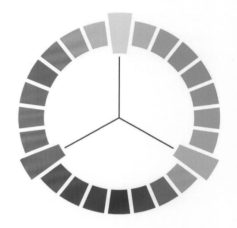

图 7-69 色环中色彩的对比范围表示对比色搭配

图 7-70 中除了黑灰色岩石以外，主要由樱红色与湖蓝色搭配构成，两种颜色形成了对比色搭配。画面具有鲜明的色彩对比，但颜色与颜色之间的变化依然相对柔和。

图 7-70 画面的颜色在对比色的塑造下，显得相对柔和

5. 中差色搭配

色轮上间隔 90° 的两种颜色称为中差色，在此色彩范围内的色彩搭配构成中差色搭配，如图 7-71 所示。在间隔色中，中差色的间隔较小。通过两种中差色搭配，所塑造的色彩外观形式往往能够呈现出接近于类比色的形式感。在设计应用中，极少同时运用到四种对比色的搭配，同时以四种中差色构成的色彩搭配实质上形成了两组对比极大的互补色搭配，画面色彩冲突极强。

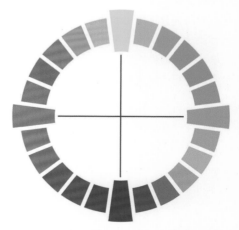

图 7-71 色环中色彩的对比范围表示中差色搭配

图 7-72 主要由紫色和蓝绿色搭配构成，色彩形成中差色搭配。画面具有明显的色彩对比，同时颜色的融合度也较高。

图 7-72 画面的颜色在中差色的塑造下，对比融合度较高

色相是颜色的第一属性，以色相的对比为基础，对比型的色彩搭配模式还可以通过拉开不同色相的色彩明度属性或纯度属性对比，进一步强调色彩的对比关系。

6. 强调色搭配

颜色在低明度或低纯度区间，都可以极大地弱化色相属性的对比关系，因此无论是融合型的色彩配色模式还是对比型的色彩搭配模式，当大面积的色块呈现出较低的明度或纯度，与较小面积的高纯度色块形成鲜明的对比时，便构成了强调色搭配，如图 7-73 所示。低纯度或低明度的颜色几乎可以和任何高纯度的颜色搭配，并且形成较为协调的色彩搭配关系。

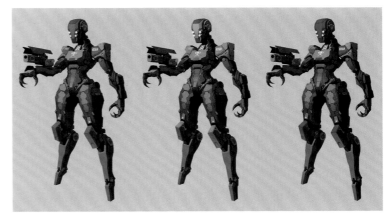

图 7-73 高纯度的红色、橙色、紫色在深灰色的衬托下都较为醒目

在高纯度的颜色与低纯度的颜色搭配所构成的画面中，高纯度的颜色比较醒目，能够直接成为画面的视觉中心。在图 7-74 中，画面色调整体纯度较低，在低纯度色彩的衬托下，橙色的苔藓则十分醒目。

图 7-74 画面中橙色的苔藓十分醒目

在此基础上，当低纯度的颜色足够低，接近黑、白、灰时，便构成了有彩色和消色的搭配，如图 7-75 所示。任何高纯度的颜色和消色的搭配，均能够形成较为协调的色彩搭配关系。

图 7-75 高纯度颜色分别与低纯度颜色或消色搭配，呈现出的色彩外观形式较为相似

7. 强对比的消色搭配

以无彩色构成的黑、白、灰对比为基础，当画面中无彩色的对比区间呈现出较大的范围，则构成了画面强对比的消色搭配，如图 7-76 所示。其中黑色与白色是对比幅度最大的无彩色对比关系，以黑白构成的消色搭配，画面的视觉冲击力极强。

图 7-76 画面中无彩色的灰度呈现出较大的对比范围

7.8 色彩搭配的塑造

一方面，不同辨识度的颜色形成的封闭区间能够塑造平面切割关系，因此色彩搭配的塑造也必须结合平面切割的塑造；另一方面，构成色彩变化的因素较多，色彩搭配又不完全依托于平面切割形成的造型关系。从色彩的对比入手，色彩搭配塑造的核心思路可以概括为对不同的颜色、不同形状的颜色及不同数量的颜色进行分配，形成不同的比例关系，即色与形的分配。因此塑造色彩搭配的过程往往是同时考虑色彩与形状的过程。

在设计应用中，主要从以下几个方面进行色彩搭配的塑造。

1. 基础色彩搭配与造型的塑造

以颜色属性对比关系为基础，结合色彩的造型关系对颜色之间对比关系的影响，通过赋予不同强弱对比的颜色分散或聚集的结构形式，能够塑造不同的色彩搭配。基础色彩搭配可以归纳为以下四种方向：分散的融合搭配、聚集的融合搭配、分散的对比搭配、聚集的对比搭配，如图 7-77 所示。这四种方向构成了基础的色彩搭配框架。色彩的深入搭配是在这四种框架的基础上深入塑造局部的色彩与造型关系的对比。

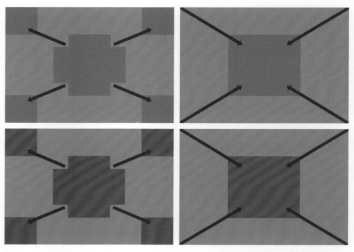

图 7-77 色彩搭配的塑造以颜色属性的对比关系及颜色造型的聚散关系为基础

图 7-78 中的四张图便是在同样的路边摊造型基础上，通过不同的配色方向，呈现出不同的外观形式。第一张图中分散的融合搭配与第二张图中聚集的融合搭配，因融合搭配的辨识度较低，所以两种配色方向呈现出的外观形式差异不大，都可以用于次要部分的色彩搭配。在此基础上，聚集的融合搭配，弱对比关系的色彩较为集中，色彩能够在次要部分层次上表现出一定的重点。第三张图中分散的对比搭配往往色彩较为花哨。第四张图中聚集的对比搭配则色彩对比关系最强，在设计中常用作主要部分的色彩搭配。

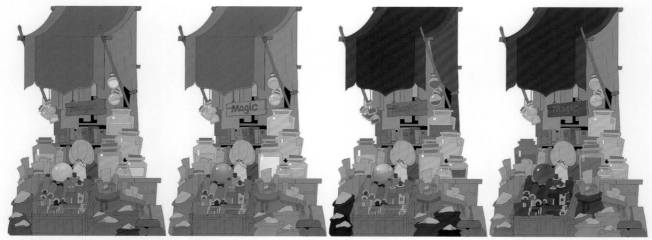

图 7-78 不同的色彩属性对比关系和色彩造型的聚散关系，构成了路边摊不同的外观形式

2. 色彩数量的塑造

以融合搭配方向和对比搭配方向为基础，在整体色彩对比关系的基础上，通过控制不同色彩区间所使用的颜色的数量，能够塑造不同的色彩搭配关系。色彩数量的塑造可以归纳为四种方向：少数色彩的融合搭配、多数色彩的融合搭配、少数色彩的对比搭配、多数色彩的对比搭配，如图7-79所示。这四种方向构成了色彩搭配的层次。色彩在整体对比关系的基础上，也是通过色彩数量的多少，塑造局部的颜色对比关系。

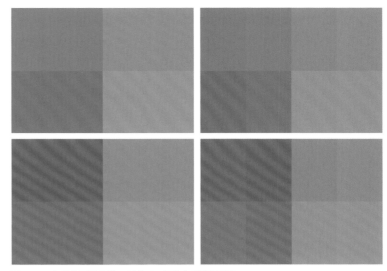

图7-79 色彩数量的塑造，形成了不同的色彩搭配层次

图7-80中的四张图便是在同样的怪物头像造型基础上，通过不同的颜色数量，呈现出不同的外观形式。第一张图中少数色彩的融合搭配与第二张图中多数色彩的融合搭配，都是在融合搭配的基础上进一步细分色彩的对比。融合搭配的色彩数量越多，则色块之间的辨识度越低，色彩越模糊。第三张图中少数色彩的对比搭配，呈现出的色彩对比最为直观，色块之间的辨识度最高。第四张图中多数色彩的对比搭配能在色彩对比关系较强的外观形式下，呈现出更多色彩的层次，让色块的过渡较为柔和。

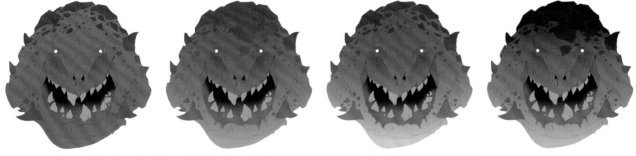

图7-80 不同的色彩属性对比关系和色彩的数量塑造，构成了怪物头像色彩搭配层次的差异，形成了不同的外观形式

3. 色彩的调和与隔离塑造

色彩之间的对比关系过强会让塑造的设计对象看起来过于刺眼；色彩之间的对比关系过弱，会让塑造的设计对象看起来过于朦胧。因此在色彩搭配的过程中，往往利用色彩的调和与隔离塑造，能够中和或者切割颜色的对比关系。当色彩之间的对比关系过强，利用两种色彩之间的中间色做调和，能够中和过强的色彩对比关系；当色彩之间的对比关系过弱，利用与两种色彩对比都较为强烈的颜色做隔离，能够切割色彩之间过弱的对比关系，如图7-81所示。

图7-81 通过调和可以让色彩之间的过渡更加柔和，通过隔离则可以拉开色彩之间的层次

在图7-82中，两面旗帜具有相同的造型与整体色彩搭配关系，左图的图案与底图的对比关系强烈，图案较为刺眼。在左图的基础上，右图赋予紫色与黄色之间粉色的描边，调和了两种颜色强烈的对比关系，使过渡更加柔和。

图7-82 调和塑造让图案与背景的色彩过渡区域柔和

在图 7-83 中，两张图中的机甲具有相同的造型与整体色彩搭配关系，左图的一些局部色彩搭配较为接近，色彩之间的对比较为朦胧；右图在左图的基础上，赋予部分局部配色之间黄色的描边，隔离了色彩对比关系较弱的两种颜色，让色彩层次更加明显。

图 7-83 隔离塑造拉开了角色的色彩层次

4. 色彩材质塑造

色彩最终表现为对各种材质的塑造。对不同材质的塑造，可以让相同的固有色搭配呈现出更丰富的色彩变化。一般来说，光感较弱的漫反射材质的色彩关系较为稳定，而对光的反应比较敏感的材质，如镜面反射、半透明等材质呈现出的色彩变化则较大，如图 7-84 所示。

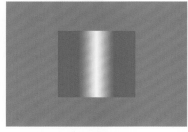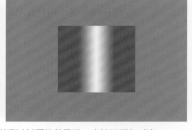

图 7-84 对比关系较弱或较强的色彩，都可以通过材质的差异进一步拉开颜色对比

图 7-85 中的机甲具有相同的造型与固有色搭配关系，左图的红色金属部分趋于粗糙的漫反射材质，色彩变化较为稳定，直观地呈现出红色；而右图红色金属部分趋于光滑的镜面反射材质，则色彩受外界环境影响较大，并且颜色也呈现出较为丰富的变化。

图 7-85 同样的固有色通过赋予不同的材质，构成了外观形式的差异

7.9 色彩搭配的作用

色彩具有很强的心理暗示作用，色彩搭配依托于设计对象的造型，同样的造型通过不同的配色能够进一步塑造外观形式，进一步表现不同的形式感，从而传达不同的设计概念。

将造型相同的角色以不同的色彩搭配进行塑造，能够呈现出不同的外观形式，如图 7-86 所示。

图 7-86 左图配色偏暖，右图配色偏冷

色彩结合立体造型，是概念设计过程中完善外观形式、完成设计方案的有效方法。在设计应用中，主要通过以下几个层面影响设计的形式感，从而对设计对象的塑造起到不同的作用。

1. 色彩塑造表现力

结合排列节奏塑造表现力的知识点，利用色彩搭配的外观形式能够传达不同的表现力。比较图 7-87 中的两组木箱，左图以弱对比关系的配色塑造，颜色变化幅度较小、变化过程柔和、变化层次较少，外观形式的表现力比较平庸；右图以强对比关系的配色塑造，色彩变化幅度较大，变化过程强烈、变化层次丰富，呈现出表现力较强的外观形式。

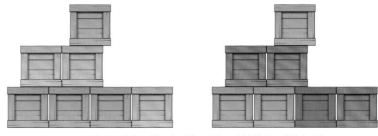

图 7-87 不同强弱对比关系的色彩搭配直观地呈现出了木箱外观形式的表现力

2. 色彩塑造表现倾向

结合排列节奏塑造表现倾向的知识点，利用色彩搭配的外观形式能够传达不同的表现倾向。如图 7-88 中两组同样造型的油桶，不同的配色所呈现出的表现倾向也不同。左图色彩的变化较为有序，表现出较为规整的感觉；右图色彩变化较为无序，表现出较为混乱的感觉。

图 7-88 色彩搭配的差异直观地呈现出了油桶排列所构成外观形式表现倾向上的差异

3. 通过配色能够塑造空间关系

色彩的呈现很大程度受到光照、视距、空气透视等因素的影响。因此通过画面中色彩的搭配呈现出不同的色调，能够塑造一部分的空间关系。在图 7-89 中，同样形状的植物以不同色彩对比关系赋予不同的配色关系。鲜明的色彩搭配会让人感觉植物的距离较近，而模糊的色彩搭配会让人感觉植物的距离较远。

图 7-89 左图看起来距离较近，右图看起来距离较远

因此在场景设计中，配色塑造空间关系的作用较为明显。结合场景中光照、视距，以及空气透视因素，往往光照充足的部分呈现出以固有色的搭配为主的配色关系，色彩较为鲜明；而当视距较远，固有色在空气透视因素影响下，往往色彩对比关系较弱，配色呈现出以融合搭配为主的倾向。在图 7-90 中，前景不同角色与恐龙的色彩对比较为鲜明，中景的不同角色与恐龙的色彩对比关系较弱，而远景的色彩更加融合，色彩对比较为模糊；不同景别色调上的差异强调了场景的空间关系。

图 7-90 画面由近及远，色彩对比关系逐渐减弱

4. 配色能够在视觉上影响分量大小

一方面，以颜色的色相属性为基础，红色、橙色和黄色等暖色可以使物体在视觉上显得比实际大，而蓝色、青色等冷色可以使物体在视觉上显得比实际小。因此在同样的造型基础上，通过不同冷暖色相属性倾向为主导的颜色搭配，能够在视觉上影响分量的大小，如图 7-91 所示。

图 7-91 左图赋予大面积暖色搭配，让主体看上去较大；右图赋予大面积冷色搭配，让主体看上去较小

另一方面，以颜色的明度属性和纯度属性为基础，明度高的颜色具有膨胀感，明度低的颜色具有收缩感；纯度高的颜色具有膨胀感，纯度低的颜色具有收缩感。因此在同样的造型和色相属性基础上，以不同明度属性、纯度属性倾向为主导的颜色搭配，能够在视觉上影响分量的大小，如图 7-92 所示。

图 7-92 左图主体看上去比实际造型更大；右图主体降低明度和纯度，则看上去比实际造型更小

5. 搭配鲜艳的色彩能够强化色彩刺激

在点、线、面的知识点中了解到鲜艳、明亮的颜色能够制造点，并且形成画面的视觉中心，吸引观者的注意力。在游戏设计中，经常将鲜艳的颜色应用于识别阵营，如图 7-93 所示。

图 7-93 游戏设计中利用不同醒目色彩所塑造的点识别不同的阵营

在此基础上，通过醒目的色彩所构成强对比关系的色彩搭配，能够让鲜艳的色彩进一步强化色彩刺激。在设计中，经常以高纯度的中差色、对比色等颜色属性对比关系较强的色彩搭配方式来塑造画面的视觉中心。此类手法经常应用于各类广告牌的色彩搭配中，如图 7-94 所示。

图 7-94 醒目的色彩所构成的色彩搭配更能够吸引注意力

7.10 色彩搭配的节奏韵律

色彩的辨识度差异能够制造平面切割关系。其切割结构可以是任意辨识度较高色彩的组合关系。如图 7-95 中的两张图具有同样的平面切割关系，木质部分的色彩分别与黄色或蓝色所形成的平面切割结构相同，但色彩属性的差异使同样的平面切割关系形成不同的色彩搭配样式。因此，塑造色彩搭配节奏韵律的前提条件是以色彩所形成的平面切割关系为基础，色彩搭配节奏以此为基础，通过塑造不同颜色的强弱对比变化，色彩的节奏必然呈现出平面辨识度的节奏。

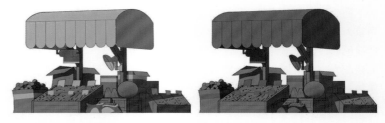

图 7-95 左图与右图造型一致，色彩的平面切割关系也一致，但色彩搭配不同

色彩搭配的节奏由构成色彩搭配的基本元素构成。其基本元素便是不同属性的颜色，并以不同颜色属性的对比差异作为间隔形成节奏中的独立元素。在图 7-96 中，岩石的整体颜色与沙地形成了平面的节奏，在此基础上，岩石与沙地颜色属性的变化构成了色彩搭配节奏中的元素。

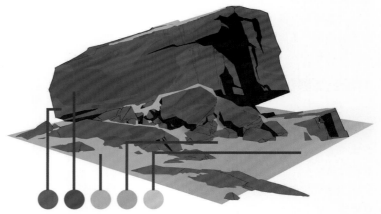

图 7-96 不同属性的色彩是构成色彩搭配节奏的基本元素

色彩的搭配由色彩之间的对比关系形成,所以色彩搭配节奏的趋向是以较为醒目的、对比关系较强的色彩区间往较为淡弱的、对比关系较弱的色彩区间变化,如图7-97所示。以颜色属性作为基本元素,色彩之间不同强弱趋向性的对比变化,是形成色彩搭配节奏的基本条件。

图7-97 醒目、对比关系强的色彩区间最容易被注意到,形成色彩节奏趋向的起点

在此基础上,色彩搭配节奏的趋向变化,也受到物体所处空间位置的影响。同样的色彩处于空间中不同的位置,因不同的距离所受到空气透视因素的影响不同,往往呈现出近处色彩对比强烈,越往远处,色彩对比逐渐模糊的趋势。在图7-98中,两组图具有同样的固有色,位于近处颜色的表象构成了画面中对比关系较强的色彩搭配元素,而位于远处颜色的表象构成了画面中对比关系较弱的色彩搭配元素。

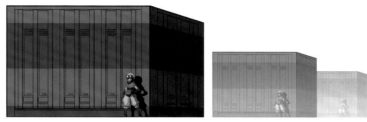

图7-98 因所处的空间位置不同,同样的固有色在画面中呈现出不同的强弱对比表象

在场景设计中,色彩搭配节奏的趋势受到空间位置的影响。如图7-99所示,场景中不同景别的建筑具有同样固有色的搭配,但因所处空间中的位置不同,较近建筑的色彩在画面中构成较为鲜艳、对比较强烈的色彩搭配元素,而远处建筑的色彩在画面中构成较为淡弱、对比模糊的色彩搭配元素:色彩搭配节奏的趋向呈现出由近及远的变化。

图7-99 场景由近及远,近处色彩醒目、对比强烈,远处色彩淡弱、对比模糊

外观形式的节奏分为形状和色彩的节奏,色彩搭配的节奏韵律本质上是外观形式节奏在物体色彩塑造层面的应用,因此将排列节奏的知识点套用于色彩搭配的节奏塑造,同样也是围绕不同颜色属性之间的韵律起伏、对比幅度、变化规律及局部层次,并结合色彩形状和材质对于色彩对比的影响这些方面进行的。

1. 色彩搭配节奏的塑造

有规律的重复是节奏的基本结构表象,在塑造基本的色彩搭配节奏时,色彩搭配节奏是以不同颜色的属性对比变化作为基础的,可以将塑造方法归纳为对形成色彩搭配的不同颜色进行排列,让不同颜色之间的变化形成有规律的重复组合关系,形成色彩搭配的节奏感。在图7-100中,四组色块条分别呈现出的无彩色的暗色与亮色、不同色相、不同明度、不同纯度的色彩相互间隔,便是基本的色彩搭配节奏表象。

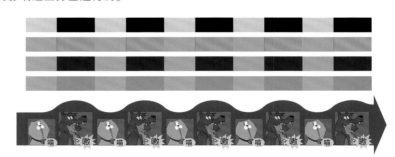

图7-100 将颜色属性的变化以有规律的重复组合呈现,形成了色彩搭配的节奏感

变化规律相同并且不断重复是一种较为单调的节奏表现形式，直观地表现为色彩重复的排列节奏，往往用于表现较为特定的色彩搭配主题。在图 7-101 中，旗帜和墙面色彩以相同的对比变化不断重复，形成基本的色彩搭配节奏表现形式，构成了较为有特点的墙面色彩搭配。

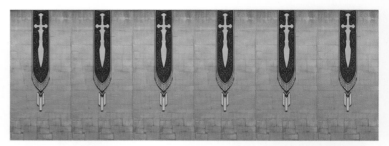

图 7-101 旗帜和墙面形成不同色彩的规律性重复变化，形成了基本的色彩搭配节奏表现形式

2. 色彩搭配节奏的韵律起伏

以色彩搭配节奏为基础，赋予色彩搭配节奏中重复的规律以不同的对比呈现起伏变化时，便能够使色彩搭配节奏产生韵律，如图 7-102 所示。色彩搭配的节奏韵律建立在造型节奏韵律的基础上，色彩与造型共同塑造了物体的外观形式，构成设计对象外观形式的节奏韵律。

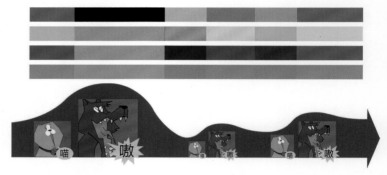

图 7-102 色彩搭配的节奏韵律以颜色之间的不同对比的变化形式呈现

如图 7-103 所示，在色彩搭配节奏韵律的外观表现上，不同色彩之间的对比变化表现出醒目的颜色与淡弱的颜色之间的较强对比关系、醒目的颜色之间的较强对比关系、醒目的颜色之间的较弱对比关系、淡弱的颜色之间的较强对比关系、淡弱的颜色之间的较弱对比关系的变化形式。

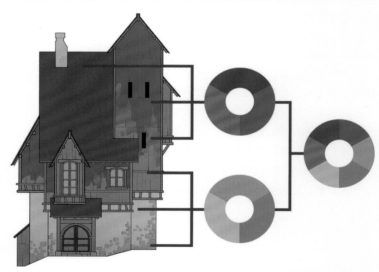

图 7-103 墙面不同的色彩呈现出较强色彩对比关系和较弱色彩对比关系的层次感

以图 7-104 所示的色彩搭配为例，色彩之间的对比关系的强弱，从上至下呈现出有节奏的起伏变化。如上方木质的黄色与昆虫的绿色有很强的色彩对比关系，中央部分昆虫整体的颜色变化幅度较小，而下方昆虫的绿色与岩石的灰色又具有较强的色彩对比关系，色彩的对比从上至下呈现出对比关系强、对关系比弱、对比关系较强的节奏感。

图 7-104 画面从上至下呈现出色彩搭配的节奏韵律

因为场景设计的色彩搭配节奏趋势会受到空间位置的影响，因此在处理场景氛围图中的色彩搭配节奏时，往往要结合画面的影调，将一些醒目的固有色安排在中景、远景，并结合雾气、尘埃等影响空气透视的因素塑造画面，从而适当调整近景、中景、远景的色彩对比关系，塑造色彩搭配的节奏感。图7-105所示的画面由近及远，处于暗色调的近景色彩浑浊，中景在充足的光照下固有色鲜明，而远景在雾气的稀释下色彩较为朦胧，色彩的对比由近及远地呈现出对比关系弱、对比关系强、对比关系弱的节奏感。

图 7-105 画面由近及远地呈现出色彩搭配的节奏韵律

3. 色彩搭配节奏的对比幅度

元素不同的对比幅度直接影响到节奏的层次变化关系。在色彩搭配节奏中，一方面，不同色彩的对比幅度影响节奏感。对比幅度较小的色彩搭配节奏趋于融合型色彩搭配模式，节奏感较弱，呈现出的表现力同样较弱；而对比幅度较大的色彩搭配节奏趋于对比型色彩搭配模式，节奏感较强，呈现出的表现力同样较强，如图7-106所示。

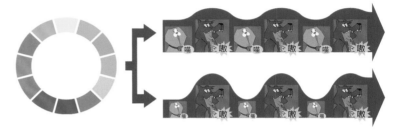

图 7-106 将色彩以不同的对比幅度进行塑造，能够呈现出不同的节奏感

另一方面，不同色彩的对比幅度影响色彩搭配节奏的韵律特征。节奏感较弱的色彩搭配节奏韵律，不同起伏区间的对比差异不明显，韵律特征较弱；而节奏感较强的色彩搭配节奏韵律，不同起伏区间的对比差异较为明显，韵律特征也较强，如图7-107所示。色彩搭配塑造物体的表现力，本质是通过节奏感和韵律特征在色彩塑造层面起作用的。

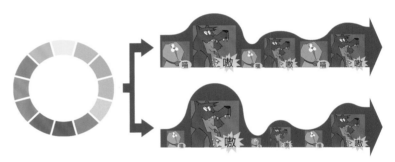

图 7-107 将色彩以不同的对比幅度进行塑造，能够呈现出不同的韵律特征

因为色彩具有属性、造型关系、材质差异这些对比形式，色彩搭配的塑造主要可以概括为不同颜色与形状的关系。而通过色彩和色彩形状的对比差异变化，能够塑造不同样式的平面切割，所以色彩节奏韵律强弱对比，同样也是平面辨识度节奏韵律强弱对比，但对色彩搭配节奏的对比幅度起主导作用的依然是颜色属性的对比关系，如图7-108所示。

图 7-108 同样造型的路边摊呈现出不同的色彩搭配节奏

比较图7-109中的建筑，左图的不同色彩以对比幅度较小、变化过程柔和的节奏进行塑造，颜色之间的起伏层次较为接近，韵律特征不明显，建筑的表现力较弱；右图的不同色彩以对比幅度较大、变化过程较为激烈的节奏进行塑造，颜色之间具有明显的起伏层次变化，呈现出较为明显的韵律特征，建筑的表现力较强。

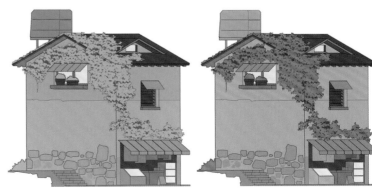

图 7-109 左图色彩的对比幅度较小，右图色彩的对比幅度较大

4. 色彩搭配节奏的变化规律

节奏是元素有规律的重复组合关系，因此色彩搭配节奏必然也存在变化规律特征，并且相应地影响到设计主体的表现倾向，如图7-110所示。色彩搭配塑造物体的表现倾向，本质是通过节奏变化规律的特征在色彩塑造层面起作用。

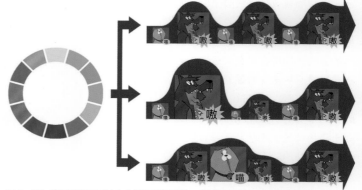

图7-110 将色彩以不同的变化规律进行塑造，能够呈现出不同的表现倾向

形状和色彩的变化规律，共同构成了外观形式节奏的变化规律特征。虽然色彩搭配的节奏能够影响到设计主体的表现倾向，但影响较小。在图7-111中，第一排色彩的变化较为规律；第二排的色彩呈现出无序的变化规律特征，不能直观地感受到色彩变化规律的差异；第三排色彩的变化加入了形状变化，无序的变化规律特征较为明显。因此在设计中，色彩结合形状的变化规律较为常见。

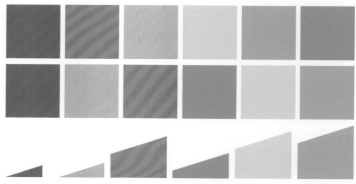

图7-111 相同形状色彩的变化规律差异对表现倾向的影响

比较图7-112中的第一张和第二张花田设计图，二者从同样的色彩平面切割，以趋于有序或趋于无序的节奏变化规律塑造不同的色彩搭配时，场景的表现倾向差别不大。第三张图在第二张的基础上，以趋于无序的变化规律塑造色彩的平面切割关系，场景明显呈现出较为粗犷的表现倾向。

图7-112 场景中色彩的变化规律差异使场景形成了不同的表现倾向

5. 色彩搭配节奏的局部层次

在元素较为丰富的节奏韵律表现中，整体节奏的元素中往往包含着细微的变化，构成局部的节奏，也就塑造了节奏的局部层次。色彩搭配的节奏韵律在局部层次上表现为大的色彩搭配对比变化中也包含着局部色彩对比变化较小的色彩搭配节奏韵律。较小的色彩对比变化可以是整体色彩搭配节奏中某种颜色的融合搭配，也可以是色彩较为出挑但通过较小的面积融合于整体色彩搭配节奏中，并将其节奏依附于整体的色彩搭配的节奏变化。在图7-113中，蓝色区间细微的色彩对比构成了局部色彩搭配节奏韵律，并包含于整体色彩搭配的节奏中。

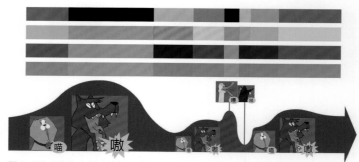

图7-113 局部加入较小的色彩对比，丰富了整体色彩搭配节奏韵律的层次

比较图 7-114 中的两面旗帜，旗帜不同的色彩区间的强弱对比从内向外构成了色彩搭配的节奏韵律。左图色彩对比具有整体节奏但缺乏局部的变化，节奏的层次感较弱；而右图在整体色彩搭配的节奏变化基础上，加入对比关系较弱的暗纹和面积较小的鲜艳颜色，构成了局部色彩搭配的节奏，并包含于整体色彩搭配的节奏变化中。局部的色彩对比丰富了设计对象节奏韵律的层次感。

图 7-114 局部的色彩对比丰富了设计对象节奏韵律的层次感

在角色设计中，局部色彩搭配节奏的塑造对整体设计的影响较为明显。出挑但面积较小的色彩可以起到点缀作用，而弱对比关系的局部色彩可以丰富局部的色彩层次感。在图 7-115 中，角色设计的色彩搭配在整体色彩搭配节奏韵律的基础上，一方面，角色脖子处局部面积较小的色彩在不影响整体色彩节奏搭配的基础上，起到了点缀作用；另一方面，牛头人武器的纹理，较弱的色彩对比关系在同样的色彩平面切割区间内，起到了丰富局部色彩层次感的作用。

图 7-115 角色设计中常用局部色彩对比的塑造制造亮点或丰富层次感

在场景设计中，局部色彩搭配的节奏塑造也能够起到点缀场景色彩和丰富场景色彩层次感的作用。在图 7-116 中，一方面，前景黄色的小植物色彩虽然出挑，但面积较小，对整体色彩搭配的影响较弱，因此在不影响整体色彩搭配节奏的基础上，起到了点缀场景色彩的作用；另一方面，中景细微的红色与肉红色形成对比，在同样的色彩平面切割区间内，进一步丰富了色彩层次感。

图 7-116 场景中局部面积较小的醒目色彩或较弱的色彩属性对比关系都形成了局部的色彩搭配层次，丰富了整体色彩搭配节奏韵律的层次感

CHAPTER

08

表现力

结合点、线、面与节奏的知识点，物体的轮廓剪影、平面切割、体积结构、色彩搭配，以及与其相应呈现出的排列节奏都属于对物体不同层面外观形式的塑造。不同的外观形式能够给予人们不同的感官刺激，让物体呈现出不同的表现力，即物体作为点的属性及外观形式的节奏构成了物体的表现力。因此在设计中，可以通过多种表现手法呈现不同元素的表现力。于是，当画面中存在诸多不同元素，表现手法的侧重点不一，甚至出现非外观形式的表现手法时，就必须引入表现力的知识点，归纳物体在画面中的权重关系以塑造画面。

■|| 8.1 表现力的塑造

物体的外观形式是形成表现力的基础。物体的表现力往往通过两个层面塑造：一方面是画面中个体元素的表现力，另一方面是以个体元素的表现力为基础，通过排列塑造形成不同节奏，进而形成整体的表现力。

1. 个体元素的表现力塑造

物体的个体元素的表现力，通过元素外观形式所具有的点的特性呈现。点所带来的感官刺激越强，则物体外观形式呈现出的表现力越强，如图8-1所示。

图8-1 外观形式的差异形成了不同的表现力

在图8-2中，以鹰为原型塑造的肩甲，通过不同的元素装饰肩甲的外观形式，元素的差异形成了其所构成的点的不同表现力。如第一张图利用鹰爪作为装饰塑造的肩甲，其表现力强于第二张图利用翅膀作为装饰塑造的肩甲，而第三张图利用鹰头作为装饰塑造的肩甲的表现力又强于利用鹰爪作为装饰塑造的肩甲。同样是鹰头，第四张图加强其轮廓节奏的对比变化并且赋予其更加醒目的色彩，表现力又得到了进一步加强。

图8-2 肩甲的外形所制造的感官刺激越强，则表现力越强

2. 整体的表现力塑造

在较为复杂并且由较多个体元素组合形成的设计中，表现力往往由构成整体的个体元素的表现力构成。设计主体中个体元素表现力的强弱，往往也决定了整体表现力的强弱，如图8-3所示。

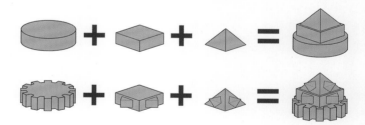

图8-3 整体表现力的强弱，往往由个体元素的表现力强弱决定

在图8-4中，以不同的装饰塑造有头饰的羊驼人的外观形式，羊驼人身上的不同装备作为个体元素呈现出不同的表现力。当第一张图以表现力较弱的弓箭装饰羊驼人时，其整体的表现力也较弱；当第二张图以表现力较强的斧头和盾牌装饰羊驼人时，其整体的表现力也较强；当第三张图用表现力更强的头饰、颈部配饰和法杖装饰羊驼人时，其整体的表现力也更强。

图8-4 羊驼人身上的不同装备呈现出的感官刺激越强，则羊驼人的表现力越强

场景氛围图往往由较多元素组合构成。构成场景中不同元素的个体表现力越强，则场景的整体表现力也越强。同样的沙漠题材，且具有相似的色彩搭配，图 8-5 左图中的主要元素岩石的表现力较弱，右图中的主要元素珊瑚的表现力较强，相较之下，右图的整体画面表现力比左图强。

图 8-5 圆形岩石、不同形态珊瑚分别赋予同为沙漠题材的场景不同的表现力

在外观形式塑造表现力的基础上，设计对象的表现力还受到一些时效性的外观变化或非外观因素的影响，在设计中，往往也通过这些因素进一步强化设计对象的表现力。

1. 时效性的动态和特效塑造

动势刺激和醒目的光亮、颜色也能够塑造点。因此当设计对象的外观形式差异不大时，不同动态或特效便构成了塑造整体表现力的主要个体元素，这在设计中常用于塑造角色的不同表现力特征，例如游戏设计中，常用动作的幅度、特效的色彩及形状塑造角色的表现力，如图 8-6 所示。

图 8-6 不同动态或特效影响角色的表现力

2. 画面位置影响表现力

从点、线、面的知识点中可以了解到，当点位于画面正中心时，凝聚力最强。因此物体越接近画面中心，其表现力越强，而越接近边缘，则表现力越弱。在图 8-7 中，当茶壶的位置在画面中心时，茶壶与杯子的表现力差异较大，调换它们的位置，则两者相互之间表现力的差异减弱。

图 8-7 调换元素所处画面的位置，其表现力的差异也产生了改变

在场景设计中，主体元素所处的画面位置对其表现力具有较大影响。图 8-8 中左图主体的位置接近画面中心，有较强的表现力；而右图通过调整画面主体元素的位置，使其接近画面边缘，其表现力也就大大减弱。

图 8-8 同样造型的巨龙，左图的表现力较强，右图的表现力较弱

3. 音效的表现力塑造

在设计中，往往也通过一些非造型因素的表现手法塑造表现力，比较典型的如音效的表现力塑造。不同强弱、不同节奏、不同类型的音效可以给人以不同画面感的想象，从而塑造不同的表现力，如图 8-9 所示。

图 8-9 不同音效也可以传递角色或其所处环境的表现力

8.2 表现力的作用

表现力的概念整合了所有外观形式的塑造方法，以及部分非外观形式因素对设计对象产生的影响。因此，表现力的概念能够概括整体的外观形式及形式感，并且能够更全面整体地传递设计意图。

不同的表现力，本质上呈现了点对于感官刺激的强弱程度，并且观者通过点的不同表现力，可以衡量点、线或面在画面中所起到不同作用的呈现力度，如图8-10所示。

图8-10 点的表现力越强，给予人的感官刺激越强

塑造物体外观形式可以侧重于塑造轮廓剪影、平面切割、体积结构或色彩搭配等不同方面。当将应用的元素不同、表现侧重点不同的设计对象放置于同一画面中时，便难以梳理不同造型在画面中呈现的比重，因此便需要通过表现力衡量感官刺激强度，并以感官刺激强度对比作为基础，通过画面权重的概念衡量物体在画面中的比重，进而对设计对象的塑造起到不同的作用。在图8-11中，两个角色的塑造所应用到的个体元素不同，色彩搭配也有所差异，但依然可以通过综合概括其造型、色彩、动态等表现力因素，以画面权重衡量两个角色的外观形式在画面中的比重。

图8-11 不同外观形式的形象，在画面中的比重便需要通过表现力来进行整合

在设计应用中，外观形式表现力的强弱主要通过以下几个层面影响设计对象的形式感，从而让塑造的设计对象起到不同的作用。

1. 通过表现力强弱直接塑造画面权重

结合排列节奏塑造表现力的知识点，不同的表现力能呈现不同元素在画面中的权重。不同的外观形式塑造方法，都可以用于呈现设计对象的不同表现力。在图8-12中，左图木箱通过赋予变化较大的外轮廓塑造其表现力，右图通过塑造醒目的色彩强调其表现力。当两组木箱呈现出的表现力一样时，在画面中的权重也相同。

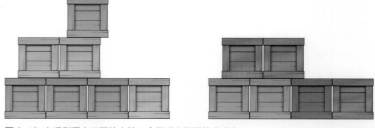

图8-12 表现侧重点不同的木箱，会呈现出相同的表现力

2. 通过表现力强弱影响表现倾向

结合排列节奏塑造表现倾向的知识点，不同的表现力能够影响整体画面的表现倾向。轮廓剪影、平面切割、体积结构、色彩搭配及姿势等不同表现侧重点，都能够塑造设计主体的不同表现倾向，或趋于规整，或趋于混乱，但无论哪种表现倾向，都建立在表现力强弱的基础上。元素的表现力强、画面权重较大，相应呈现出的表现倾向便能够形成画面的主导因素。图8-13中上下两组油桶都具有规整或混乱表现倾向的元素，上面一组规整表现倾向的表现力强，整体画面呈现出规整的表现倾向；下面一组混乱表现倾向的表现力强，整体画面呈现出混乱的表现倾向。

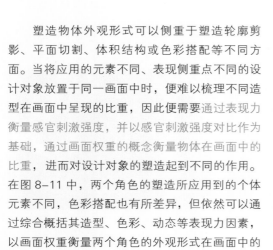

图8-13 某种表现倾向的表现力强，相应的表现倾向便构成整体画面的主导因素

3. 通过表现力强弱塑造等级差异

通过表现力的强弱塑造，可以直观地呈现层级关系，从而表现不同元素的等级关系。一方面，可以通过不同的元素和不同的表现手法塑造设计对象处于同一等级的层级关系。在图8-14中，不同外观形式的盾牌呈现出的表现力较为接近，权重相似，因此塑造出的外观形式也处于同一等级。

图8-14 盾牌的表现力属于同一层级关系，传达出同样等级的形式感

另一方面，可以通过不同的元素和不同的表现手法塑造设计对象，形成不同等级的层级差异。如图8-15所示，不同外观形式的盾牌呈现出的表现力强弱对比、权重差异较大，因此塑造出的外观形式构成了等级的差异。

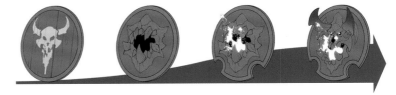

图8-15 盾牌的外观形式呈现出不同的表现力差异，传达出不同等级的形式感

在游戏设计中，在同一艺术表现倾向的设计框架内，往往存在很多不同的设计对象，并且根据设计目标需要表现出不同的等级差异。这些不同的设计主体往往题材不同，构成主体的元素不同，创作时所应用的表现手法的侧重点也有所差异。因此需要通过表现力规划不同设计对象之间的层级关系，从而让不同外观形式的设计主体归纳于同一个设计框架内，形成有序的等级关系，如图8-16所示。

图8-16 以不同的表现力塑造不同的设计主体，主体外观形式的表象可以直观地呈现出不同等级的形式感

4. 通过表现力强弱塑造主次关系

画面中主次关系的形成以不同元素的表现力对比作为基础，表现力强弱的对比差异形成了画面中的主次关系。若画面中存在多个表现力相似的元素，就很难让某个元素作为画面的主体，画面形成不了主次关系，如图8-17所示。当画面中的元素有了表现力的差异，让某个元素点的特性更加凸显时，也就形成了主次关系，如图8-18所示。在此基础上，进一步用更多的表现形式拉开表现力的差异，则画面的主次关系会更加明显，如图8-19所示。不同元素之间表现力的对比关系越强，则主次关系越明显，对比关系越弱，则主次关系越模糊。

图8-17 画面中元素的表现力接近，没有任何一个元素能够成为画面主体，画面形成不了主次关系

图8-18 简单拉开物体之间的分量对比，让某个元素成为画面主体，画面形成了主次关系

图8-19 通过赋予不同色彩，让主体的表现力更加突出，画面的主次关系更加明显

在角色设计中，塑造角色的个体元素表现力差异，构成角色整体的主次关系。如图8-20所示，第一张图中怪物头部以鱼鳍形状构成，与手臂处鱼鳍的表现力对比差异较小，因此整体主次关系较模糊；第二张图中以珊瑚形状的角塑造怪物的头部，头部与手臂处的鱼鳍的表现力对比差异较大，拉开了个体元素之间的表现力对比，整体主次关系较为清晰；第三张图中怪物珊瑚形状的角的表现力更强，个体元素之间表现力的对比差异也更大，整体主次关系更加明显。

图 8-20 鱼鳍与鱼鳍之间的表现力对比差异较小，而鱼鳍与珊瑚之间的表现力对比差异较大

在场景设计中，构成场景中个体元素的表现力差异，塑造了画面的主次关系。在图 8-21 中，左图的主体建筑与次要建筑的表现力对比差异较小，画面的主次关系较模糊；右图的主体建筑与次要建筑的表现力对比差异较大，主次关系比较明显。

图 8-21 同样外观形式建筑之间的表现力对比差异较小，而不同外观样式建筑之间的表现力对比差异较大

8.3 表现力的节奏韵律

表现力的节奏由构成画面中不同外观形式的基本元素构成，并以不同的元素作为节奏中的独立元素互为间隔。以此认识为基础，一方面，在内容较为简单的设计中，如图8-22所示的岩石，结合个体元素所处的画面位置对表现力带来的影响，可以直接以岩石的轮廓、分量、色彩等构成外观形式的因素，作为构成表现力节奏的基本元素。

图 8-22 较为简单的设计题材，以基础外观形式的构成元素即可呈现其表现力

另一方面，在内容较为复杂，且个体元素也有更多表现力对比层次的设计中，如图 8-23 所示的肉摊的设计中，除了考虑其外观形式的因素以外，还需要结合个体元素的题材、个体元素的排列等多种局部塑造层面的因素，甚至是一部分非造型因素对表现力的影响，并且以其带来的不同的感官刺激作为表现力节奏的基本元素。

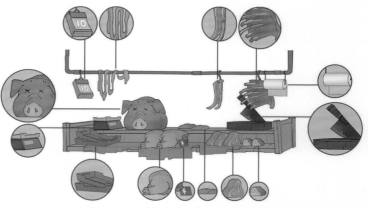

图 8-23 复杂并且元素较多的设计题材，则需要多方面考量各种因素对表现力的影响

表现力主要由不同外观形式的元素对观者的感官刺激差异构成，表现力越强，则越能聚焦观者的视线。所以表现力节奏的趋向，以画面中表现力最强的点逐渐往表现力较弱的点变化，如图8-24所示。外观形式表现力趋向性的变化，是形成表现力节奏的基本条件。

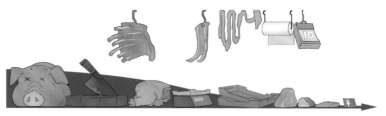

图 8-24 表现力节奏的趋向必然以元素呈现出的感官刺激强度从强到弱变化

在图8-25中，以葫芦上的骨骼元素为例，头骨表现力最强，而肋骨部分表现力相对弱一些，从前至后的元素表现力逐渐减弱，并且趋于消失。骨骼外观形式的表现力呈现出从前至后趋向性的变化。

图 8-25 头骨表现力较强，骨骼的表现力沿着葫芦的外形从前至后逐渐减弱

物体的表现力由多方面的表现手法构成，因此轮廓剪影、平面切割、体积结构、色彩搭配的节奏韵律都可以说明一部分的表现力节奏韵律。表现力的节奏韵律本质上是不同外观形式节奏归纳为不同表现力层面上的应用，因此将排列节奏的知识点套用于表现力的节奏塑造，同样也是围绕不同元素的表现力节奏的韵律起伏、对比幅度、变化规律及局部层次这些方面进行。

1. 表现力节奏的塑造

有规律的重复是节奏的基本结构表象。在塑造基本的平面节奏时，可以将塑造方法归纳为对不同表现力的元素进行排列，让元素与元素之间的变化形成有规律的重复组合关系，形成表现力的节奏感。图8-26中一强一弱的视觉中心相互间隔，这便是基本的表现力节奏表象。

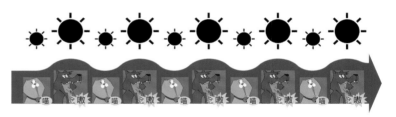

图 8-26 将不同表现元素的变化以有规律的重复组合呈现，形成表现力的节奏感

变化规律相同并且不断重复是一种较为单调的节奏表现形式，往往用于塑造一些特定的主体。图8-27中的路灯以相同的对比变化不断重复，形成基本的表现力节奏表现形式，塑造出的整体表现力也较为枯燥。

图 8-27 物体的规律性重复变化，形成了基本的表现力节奏表现形式

2. 表现力节奏的韵律起伏

以表现力节奏为基础，将表现力节奏中重复的规律以不同的对比呈现起伏变化时，便能够使表现力节奏产生韵律，如图8-28所示。

图 8-28 形成不同感官刺激的点构成了表现力的节奏韵律

在轮廓剪影、平面切割、体积结构、色彩搭配及不同题材的共同塑造作用下，表现力在节奏韵律的外观表现上，呈现出表现力强、表现力弱、表现力相对强、表现力相对弱的变化形式。其变化组合关系直观地构成画面主次关系的对比，呈现出主要、次要、相对主要、相对次要的外观形式，如图 8-29 所示。

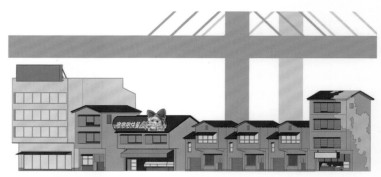

图 8-29 不同表现力的建筑呈现出明显的主次关系

以图 8-30 所示的河豚将军为例，角色的整体形象主要由河豚尾巴形状的头饰、头盔、带尖刺的肩甲、胸甲、鼓起的肚子及张开的爪子等元素构成。虽然塑造不同个体元素的侧重点并不相同，但它们共同构成了整体角色不同表现力的元素。角色从上至下，呈现出头饰表现力适中、头盔表现力弱、肩甲表现力相对适中、胸甲表现力最强、鼓起的肚子表现力较强、张开的爪子表现力强的个体元素表现力强弱变化，形成节奏韵律感。

图 8-30 构成河豚将军整体的个体元素中，每个个体元素塑造的侧重点并不相同

在图 8-31 所示的场景设计中，建筑的整体外观主要由布料拼接的顶饰、头骨装饰、五颜六色的图案、不同大小的器皿等元素构成。虽然塑造不同个体元素的侧重点并不相同，但它们共同构成了建筑整体不同表现力的元素。建筑整体外观从上至下，呈现出顶饰表现力适中、头骨装饰表现力最强、五颜六色的图案表现力相对适中、不同大小的器皿表现力弱的个体元素表现力强弱变化，形成节奏韵律感。

图 8-31 构成建筑整体的个体元素中，每个个体元素塑造的侧重点并不相同

将独立的变化规律当作一组个体元素使其作为整体表现力的节奏单位时，有表现倾向的节奏韵律通过表现力呈现，表现力的节奏决定表现倾向的节奏。在图 8-32 中，当所有表现倾向区间的表现力相同时，从左至右武器排列的表现倾向呈现出规整、混乱、相对规整的节奏感。

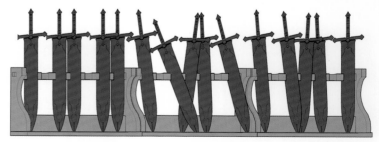

图 8-32 从左至右，以不同变化规律为个体元素，呈现出表现倾向的节奏变化

在基本的表现力节奏韵律塑造的基础上，在景别层次较为丰富的场景设计中，不同表现力的元素呈现出处于立体空间中不同景别层次的对比关系，形成不同景别表现力的节奏韵律变化，如图 8-33 所示。

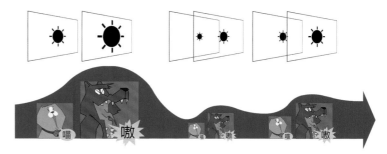

图 8-33 不同景别层次表现力的强弱对比形成了整体画面的节奏韵律

图 8-34 中的画面具有明显的景别层次，不同景别的外观形式差异较大。画面不同景别的表现力呈现出前景角色表现力相对强，中景大恐龙表现力更强，而远景的森林和沙漠表现力较弱，背景表现力弱的节奏韵律。

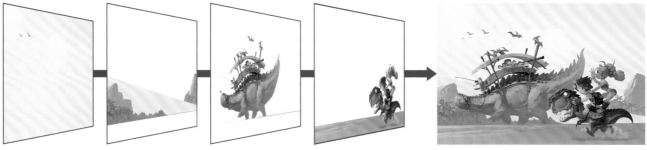

图 8-34 不同的元素分布于不同的景别中，呈现出不同景别之间表现力强弱对比变化的节奏韵律

3. 表现力节奏的对比幅度

在由多个元素组合形成的设计中，元素不同的对比幅度直接影响到节奏的层次变化关系。在表现力节奏中，一方面，不同元素表现力之间的对比幅度影响节奏感。对比幅度较小的表现力节奏，节奏感较弱，呈现出的整体表现力同样较弱；而对比幅度较大的表现力节奏，节奏感较强，呈现出的整体表现力同样较强，如图 8-35 所示。

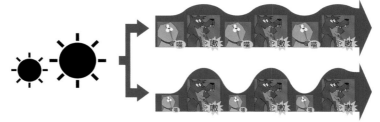

图 8-35 将个体元素的表现力以不同的对比幅度进行塑造，能够呈现出不同的节奏感

另一方面，不同元素表现力之间的对比幅度影响整体表现力节奏的韵律特征。节奏感较弱的表现力节奏韵律，不同起伏区间的对比差异不明显，韵律特征较弱；而节奏感较强的表现力节奏韵律，不同起伏区间的对比差异较为明显，韵律特征也较强，如图 8-36 所示。整体的表现力往往由不同个体元素的表现力构成，本质是通过个体表现力的节奏感和韵律特征的强弱对比起作用的。

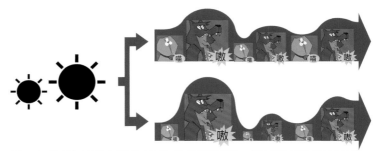

图 8-36 将个体元素的表现力以不同的对比幅度进行塑造，能够呈现出不同的韵律特征

比较图 8-37 中的建筑群设计图。左图不同建筑的表现力以对比幅度较小的节奏进行塑造，不同元素的表现力的起伏层次较为接近，韵律特征不明显，塑造出的建筑群的表现力较为平庸。右图不同建筑的表现力以对比幅度较大的节奏进行塑造，不同元素的表现力具有明显的起伏层次变化，呈现出较为明显的韵律特征，塑造出的建筑群的表现力也较强。

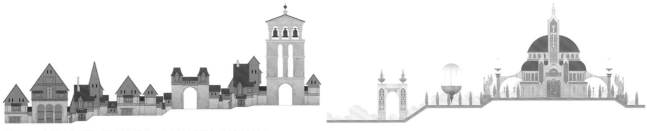

图 8-37 左图建筑群的对比幅度较小，右图建筑群的对比幅度较大

4. 表现力节奏的变化规律

节奏是元素有规律的重复组合关系，因此表现力节奏必然也存在变化规律特征，并且相应地影响到设计主体的表现倾向，如图 8-38 所示。节奏变化规律影响物体的表现倾向，其本质是变化规律的特征通过不同表现力起作用。

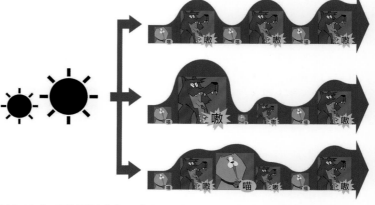

图 8-38 将不同的视觉中心以不同的变化规律进行塑造，能够呈现出不同的表现倾向

表现力节奏的变化规律也可以概括为点在节奏中的变化规律。多个相似的点呈现出等距规则排列，多个不同分量的点呈现出不规则的排列，其本质是表现力节奏变化规律趋于有序及趋于无序的两个极端方向上的表现，如图 8-39 所示。

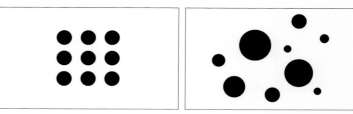

图 8-39 点形成的不同规律的排列方式，实质上是不同节奏呈现出的变化规律特征

5. 表现力节奏的局部层次

在元素较为丰富的节奏韵律表现中，整体节奏的元素中往往包含着细微的变化，构成局部的节奏，也就塑造了局部节奏的层次。表现力的节奏韵律在局部层次上表现为，整体的表现力节奏韵律的变化之中也包含着局部变化较细微的表现力节奏韵律。局部的表现力节奏变化依附于整体的表现力节奏变化，并且呈现出主要部分的主次关系或次要部分的主次关系的外观形式。图 8-40 中蓝色区间细微的变化构成了局部表现力的节奏韵律，并包含于整体的表现力节奏中。

比较图 8-41 中的肉摊，左图中的肉摊具有整体节奏，但缺乏局部的变化，节奏的层次感较弱；而右图中的肉摊，在整体的个体元素表现力强弱对比的节奏韵律变化基础上，加入了一些较小的个体元素，构成了局部细微的表现力节奏变化，并包含于整体的节奏变化中，丰富了设计对象节奏韵律的层次感。

图 8-40 以声音的起伏可概括各种表现因素呈现出的局部表现力节奏韵律的变化

图 8-41 局部较小的个体元素丰富了整体表现力节奏韵律变化的层次感

在角色设计中，局部表现力的节奏塑造对整体设计的影响较为明显。在图 8-42 中，角色个体元素的表现力呈现出从上至下变化的节奏感。在此基础上，一些局部元素的细节亦由更多层次的设计元素构成，如肩甲、盾牌、羽毛、木牌等元素，这些局部元素的表现力呈现出节奏变化，便可以丰富整体表现力节奏韵律的层次感。

图 8-42 局部较小的元素丰富了整体表现力节奏韵律变化的层次感

在内容较为丰富的场景氛围图设计中，画面中的元素较为丰富，更多的元素能够使画面表现力的节奏韵律层次感更丰富。除了画面权重较强的主体塑造了整体主题方向以外，次要部分的塑造往往亦可以丰富画面内容。图 8-43 中的运输机表现力较强，成为画面主体元素，与场景中的其他次要元素构成了画面表现力的节奏感。在此基础上，画面中的次要元素也通过轮廓、局部的光亮等表现手法构成了局部表现力的节奏感。

图 8-43 次要元素的表现力的对比变化构成了局部表现力的节奏感，丰富了整体表现力节奏感的同时，也呈现出了更多的画面内容

在排列结构较为丰富的画面中，有表现倾向的节奏韵律存在整体表现倾向和局部表现倾向的层次关系。同一种变化规律的节奏表现力强，则能够形成主导整体画面的表现倾向，表现力弱的变化规律节奏则构成了局部次要的表现倾向。图 8-44 中规整排列的木桶表现力强，构成了画面整体表现倾向的节奏韵律；放置于木桶边上的武器表现力弱，则构成了局部表现倾向的节奏韵律。

图 8-44 木桶的排列较为规整，武器的排列较为混乱

CHAPTER

09

画面构图

COMPOSITION

画面构图是根据绘画题材及设计目标要求，有意识地规划画面的过程。构图过程即将画面中所要塑造的内容适当地组织起来，形成明确的画面权重主次关系、画面引导关系、画面平衡关系，构成一个协调、完整的画面，并呈现不同的形式感，传达不同的主题。构图的本质可以概括为针对性地安排画面中的点、线、面等基本元素，有意识地组织画面架构。

█ 9.1 画面的架构意识

画面架构意识的建立是进行画面构图的基础。

在绘画过程中，通过概括元素的形状和色彩可以呈现出基本的图形结构关系。如图9-1中的塑料瓶，通过概括其形状及色彩可以呈现出塑料瓶基本的外观形式。概括基本元素，使其形成简练的图形形状是建立画面架构意识的基础。以概括出的图形为基础，能够确定不同元素主要形体与色彩在整体画面中的关系。

图9-1 提炼塑料瓶的体积结构及色彩结构能够呈现出概括性的图形形状

以基本元素的概括塑造为基础，在元素丰富的画面中，通过概括画面中多种元素的结构和色彩，往往可以让不同的元素形成连贯的图形结构关系。概括画面中各个图形元素形成连贯的形状关系便构成了画面的架构，画面架构是概括的形状和概括的色彩。这种连贯的图形结构关系是构成不同形式画面构图的基础，如图9-2所示。不同的画面架构形式，构成了画面的基础框架，塑造了画面最基础的图形结构层次。绘画或设计以此为基础，通过进一步针对性地塑造不同外观形式、不同权重表现力的元素，并完善点、线、面等基本元素，最终呈现出不同形式感的画面，传达不同的主题。

图9-2 不同元素概括的图形结构在画面中往往形成连贯的形状关系

画面架构意识的建立，核心在于概括画面中连贯的图形结构关系。因此，画面架构的表象往往和画面中不同平面的辨识度具有极大联系。图9-3中角色的头发与衣服形成了连贯的色彩，构成了趋于整体的图形结构，并且连贯的色彩形状与背景具有较强的辨识度对比，因此可以将此连贯的图形结构看作整张画面的架构。

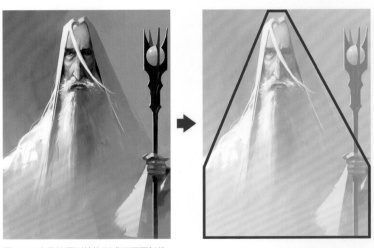

图9-3 连贯的图形结构形成了画面架构

以不同辨识度的平面为基础，在绘画的构图创作中，往往把色调接近的暗部与投影概括为统一的整体，以此形成连贯的图形结构关系。在图9-4中，岩石大面积的暗部与投影形成了独立的封闭区间，同时画面的亮部也形成了独立的封闭区间。不同区间连贯的结构与色彩，不仅形成了画面的平面切割关系，也构成了画面构图的基础架构关系。

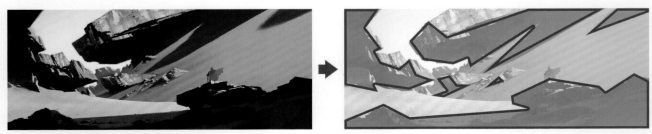

图9-4 沙漠的暗部和岩石的暗部分别统一了明暗区间不同元素的色调，分别形成了连贯的架构关系

画面架构是概括的形状与色彩，因此在塑造某种形式的画面架构时，往往以画面中元素的整体外形趋于某个基础形状作为判断构图形式的依据。图9-5所示的主体岩石虽然是不规则的造型，但整体外形呈现出趋于倒三角形的图形形状，倒三角形便构成了画面的基本架构形式。

图9-5 岩石的整体造型趋于倒三角形的图形形状

在绘画与设计的过程中，即使创作题材不同，但呈现出的概括形状较为相似，所以不同的画面往往也呈现出相似的画面架构形式。相应的，以同样的画面架构形式作为构图基础，通过塑造不同的创作题材，能够传达不同的主题。图9-6所示的三张图虽然主题、内容不同，但整体概括性的形状和色彩都呈现出相似的架构形式。画面架构虽然不能表现具体的画面主题，但本质上形成了画面的基础框架。应用画面架构的核心在于创造一个画面基础框架来确定画面中不同元素之间的关系，并使不同元素在画面中建立有序的联系。

图9-6 相似的画面架构可以应用于不同题材的设计中

9.2 常见的画面架构形式

画面的架构形式理论上可以有多种不同的表象，因此没有具体称谓上的界定。在绘画设计中，往往用画面架构形式近似于的某种形状来命名某种架构形式，即称之为某种形式的构图。

在绘画和设计中，常见的画面架构形式主要由以下基础形状呈现。

1. 水平画面架构形式

当画面中的元素排布形成明显的水平画面架构形式时，便构成了水平线构图。水平线构图使画面安定、平和、宁静、平缓、舒适、稳妥，并且具有很强的安定感，如图9-7所示。同时水平线构图在垂直空间的表现上层次较少，因此为了丰富画面，往往要让画面中的元素在形状、大小、色彩上形成远近空间上的对比，强调前后的空间层次。

图9-7 水平结构具有明显的安定感

画面中常见的水平线，可以是海天交界线、地平线等，水平线构图的核心是对水平线位置的选择。水平线的位置直接切割了画面对比关系，决定了画面是趋于对比平均还是对比强烈。在图9-8中，军队沿着地面与天空交界处横向排列形成水平线构图，水平线位于画面的上方，让近景草地占据画面的比例较大，远景占据画面的比例较小。

图9-8 横向排列的军队形成了水平线构图

2. 垂直画面架构形式

当画面中的元素排布形成明显的垂直线画面架构形式时，便构成了垂直线构图，如图9-9所示。垂直线构图能够有效地呈现主体元素的高度和纵向气势，使画面具有较强的秩序感和安定感。

图9-9 垂直线结构具有较强的纵向气势特征

在塑造时，垂直线构图可以是单一的垂直线结构，也可以是多条垂直线结构。在利用单一的垂直线结构塑造画面时，主要强调画面中的垂直线结构对画面的纵向趋势的塑造。在利用多条垂直线结构塑造画面时，往往要让画面中构成垂直线的元素形成长短不一的对比，强调不同垂直线的节奏感，如图9-10所示。

图9-10 左图画面由单一的垂直线构成，右图由多条长短不一的垂直线构成

3. 对角斜线画面架构形式

当画面中的元素排布形成明显的对角斜线画面架构形式时，便构成了对角斜线构图，如图9-11所示。对角斜线构图的特点是把主体安排在对角线上，达到突出主体的效果。倾斜的线有较强的动势，呈现出不安定感，因此若要利用对角斜线画面架构形式表现较为安定的设计主体，往往就要用一些较为安定的形状，或在不同景别塑造相反的对角斜线层次，以平衡画面架构所呈现出的不安定感。此外，当画面中存在多条非平行的对角斜线时，则往往呈现出近似于三角形构图的画面架构。

图9-11 对角斜线结构具有较强的不安定感

在图9-12中，红色与黄色相间的岩石与浓烟形成了鲜明的对比，岩石的结构从左至右形成了对角斜线构图。画面中的对角斜线具有十分明显的倾斜角度，使场景呈现出较强的失衡感。

图9-12 倾斜的岩石形成了对角斜线画面架构形式

4.L字形画面架构形式

当画面中的元素排布形成明显的L字形画面架构形式时，便构成了L字形构图，如图9-13所示。L字形构图的特点是观者的视线很容易聚焦到两条边的交汇处及其中一条边上，并形成画面中的主体部分。同时，L字形越向画面边缘延伸，越靠近两条线边缘的画面内容则越容易被忽视。

图9-13 在线的引导下，视线集中于线的交汇处及表现力较强的一条线上

在图9-14中，地面与垂直隆起的岩石构成了L字形画面架构形式，并且与朦胧的背景形成了鲜明的对比。L字形中的交汇处及垂直隆起的岩石在画面中较为明显，而水平的地面虽然也有清晰的轮廓，但较容易被忽视。

图9-14 岩石和地面的结构形成了L字形画面架构形式

5.S字形画面架构形式

当画面中的元素排布形成明显的S字形画面架构形式时，便构成了S字形构图，如图9-15所示。当构成S字形的画面框架以直线为主时，也可以将其看作Z字形构图。这种画面架构一方面具有较强的动势特性，能够表现很强的画面动感和空间感，另一方面也具有强烈的由近及远的指向性，因此这类架构形式常用于整体画面趋势的引导。在此要注意的是，S字形上方的端点往往是视线引导的终点，设计时需要根据画面引导的需要确定端点的位置。

图9-15 S字形具有明显的动势特性与指向性

自然界中有较多的曲线造型存在。一般在表现偏向自然题材的设计中，常使用S字形画面架构形式。蜿蜒的道路、溪流等元素都直观地呈现出S字形画面架构形式。图9-16所示的沼泽、河流与芦苇丛形成了鲜明的对比，其由近及远蜿蜒的结构形成了S字形构图。

图9-16 蜿蜒的河流形成了S字形画面架构形式

6.C字形画面架构形式

C字形构图可以认为是由S形构图减少了一个层次的蜿蜒转折形成的，在绘画与设计中较为常见，如图9-17所示。利用C字形构图所塑造的画面具有较强的流动性，也能够呈现出较强的画面动感和空间感。利用C字形画面架构形式进行创作时，往往将主体元素放置于中间点的位置。C字形的近处位置往往是第一次要元素的摆放位置，而C字形远处位置的元素往往用以加强画面空间层次的延伸。

图9-17 C字形具有较强的动势特征

图 9-18 所示的岩石与沙漠形成了鲜明的对比，岩石的排布结构由近及远形成了 C 字形画面架构形式。C 字形中间点的岩石，构成了画面中表现力最强的视觉中心，近处的岩石形成了次要元素，而远处的岩石虽然较为朦胧，但加强了画面的纵深感。

图 9-18 岩石的排布结构形成了 C 字形画面架构形式

7. 三点式画面架构形式

当画面中的相似元素排布形成间距差别不大的三角形结构时，便构成了三点构图。如图 9-19 所示，三点构图所塑造的画面具有较强的安定感。

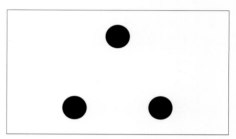

图 9-19 三点分布所呈现的安定感较强

图 9-20 所示的三处珊瑚形成了三角形围合结构，构成三点构图。三角形的外形结构使画面呈现出较强的安定感。

图 9-20 珊瑚的排布形成了三点式画面架构形式

8. 方形画面架构形式

当画面中较大面积的主体元素或元素排布具有明显的方形画面架构形式时，便构成了方形构图，如图 9-21 所示。方形构图的特点是横平竖直的结构，使画面天然具有安定感，但单一的方形结构也会使画面较为呆板，往往要通过适当破坏方形的边缘结构打破呆板的轮廓，或利用多个几何形状的物体搭配方形主体，从而丰富画面的结构层次感。

图 9-21 方形结构具有平稳的特征

在图 9-22 中，构成画面主体的建筑废墟主要由方形结构构成，在方形结构的外边缘轮廓基础上做一些适当的破损变化，能让画面主体不至于太过呆板，同时远处多个方形结构丰富了画面的层次感。

图 9-22 不同景别中的建筑废墟使画面具有较为丰富的层次感

9. 三角形画面架构形式

当画面中较大面积的主体元素或元素排布具有明显的三角形画面架构形式时，便构成了三角形构图，如图 9-23 所示。三角形构图的三条边由不同方向的直线轮廓聚合而成，是较为常见的构图形式，常用于塑造中型分量的物件组合。根据画面架构所形成的不同形状的三角形，往往能够使画面产生不同的形式感。比如等边三角形让画面趋于安定，趋势感较强的三角形让画面具有较强的动势特征。

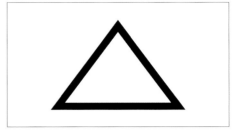

图 9-23 三角形构图根据三角形形状特征的差异，能够使画面呈现出不同的形式感

在图 9-24 中，画面的主体具有很明显的三角形外轮廓，并且占据了画面的较大面积，使画面形成了三角形画面架构形式。三角形的外形结构使画面呈现出较强的安定感。

图 9-24 海龙的轮廓剪影造型形成了三角形画面架构形式

10. 倒三角形画面架构形式

当画面中较大面积的主体元素或元素排布具有明显的倒三角形画面架构形式时，便构成了倒三角形构图，如图 9-25 所示。倒三角形构图也可以看作 V 字形构图。在平视角的画面中，当倒三角形在画面中作为正形时，画面主体由不同方向的直线轮廓聚合而成，画面具有较强的不安定感；当倒三角形作为画面中的负形时，也可以将画面架构看作分置于画面两边的正三角形结构，从而使画面具有较强的安定感，同时画面还具有框架式画面构图的特点。

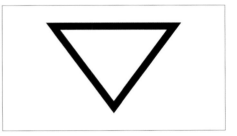

图 9-25 倒三角形构图根据塑造主体的差异，能够使画面呈现出安定或不安定的感觉

图 9-26 所示的两张场景氛围图都以倒三角形画面架构形式进行塑造。左图的倒三角形画面架构由实体元素构成，形成了画面的正形，远景则形成了画面中的负形，画面呈现出较强的不安定感。右图的倒三角形画面架构由分置于两边的三角形山坡围合而成。两边的山坡是画面中的实体元素，形成了画面的正形，而倒三角形区域内的远景形成了画面的负形，画面呈现出较强的安定感。

图 9-26 左图三角形以正形存在于画面中，右图三角形以负形存在于画面中

11. O 字形画面架构形式

当画面中的元素排布形成明显的 O 字形画面架构形式时，便构成了 O 字形构图，如图 9-27 所示。O 字形构图也称为圆形构图，当圆形被拉长时，就会变成椭圆形构图。椭圆形构图大都采用宽大于高的横幅形式，是圆形构图的一种演变。圆形构图在视觉上具有较强的整体感和向心力，给人以旋转、运动和收缩的感觉。但圆形构图所塑造的画面往往会将视线封闭于圆形之内，因此圆形构图较为缺乏冲击力、生气和活力。

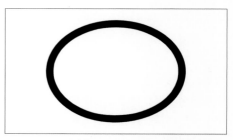

图 9-27 圆形或者椭圆形构图会将视线集中于形状的中央

图 9-28 中洞窟的轮廓构成了明显的 O 字形画面架构形式，并且与远景形成了鲜明的对比，画面具有较强的凝聚感，但同时画面活力也较为不足，因此在利用圆形构图时，往往通过改变圆形的外形，或加入一些局部的结构层次，来打破圆形的外形，增强画面的活力。

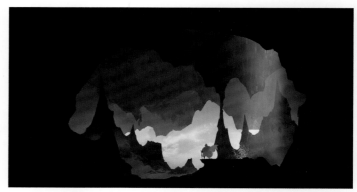

图 9-28 画面中洞窟的轮廓趋于圆形的结构

12. 框架式画面架构形式

当画面中占据主体的元素排布形成左右对称的画面架构形式时，便构成了框架构图，如图 9-29 所示。当左右对称的元素上下方之间有明显的连接结构时，框架构图则演变成 U 字形构图或 N 字形构图。其特点都是以框架作为画面的前景，引导视线聚集于主体上，突出主体。框架构图相较于圆形构图同样具有较强的整体感觉，容易将视线聚焦于中心，但框架构图中的外形轮廓往往不局限于某个特定的形状，变化较为丰富，观者的视线不会被封闭于画面中央，因此塑造的画面更加生动。

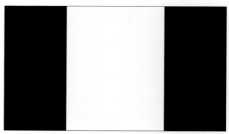

图 9-29 在框架结构中，观者的视线出口更多

在图 9-30 中，山路过道的轮廓构成了明显的 U 字形画面架构形式，并且与远景形成了鲜明的对比，画面具有较强的凝聚感。构成 U 字形的结构较为富于变化，U 字形的上方有明显的空隙，使视线不至于封闭于中央区间内，画面的活力较强。

图 9-30 左右分布的岩石和树木形成了画面的框架

13. 十字架形画面架构形式

当画面中的元素排布形成明显的十字架形画面架构形式时，便构成了十字架形构图，如图 9-31 所示。十字架形构图的特点是具有明显的水平和垂直的元素形成交错的结构，视线很容易聚焦到两条线的交汇处及其中一条线上，能够呈现出较为直观的空间穿插结构，从而表现出较强的空间感。

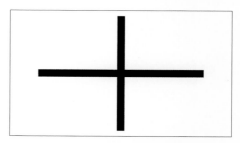

图 9-31 十字架的中心容易吸引观者的视线

在图9-32中，前景树木与远景树丛的轮廓构成了明显的十字架形画面架构形式，并且与浓雾环境形成了鲜明的对比。在十字架形构图中，前景垂直生长的树木与远处呈现出水平结构的树丛形成了明显的空间穿插结构，塑造出较强的空间层次感。

图9-32 前景与远景的交织形成了十字架形画面架构形式

14. 放射线形画面架构形式

当画面中的元素排布形成明显的放射线形画面架构形式时，便构成了放射线形构图，如图9-33所示。构成放射线的结构可以是线的形式，也可以是面的形式。放射线形构图的最大特点是，在用表现力一般的元素塑造画面主体时，能够通过线或面聚焦表现出视觉中心，将视线集中于画面某个聚焦的位置，而聚焦位置以外的画面很容易被忽视。构成放射线形画面架构的辨识度越高，则视线聚焦的效果越明显。同时放射线形的画面架构，有时候能够直观地表现出近大远小的画面，因此也能较好地表现出画面由近及远的空间感。

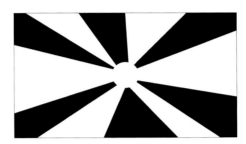

图9-33 放射线形结构能够吸引视线

在图9-34中，岩石的排布，构成了明显的放射线形画面架构形式，并与大面积的雪地形成了鲜明的对比。在放射线形画面架构的塑造下，视线被强有力地引导于放射线的交汇处。

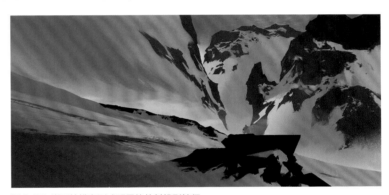

图9-34 岩石的排布形成明显的放射线形特征

15. 格式结构画面架构形式

当画面中的元素排布形成明显的格式结构画面架构形式时，便构成了格式结构构图。如图9-35所示，格式结构构图的最大特征是相似形状或相似元素的重复，塑造出的画面极度缺乏视觉中心。因此在利用格式结构构图塑造画面时，重点在于拉开不同元素之间平面的对比变化关系及疏密关系，使不同的元素具有微弱的表现力变化，从而呈现不同的形式感。

图9-35 格式结构通过平面切割形式呈现

图9-36中裸露的岩石与绿色的植被形成鲜明的对比，并且相互间隔，构成了格式结构构图。在格式结构构图的塑造下，画面较为缺乏视觉重点。岩石与植被相互穿插，是画面表现的侧重点。

图9-36 岩石和植被相互穿插，画面呈现出明显的平面切割特征

16. 支点形画面架构形式

当画面中的两组元素具有明显的大小差异，其排布形成放置于中央两侧的画面架构形式，便构成了支点形构图，如图9-37所示。在支点形构图中，较大的元素往往构成画面主体，而较小的元素则构成了画面次要部分，起到衬托主体的作用。支点形画面架构不仅是一种构图形式，也是一种常见的塑造画面平衡感的方式。在创作中，往往利用画面中不同大小的元素放置的位置，让画面趋于平衡或失衡。

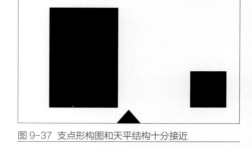

图9-37 支点形构图和天平结构十分接近

在图9-38中，巨龙和热气球在画面中具有较高的辨识度和大小差异，分别放置于画面两侧，构成了支点形构图。其中较大的巨龙成为画面主体，而较小的热气球则衬托了巨龙。

图9-38 分置于画面左右两侧的巨龙和热气球形成了支点形画面架构形式

17. 画像形画面架构形式

当画面明显以某个主体对象为主进行塑造，而较为忽视背景及次要元素的表现时，画面本质形成画像形的表象，便构成了画像形构图，如图9-39所示。画像形构图的特点是视线往往只停留在所创作的主体对象上。同时根据主体对象的形状特征，画面也具有其他形式构图的特点。

图9-39 画像形构图直接将主体当作人像进行塑造

画像形构图不会要求画面主体一定是人像。在图9-40中，画面的绘制侧重点是铁甲舰的残骸部分，而朦胧的场景对画面架构的影响实质上可有可无，因此该图也属于画像形构图。

图9-40 表现力较弱的背景让主体形成了画像形画面架构形式

画像形构图较为强调主体元素的塑造，而主体元素往往也具有不同的形状特征。在图9-41中，左图塑造的树木具有明显的S字形特征，画面构图的类型也可以归纳为S字形构图；右图中角色半身像的外轮廓形状也具有趋于三角形的形状特征，因此画面构图可以归纳为三角形构图。

图9-41 树木具有S字形画面架构形式特征，角色具有三角形画面架构形式特征

在较为复杂的场景氛围图设计中，往往存在多种架构形式。当哪一种架构形式在画面中占据主导地位时，就将其归纳为哪种架构形式。在图 9-42 中，山体的结构呈现出较为明显的三角形画面架构形式，但也同时存在 S 字形画面架构形式和对角斜线画面架构形式，其中三角形的画面架构形式较为明显，因此将画面看作三角形构图。

图 9-42 元素较多的画面往往具有多种画面架构形式

9.3 画面对比

不同的构图形式不但形成了画面的基本结构，其概括性的连贯结构也切分了画面，使画面中的元素形成对比。在构图设计中，画面对比的本质是点、线、面等元素通过轮廓剪影、平面切割、体积结构、色彩搭配及相应呈现出表现力的节奏感的综合应用。画面对比关系强，整体画面效果往往比较抢眼；画面中的元素对比关系弱，则画面比较平淡；过于平均的对比关系，则会使画面比较平庸。因此，控制画面对比关系的核心在于通过各个元素的对比把控整体画面节奏，避免过于平均的对比关系。

在绘画和设计中，控制画面中不同元素的对比关系主要从以下几方面入手。

1. 调整画面疏密对比

轮廓剪影、平面切割、体积结构的节奏都有疏密对比特性。调整画面疏密对比的核心在于强化画面中稀疏和密集部分的对比，这是诸多画面对比关系中最基本的对比关系，如图 9-43 所示。

图 9-43 左图轮廓剪影、平面切割、体积结构的疏密对比较弱，右图的疏密对比较强

比较图 9-44 中三张相似的图。第一张图中不同元素都以较为相似的密度进行塑造，画面没有明显的疏密对比，因此画面也较为平淡。第二张图弱化了一部分碎石的存在感，拉开了画面的疏密对比，使画面较为有节奏感。第三张图进一步加强碎石的对比层次，画面的节奏特征更加明显。

图 9-44 不同的疏密对比让画面呈现出不同的节奏感

2. 分配画面切分比例

画面切分比例对比的本质是平面切割节奏在构图层面的应用，如图 9-45 所示。画面中的疏密关系、色调关系、影调关系都能够有效地切分画面，通过分配画面的切分比例，往往能够直观地呈现画面不同样式的节奏感，其中影调的面积分布在画面中的比例往往起到决定性作用。

图 9-45 左图的切分比例对比弱，右图的切分比例对比强

分配画面切分比例首先需要注意避免平分画面。比较图 9-46 所示的三张图，第一张图暗色的影调和亮色的影调面积接近，画面切分平均，因此画面较为平淡。第二张图扩大了暗色影调的面积，增强画面的切分比例对比，使画面较为有节奏感。第三张图进一步加强了暗色调和亮色调的对比，画面的节奏特征更加明显。

图 9-46 不同的切分比例让画面呈现出不同的节奏感

其次，要避免等分画面。图 9-47 所示的三张图都以地平线、山脉轮廓水平切分画面。第一张图将画面等分为三部分，因此画面较为平淡。第二张图缩小了山体的面积，但是画面仍然形成等分的结构，因此画面节奏感依然不强。第三张图将画面的三部分做出不同比例的切分，画面形成了层次感较强的节奏特征。

图 9-47 等分的画面会使画面平庸，拉开画面切分比例对比可以使画面呈现出丰富的层次感

3. 调整画面元素的分量

画面中塑造的元素最终都以不同分量呈现于画面中。调整画面元素的分量的核心在于强化画面中不同元素分量的对比，如图 9-48 所示。

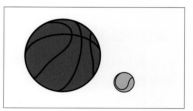

图 9-48 左图画面元素的分量对比弱，右图画面元素的分量对比强

在图 9-49 中，第一张图中的两棵树都以较为相似的分量进行塑造，画面没有明显的分量对比，因此画面较为平淡。第二张图中一大一小的两棵树，拉开了画面的分量对比，使画面较为有节奏感。第三张图中大树与灌木有更强的分量对比关系，画面的节奏特征更加明显。

图 9-49 不同的分量对比让画面呈现出不同的节奏感

4. 分配画面色彩面积比例

画面色彩面积比例首先表现为不同物体固有色的面积比例，这和画面中物体的分量对比有一定关系。分配画面固有色面积比例的核心在于以分量对比为基础，强化画面中不同元素固有色的对比，如图 9-50 所示。

图 9-50 以分量对比为基础，左图画面元素的色彩面积对比弱，右图色彩面积对比强

在图9-51中，第一张图中各元素的固有色都以较为相同的面积进行塑造，没有明显的固有色面积比例对比关系，因此画面较为平淡；第二张图拉开了画面的固有色面积对比，使画面较为有节奏感；第三张图进一步拉开了不同色块的面积对比，画面的节奏特征更加明显。分配画面元素的固有色面积比例的本质是以颜色为基础的平面切割节奏在构图层面的应用。

图9-51 不同的固有色面积比例让画面呈现出不同的节奏感

画面色彩面积比例其次表现为不同物体环境色的面积比例，这和画面中物体的影调面积比例有一定关系。分配画面的环境色面积比例的核心在于以影调面积比例为基础，强化画面中不同元素环境色的对比，如图9-52所示。

图9-52 以影调面积比例为基础，左图画面色彩面积比例对比弱，右图色彩面积比例对比关系强

在图9-53中，第一张图中影调的明暗面面积相似，在其基础上的环境色调面积也相似，画面没有明显的环境色面积对比，因此画面较为平淡；第二张图拉开了画面明暗面的面积对比，同样也拉开了环境色调的面积对比，使画面较为有节奏感；第三张图进一步拉开了不同明暗面的面积对比，画面的节奏特征更加明显。分配画面的固有色面积比例的本质是以影调为基础的平面切割节奏结合不同的色彩倾向在构图层面的应用。

图9-53 环境色分布往往以光照所形成的影调为基础，因此影调的面积比例能够影响物体环境色的面积比例

5. 调整画面趋势对比

有一部分画面架构形式较为强调画面的趋势性，因此在构图中也必然要调整画面的趋势对比。调整画面趋势对比的核心在于调节画面中不同趋势结构的对比幅度，如图9-54所示。

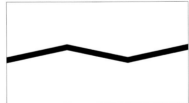 

图9-54 左图的趋势对比较弱，右图的趋势对比较强

比较图9-55中的三张整体趋势性相同的图。第一张图中的路线趋势极为微弱，几乎可以看作以单一的方向进行塑造，缺乏趋势对比，因此画面较为平淡。第二张图中略微歪斜的路线，增强了画面的趋势对比，使画面较有节奏感。第三张图进一步加强路线的趋势对比，画面的节奏特征更加明显。

图9-55 不同强弱的趋势对比让画面呈现出不同的节奏感

6. 调整画面刚柔对比

直线或包含直线的面能够呈现出硬朗的画面，曲线或包含曲线的面能够呈现出柔和的画面，因此在构图中也必然要调整画面的刚柔对比。调整画面刚柔对比的核心在于调节画面中不同刚性形状和柔性形状的对比幅度，如图9-56所示。同时画面还能够呈现动静对比。

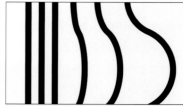

图9-56 左图完全以刚性结构进行变化，右图则具有明显的刚柔过渡，并且具有更强的动态特征

在图9-57中，第一张图单纯以直线结构进行塑造，画面没有明显的刚柔对比，因此画面较为平淡；第二张图中右边围栏的外形以微弱的转折结构进行塑造，增强了画面的刚柔对比，使画面呈现出刚柔对比的节奏感；第三张图通过加入弯曲的铁轨进一步增强画面的刚柔对比，画面的节奏特征更加明显。

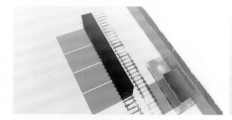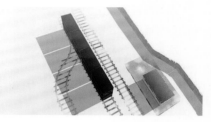

图9-57 不同的刚柔对比让画面呈现出不同的节奏感

7. 调整画面虚实对比

在强调虚实对比关系时，如果画面中到处都是细节，画面就会变得没有细节；如果画面中到处都是概括性的表达，画面就会变得粗糙。调整画面虚实对比的核心在于把握好画面中不同主次元素刻画的细致程度，拉开虚实对比，如图9-58所示。

图9-58 左图画面完全以相同的细致程度进行塑造，右图画面具有明显的虚实对比

在创作过程中，往往通过概括次要的物体衬托需深入塑造的物体。在图9-59中，第一张图虚实对比关系不明显，画面主次关系模糊，使整体画面显得比较没有节奏感；第二张图通过雾气虚化了次要的部分，拉开了画面的虚实对比，明确了画面主次关系；第三张图通过进一步塑造前后景物的虚实对比，使整体画面节奏特征更加明显。

图9-59 虚实对比能够有效地呈现相似物体的主次关系

8. 调整画面动静对比

构成画面架构的元素有些趋于静态，而有些形状有较强的动态特征，因此在构图中也必然要考虑画面的动静对比。调整画面动静对比的核心在于调节画面中不同动势元素的对比幅度。画面的动静对比可以是由不同形状带来的对比关系，比如垂直线和斜线的对比，如图9-60所示；也可以是具体画面内容的动静对比，比如站立的角色和表现出夸张动作的角色的对比，如图9-61所示。

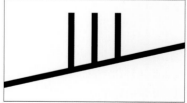

图9-60 左图只有静态的形式感，右图侧呈现出明显的动静对比

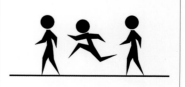

图9-61 左图中的角色呈现出相同的动作，右图呈现出明显的动静对比

在图9-62中，第一张图的角色都以较为相似的动态进行塑造，幅度不大的动作使角色与地面大致垂直，画面没有动静对比，因此画面较为平淡；第二张图加入夸张动作的角色，拉开了画面的动静对比，使画面较为有节奏感；第三张图不仅加入了更多不同的动态内容，同时倾斜的地面和与背景垂直的角色使画面的动静对比更加明显。

图9-62 画面中不同元素的结构及其呈现出的动态特征产生了不同幅度的动静对比

9.4 画面取景

构图围绕着画面的主体和主题进行，不同的构图形式构成了画面的架构，而通过不同的画面取景则能让画面表现出不同的核心内容。因此在绘画和设计的过程中，画面取景是必不可少的一个部分。针对性的取景可以在画面中剔除一些无用的信息，明确主体所要塑造的元素和所要表现的画面主题。

在绘画和设计过程中，画面取景的创作思路主要分为以下三个塑造阶段。

1. 确定画面主体元素

在绘画和设计中，画面的主体元素往往以两种方式呈现。一种方式是画面主体作为视觉中心，此时画面存在着最主要的视觉核心元素，以及有可能存在的衬托主体的元素。另一种方式是画面主体只作为衬托主要视觉区间的元素。两种方式可以概括为点在画面中起到的视觉中心的作用，或起到的衬托作用。

在此基础上，画面的主题往往由画面的主体元素或主体元素所衬托的画面区间传达，因此画面取景首先要确定画面中不同元素的权重关系，明确哪些元素构成了画面主体，哪些元素构成了画面中的次要部分，进而在创作过程中进行不同程度的塑造，如图9-63所示。

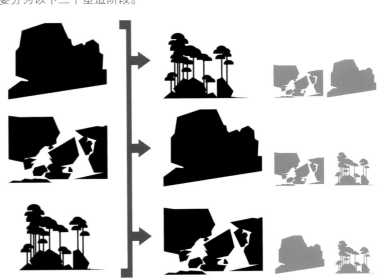

图9-63 确定画面主体内容是优先进行的阶段

图9-64所示的三张图由同样的元素塑造，但在设计时，画面中的主体元素有所不同。第一张图以植物的塑造为主，以植物构成视觉核心元素，岩石和瀑布形成画面的次要部分。第二张图以岩石的塑造为主，以岩石构成视觉核心元素，植物和瀑布形成画面的次要部分。第三张图以瀑布的塑造为主，以瀑布构成视觉核心元素，植物和岩石形成画面的次要部分。

图9-64 借助不同的主体元素，能够直接塑造画面，形成不同的画面主题

2. 确定主视觉区间

主体元素在画面中的位置能够影响表现力及画面平衡和画面动势。因此画面取景要确定主体元素所在的位置，从而明确主视觉区间。在设计中，经常运用黄金分割线或三分线确定主体元素的位置，将元素布置于画面中心点、分割点或分割线上，如图9-65所示。

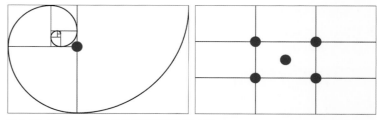

图9-65 黄金分割线和三分线是常用的取景参考线

无论是将画面主体作为视觉中心，还是将画面主体作为衬托元素塑造画面，两种情况都具有一个共同特征，那就是取景都围绕某个主视觉区间进行。图9-66中左图的雪山作为画面主体，构成了画面视觉核心元素，并将主视觉区间集中于画面的左上方；右图陡峭的崖壁作为画面主体，在画面中构成了衬托崖壁之间峡谷的元素，同样能够将主视觉区间集中于画面的左上方。两张图虽然主体元素的作用不同，但在构图设计中具有相同的主视觉区间。

图9-66 左图和右图的取景区间同样都集中于画面的左上方

3. 确定取景视角

同样的元素通过取景视角的差异，能够影响画面主体元素在画面中呈现出的形状，并进一步影响画面动势和画面平衡。因此画面取景在确定主体元素和主视觉区间的同时，还需要确定取景视角。在取景塑造中，优先考虑不同视角呈现出主体形状的差异对画面的影响，如图9-67所示。

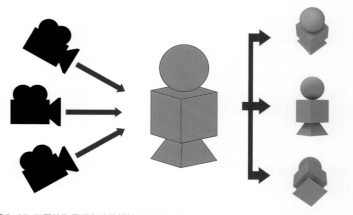

图9-67 不同的取景视角让同样的几何体元素呈现出不同的形状

在构图设计应用中，往往也结合画面主题的设计需要，选取不同的取景视角，从而影响主视觉区间元素呈现出的主要结构内容，并进一步影响外形的塑造。在图9-68所示的同样主题的三张场景氛围图中，第一张图采用了平视角取景，屋顶和墙面在画面中所占的比重均衡，两个元素共同构成画面的主要部分，整体建筑轮廓的表现力主导了画面；第二张图采用了俯视角取景，主体上方的屋顶形成画面的主要部分，屋顶轮廓的表现力主导了画面；第三张图采用了仰视视角取景，主体下方的墙面形成画面的主要部分，墙面结构的表现力主导了画面。

图9-68 取景视角可以影响画面主体呈现出的主要结构

选取不同的取景视角对设计主体呈现出的形式感有较大影响，尤其对角色的塑造影响较大。如图9-69所示，同样的角色，第一张图采用了平视角取景，呈现出的画面自然、均衡、稳定，但也较为平淡；第二张图采用了俯视角取景，呈现出的画面能够给人一种广阔、深远的感觉；第三张图采用了仰视视角取景，呈现出的画面具有高大、宏伟的感觉，以及很强的空间立体感和视觉冲击力。

图 9-69 不同的取景视角让相同的角色呈现出不同的形式感

9.5 画面动势

不同的画面架构形成了不同的点、线、面的组合关系，在内容较为复杂的画面中，往往具备较多层次的点、线、面的元素，并且起到相应的吸引注意力、引导视线的作用，因此在构图过程中，规划好画面中不同元素表现力的层次是呈现画面动势的前提。

不同形态的点、线、面在画面中往往呈现出不同的表现力，并且都具有影响视线的作用。表现力强、画面权重大的元素构成视线引导的主要因素；表现力弱、画面权重小的元素构成视线引导的次要因素，往往形成视觉干扰。在图9-70中，左图起到画面视线引导的主要因素是六角星，而右图起到画面视线引导的主要因素是聚合线条。

图 9-70 不同表现力的视线引导因素构成了画面的视线引导层次

在此基础上，视线引导的方向和趋势也受到不同表现力的影响。在图9-71中，左图向外的趋势线表现力强，视线引导形成由内向外的引导方向；而右图向内的趋势线表现力强，视线引导形成由外向内的引导方向。由此可见，决定画面视线引导方向及视线引导层次的因素是画面中元素表现力的权重。画面整体的视线引导方向由表现力强的视线引导因素决定。

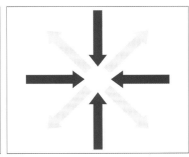

图 9-71 不同表现力的视线引导因素使画面呈现出不同的视线引导方向

制造画面动势的核心意义在于，利用不同的视线引导层次，使画面架构对视线的引导产生流动性，保持画面的动势，形成画面纵深，从而让视线在画面中能够运动起来，避免视线受困于某个画面区间，或形成较为单调的观察路径。因此在构图过程中，往往需要合理分配不同权重表现力的画面元素，使点、线、面对视线引导的作用形成层次关系，从而让引导视线的主要因素和次要因素也能够形成有序的层次关系，影响画面动势。

以不同元素表现力的强弱为基础，设计中主要通过以下方式影响画面动势。

1. 通过不同表现力的点影响画面动势

利用主要的点凝聚视线，利用次要的点影响视线，构成视线引导层次，从而影响画面动势。在图9-72中，左图中只有一个六角星，视线被引导聚焦于六角星上，因此画面缺乏动势；而右图在六角星之外有一个表现力较弱的圆点，对观察路径形成视觉干扰，因此画面能够形成动势特性。

图 9-72 左图凝聚性较强，而右图动势较强

在角色设计中，通过布置不同表现力的元素在角色造型中的不同位置，可以影响对角色进行观察的路径，从而进一步影响角色的画面动势。根据形象特征，图 9-73 中左图呈现自上而下的笔直观察路径，画面动势较为单调；而右图通过在腰间加入了具有一定表现力的药瓶，干扰了自上而下的笔直观察路径，画面动势较强。

图 9-73 左图观察路径层次单一，而右图观察路径层次丰富，形成较强的画面动势

利用不同表现力的点，同样能够影响静态场景的画面动势。在图 9-74 中，左图中的岩石集中于某个区间，画面并没有次要的元素将观者的视线引导开，因此视线受困于主体岩石所在的画面区间，画面缺乏动势；而右图在画面主体边缘也有一定分量的岩石，构成画面的次要元素，对观察路径形成视觉干扰，能够将视线从主体岩石上引导开，画面动势较强。

图 9-74 较为集中的岩石让画面缺乏动势，而分散排布的岩石形成较强的画面动势

利用不同表现力的点影响静态场景的画面动势还体现在景别层次的塑造中。在图 9-75 中，左图中的岩石只有单一的景别层次，因此视线被困于主体岩石所在的画面区间，画面缺乏纵深动势；而右图在主体岩石远处有较为模糊的岩石群，构成画面的次要元素，对观察路径形成视觉干扰，能够将视线从主体岩石所处景别的画面区间引导向远处景别的画面区间，画面动势较强。

图 9-75 较为单一的空间层次让画面缺乏动势，而丰富的空间层次形成较强的画面动势

2. 通过不同表现力的线与面影响画面动势

线或具有趋向性的面天然能够形成画面动势。利用主要的线或面凝聚视线，利用次要的线或面影响视线，构成视线引导层次，从而影响画面动势。在图 9-76 中，左图只有一条引导趋势线，画面的动势层次较为单一；而右图具有强弱不同的两条引导趋势线，较弱的线对主要观察路径形成视觉干扰，因此画面动势层次丰富。

图 9-76 左图只有单一的动势层次，而右图的动势层次较为丰富

在怪物设计中，通过布置不同方向、不同表现力的线在怪物造型中的位置，可以影响对怪物形象的观察趋势，从而进一步影响怪物形象的画面动势层次。根据形象特征，图 9-77 左图呈现自上而下 S 字形的观察路径，画面动势层次较为单调；而右图通过加入趋势方向不同并且具有一定表现力的线性尖刺，干扰了自上而下 S 字形的观察路径，画面动势层次较为丰富。

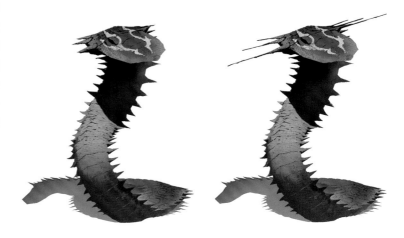

图 9-77 左图观察路径层次单一，而右图观察路径层次丰富，形成多层次的画面动势

利用不同表现力的线，同样能够影响静态场景的画面动势层次。在图 9-78 中，左图中的河流呈现出单一的 S 字形路径，画面并没有次要的线或面将观察的视线从 S 字形路径的趋势中引导开来，画面动势层次较为单一；而右图在主要的趋势方向之外，画面边缘的天际云彩及远处岩石构成较为模糊的线，形成画面的次要元素，对主要的观察路径形成视觉干扰，能够将视线从 S 字形路径的趋势中引导开，画面动势层次丰富。

图 9-78 只有河流的趋势塑造让画面动势层次较为单一，而加入了不同表现力的趋势线让画面动势层次较为丰富

3. 通过视线方向影响画面动势

视线是一种非实体的线条。当角色、怪物等形象作为画面主体时，主体的视线方向也能够影响画面动势。图 9-79 左图中角色视线正对画面，视线方向不明显，画面没有呈现出明显的动势特征；而右图角色的视线有了明显的方向性，画面呈现出一定的动势特征。

图 9-79 左图缺乏画面动势特征，而右图具有一定的画面动势特征

视线对于画面动势的影响较小，因此在设计应用中，结合画面主体的视线方向，加入具有一定表现力的注视的目标或让视线方向以具有实体结构的线或面进行塑造，都能够强调画面动势。在图 9-80 中，霸王龙的注视目标为手机，视线方向朝着自拍杆，通过画面中的实体元素，强调了视线方向对画面动势的影响。

图 9-80 视线方向往往结合实体结构线强调动势方向

4. 通过取景视角影响画面动势

取景视角的差异，能够影响到点、线和面在画面中的表现力和造型趋势。利用取景视角形成的画面架构差异能够影响画面动势。一方面，取景视角带来的畸变可以影响画面动势强弱。同样的长方体结构在较小透视视角取景中畸变较小，呈现出的画面动势往往较弱，而在较大透视视角取景中物体的畸变较大，呈现出的画面动势往往较强，如图9-81所示。另一方面，取景视角可以影响画面动势方向。同样的长方体，在水平取景视角下，画面动势方向呈现出水平趋势方向，而在倾斜取景视角下，画面动势方向呈现出倾斜的趋势，如图9-82所示。

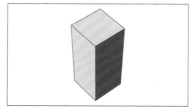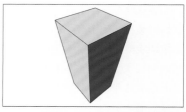

图9-81 畸变效果较细微的立方体，画面动势较弱；畸变效果较明显的立方体，画面动势较强

图9-82 取景视角可以影响画面的动势

在构图设计应用中，利用取景视角影响画面动势，在以线的表象为主导的画面架构中影响较为明显。图9-83是同样主题的两张场景氛围图，左图采用了平视角构图，长条形石柱赋予了画面动势特征；右图则采用了仰视角构图，画面架构呈现出自下而上的趋势性，所表现出的画面动势要强于左图。

图9-83 改变取景视角能够使同样主题的画面形成不同的画面动势特征

▋9.6 画面平衡

画面平衡是指画面中元素和元素之间、元素的趋势方向、元素的光影色调面积比例，以及元素和空间的分配关系。在塑造画面平衡之前，首先要对画面中的元素建立起画面重量的意识。在画面中，表现力强、画面权重大的元素要比表现力弱、画面权重小的元素重，体积大的元素要比体积小的元素重，颜色深的元素要比颜色浅的元素重，趋势方向的底端要比趋势方向的顶端重。在此基础上，通过分配不同画面重量的元素在画面中的不同位置构成倾向于平衡或倾向于失衡的画面。

在绘画和设计中，主要通过以下三种方式塑造画面的平衡倾向。

1. 对称的画面平衡

对称平衡是绝对的画面平衡、静态平衡，对称既是一种平衡方式，同时又是一种常见的画面架构形式。当画面中左右两侧造型元素的大小、形状、色彩及呈现出的表现力和位置趋于完全一样时，画面中的不同元素的重量形成平衡关系，便构成了对称的画面平衡，如图9-84所示。对称平衡可以是画面左右平衡，也可以是画面上下平衡，还可以是围绕着画面中的某个点形成的平衡。对称平衡所塑造的画面较安定，但同时也于缺少变化。

图9-84 左右两侧重量相等的天平呈现出平衡状态

图 9-85 中建筑的造型及其呈现出的色彩，以趋于左右对称的结构形式分布于画面中，形成了对称的画面平衡关系。

图 9-85 左右对称的画面呈现出平衡状态

上下对称画面常见于主体元素和元素在水中倒影共同结合所构成的画面中。图 9-86 中岩石及其呈现于水中的倒影，以趋于上下对称的结构形式分布于画面中，形成了对称的画面平衡关系。

图 9-86 上下对称的画面呈现出平衡状态

当画面中所有的元素形成围绕一个中心点分布的形态时，则形成旋转对称平衡。这种平衡状态在一些单体的纹饰设计中较为常见，如图 9-87 所示。

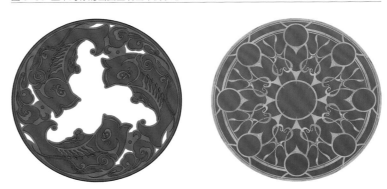

图 9-87 离心式、向心式、同心式排列的本质也是一种绝对的平衡状态

2. 画面重心的平衡

画面重心的平衡是相对的画面平衡、动态平衡，其核心在于不相同的外观形式元素构成等量的平衡状态。重心平衡犹如秤盘和秤砣的关系，虽然不像对称平衡那样完全一致，但仍然是画面上各种元素呈现出的不同重量相互支持或相互抵消而构成的整体平衡关系，如图 9-88 所示。影响重心平衡的因素包括形状、面积、色彩、影调、视线方向及元素所处画面中的位置，其中最重要的是形状、面积和位置。重心平衡根据画面元素内容，又可以分为单一元素画面的重心平衡与多元素画面的重心平衡，其中单一元素的形状是多元素画面重心平衡的基础。

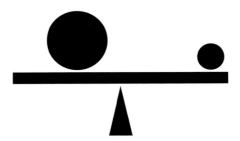

图 9-88 通过调整不同重量的元素与天平重心的位置，天平依然呈现出平衡状态

画面重心的平衡首先表现为单一元素画面的重心平衡。

影响单一元素画面的重心平衡的主要因素是单一元素形状所具有的趋势方向、动势、视线方向，以及单一元素所处的位置，也可以理解为元素造型与空间的一种平衡关系。

当元素造型具有明显的趋势方向特性时，单一元素形状所具有的趋势方向及其所处的位置是影响画面平衡的基本因素。将单一元素的趋势方向留出较大的空间，能够形成趋于平衡的画面构图。相反，若要塑造趋于失衡的画面构图，则让趋势方向前方留出的空间尽可能小，如图 9-89 所示。

图 9-89 趋势方向前方留白较多的画面较为平衡，趋势方向后方留白较多的画面较为失衡

图 9-90 中的树木呈现出的外观形式具有明显的趋势特征。左图树木趋势方向前方具有较大的留白空间，画面趋于平衡；右图树木趋势方向前方的留白空间较小，画面趋于失衡。

图 9-90 改变树木所在画面中的位置能够使同样的树木形成不同的平衡状态

具有趋势特征的元素往往能让画面形成较为明显的动势特征。当元素造型具有明显的动势特性时，动势方向的层次也能够影响画面平衡。单体元素的不同方向动势层次越多，画面越趋于平衡。若要塑造趋于失衡的构图，则应尽可能减少单一元素的动势层次，如图 9-91 所示。

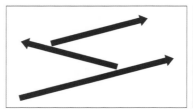

图 9-91 多层次倾斜趋势的画面较为平衡，单一层次倾斜趋势的画面较为失衡

场景的画面架构呈现出 Z 字形时具有明显的动势特征。图 9-92 左图中的远景较清晰，Z 字形的层次较为明显，多次蜿蜒转折的结构，让画面趋于平衡；右图远景较为模糊，Z 字形远处的层次被虚化，画面实质上形成趋于对角斜线的构图，画面只有较为简单的一个动势层次，因此画面趋于失衡。

图 9-92 塑造画面架构的趋势变化及不同层次形成的转折结构，能够使同样内容的画面形成不同的平衡状态

视线方向能够在一定程度上影响画面动势，因此视线方向及其所处的位置也能够在一定程度上影响画面平衡。在构图设计中，在角色的视线方向往往留出较大的空间，从而形成趋于平衡的画面构图。若要塑造趋于失衡的画面构图，则可以让视线方向前方留出的空间尽可能小，如图9-93 所示。

图 9-93 视线方向前方留白较大的画面较为平衡，视线方向前方留白较小的画面较为失衡

视线方向对于画面动势的影响较小，同样对于画面平衡的影响也较小。因此角色的视线方向往往结合角色的动态趋势方向共同塑造画面的平衡关系。图 9-94 中骑兵呈现出的动态具有明显的视线方向特征，骑兵的视线方向同时也是整体形状的趋势方向。左图骑兵视线方向及动态趋势方向前方具有较大的留白空间，画面趋于平衡；而右图骑兵视线方向及动态趋势方向前方的留白空间较小，画面趋于失衡。

图 9-94 改变骑兵在画面中所处的位置，让骑兵视线方向前方形成不同大小的留白空间，能够使同样内容的画面形成不同的平衡状态

画面重心的平衡其次表现为多元素画面的重心平衡。

影响多元素画面的重心平衡的主要因素是不同单一元素的趋势方向、色彩、分量大小和表现力，以及元素所处的位置。多元素画面的重心平衡主要表现在两个方面：一方面是平面空间平衡，即上下左右的平衡；另一方面是纵深空间的平衡，即前后景别的平衡。

将不同重量的元素分配在画面中上下左右的位置，能够塑造平面空间中的平衡关系。如将不同重量元素安排于画面的中心轴线两侧，让两侧的重量趋于均衡，则画面趋于平衡；相反，若要塑造趋于失衡的画面构图，让两侧的重量趋于失衡，则往往将元素集中安排于画面中心轴线一侧，如图 9-95 所示。

平面空间平衡不一定由垂直中心轴线构成，也可以由对角线构成。将不同重量的元素安排于画面对角线的两侧，则趋于平衡的画面构图；若将元素集中安排于画面对角线一侧，则趋于失衡的画面构图，如图 9-96 所示。

图 9-95 物件分置于两侧的画面较为平衡，物件集中于一侧的画面较为失衡

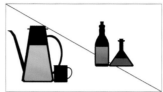

图 9-96 物件分置于对角线两侧的画面较为平衡，物件集中于对角线一侧的画面较为失衡

图 9-97 中的主要建筑呈现出明显的平面分布特征。左图建筑分布于中心轴线两侧，画面趋于平衡；而右图建筑则集中分布于中心轴线右侧，画面趋于失衡。

图 9-97 通过改变画面中不同元素的所在位置，让不同元素在画面中形成不同的分布特征，能够使同样内容的画面形成不同的平衡状态

强化不同画面重量的元素在不同景别层次中的色调对比，能够塑造纵深空间的平衡关系。将远处比重较大的元素赋予较浅的色彩，近处比重较小的元素赋予较深的色彩，能够形成趋于平衡的画面构图；相反，若要塑造纵深空间趋于失衡的画面构图，则往往尽可能弱化不同景别的色彩对比，如图 9-98 所示。

图 9-98 景别层次鲜明的画面较为平衡，景别层次融合的画面较为失衡

比较图 9-99 中造型相同的两张场景氛围图。左图不同景别之间有较浓的雾气，在空气透视的作用下，不同景别的色彩形成鲜明的对比，画面趋于平衡；而右图比重较大的远景整体处于大面积的阴影中，不同景别之间的色调较为接近，画面呈现出较强的压迫感，画面趋于失衡。

图 9-99 改变景别之间雾气的浓度能够使同样内容的画面形成不同的平衡状态

3. 取景视角的画面平衡

取景视角平衡的核心在于通过主观地倾斜取景角度，让画面形成不同的平衡状态。客观世界本身是一个平衡的画面，在此基础上，采用水平的取景视角观察客观世界，呈现出的画面往往具有平衡特性。通过倾斜的取景视角观察客观世界，必然呈现出失衡画面，如图9-100所示。取景视角一旦倾斜，客观世界中所有原本平衡的元素都会失去平衡。在设计中，常常利用这种方法，主动表现动荡不安、焦躁狂乱的主题。

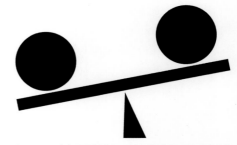

图 9-100 改变取景视角，原本平衡的天平呈现出失衡的状态

比较图9-101中主题相同的两张场景氛围图。左图采取水平的取景视角呈现画面，画面趋于平衡构图。右图采取倾斜的取景视角呈现画面，主体建筑的水平结构几乎垂直于画面，画面呈现出较强的不安定感，画面趋于失衡构图。

图 9-101 改变取景视角能够使同样内容的画面形成不同的平衡状态

9.7 画面留白

任何画面架构、画面取景、画面动势、画面平衡呈现出的图像，都是围绕着画面具有实体的主体进行塑造的，与之相应的留白也是画面构图的重要组成部分。

留白就是在作品中留下相应的空白空间。留白不等于完全的画面空白或完全的白色，也包括作为画面背景中色调、影调相接近的部分，从属于衬托画面实体元素的部分，并且直观地表现为弱对比关系的色彩搭配模式，通过较为朦胧的画面内容突出画面中的实体主体。常见的案例如背景中的蓝天和白云，其本质便是一种通过朦胧画面内容所形成的留白，如图9-102所示。

图 9-102 天空和白云常用于塑造画面的留白部分

不同的留白面积会让画面呈现出不同的效果，在构图设计应用中，主要通过控制画面中留白面积和画面主体面积的比例，对整体画面的塑造起到不同的作用。

1. 小面积的留白形成背景衬托

留白的基本作用在于衬托画面主体。画面的主体内容传达了不同的主题，而留白舍弃了画面中次要、繁杂、琐碎的内容，减少了不必要的内容对画面主题的干扰，因此通过留白形成的背景衬托可以对画面主题加以强调，突出画面的重点，如图9-103所示。

图 9-103 舍弃了背景元素，角色的造型较为突出

比较图 9-104 中主题相同的两张场景氛围图。左图的画面主体周围有许多次要元素，次要元素的形状干扰了画面的主体部分，使主体在画面中不是特别突出。右图通过大面积的雾气弱化了次要元素的形状，形成较大面积的留白，减少了次要元素对主体的干扰，主体较为醒目。

图 9-104 左图画面主体外观形式并不十分清晰，右图画面主体具有很高的辨识度

通过留白使画面主体醒目，可以进一步概括为弱化次要元素的节奏在画面中的表现力，进而强调画面主体节奏。图 9-105 中迸发的碎石呈现出较为散乱的变化节奏，节奏特征较弱，但留白背景的衬托，仍然可以体现节奏的变化特征。

图 9-105 一些技能特效往往以留白作为背景，强调技能呈现出的节奏感

2. 大面积的留白传达画面意境

留白的核心作用在于营造画面氛围。主体与留白部分在画面中是相互依存的关系，大面积的留白使空白成为画面的主体，虽然画面中的内容不多，但可以为观者提供想象的空间，从而营造画面的氛围，如图 9-106 所示。

图 9-106 大面积的留白让画面具有广阔的空间

比较图 9-107 中主题相同的两张场景氛围图。左图的画面主体周围留白较少，视线被束缚于画面主体部分。右图具有的大面积留白不但衬托了画面主体，还使整体画面形成较强的空间感，画面看起来更富有意境。

图 9-107 左图画面的留白部分单纯地起到了衬托主体的作用；右图画面的留白面积较大，使画面具有丰富的想象空间

CHAPTER

10

空间关系

SPACE RELATION

无论角色设计还是场景设计，在绘制设计方案时，大多要强调设计对象在立体空间中的构成关系，比如角色设计时需要塑造不同衣物、装备之间的层次，场景设计时需要塑造不同物体在不同景别中的表现等。尤其场景设计的本质是对空间关系的设计，因此在场景设计中，更强调空间关系的塑造表现。

10.1 正空间与负空间

　　空间关系包含了正空间与负空间两个层面，如图10-1所示。正空间是指画面中由具象的实体物体构成的空间，并且通过元素的形体结构表现出空间关系。塑造正空间关系也可以概括为通过塑造形体结构表现空间关系。负空间是指画面中不同物体之间的空间，也可以是特定结构造型形成的空间。

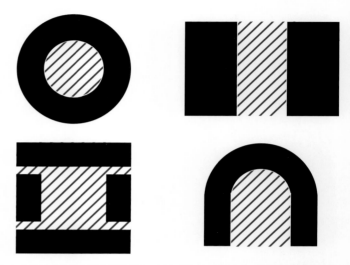

图10-1　画面中黑色的实体形状形成了正空间，以正空间为基础，线条所标示的区间形成了负空间

　　正空间与负空间的表象直观表现为图10-2中实体结构与空隙的关系，比如建筑废墟的门与窗、树枝与树枝之间形成的空隙、列车造型形成的镂空结构，都是通过塑造一定的封闭或半封闭的镂空结构，通过正空间的结构塑造出负空间的造型形态，强化空间表现。

图10-2　正空间与负空间在大部分情况下直观呈现出了正负形的关系

　　在较为简单的平面图中，正空间与负空间的表象直观地以正负形的形式呈现。利用造型结构塑造负空间，因正形结构的差异，相应形成的负空间形状也不同。在图10-3中，不同造型结构的门呈现出不同的正空间形状，对应不同形状的门也呈现出不同形状的负空间，而二者之间的关系，又同时表现为正形与负形的关系。

图10-3　平面层面中的正负空间关系，也表现为正负形关系

在场景氛围图设计中，正空间与负空间的表象表现为不同的景别关系。立体空间中不但具有平面层面的正负空间关系，还具有前后景别层面的正负空间关系。比如画面中建筑之间的镂空结构可以视作同一景别层次中的平面层面的负空间，而建筑与远处火山则形成了不同景别层面的负空间，如图10-4所示。

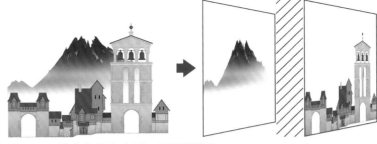

图10-4 正空间与负空间还表现为不同的景别关系

正空间与负空间对空间关系的塑造起着不同作用。正空间与负空间相辅相成，其中正空间的塑造表现是负空间塑造的基础。正空间与负空间的塑造形成画面中空间关系的基础框架和空间层次，能够赋予画面不同的空间关系，呈现不同的空间感受，对设计产生不同的作用。

1. 正空间塑造空间关系的框架

物体体积结构所具有的正空间塑造了空间关系的框架。同样的火车在不同形状的岩石背景中，呈现出了不同的空间结构关系。图10-5中左图的空间结构较为单薄，右图的空间结构较为丰富。

图10-5 不同造型的岩石与火车形成不同的空间关系框架

空间关系的框架还表现为，不同形状物体通过相似的摆放形式呈现出相似的空间关系框架。如图10-6中的三组物件组合，尽管物件分量、大小、题材有较大差异，但不同物件在空间中占据的相对位置相似，因此具有相似的空间关系框架。

图10-6 尽管画面中三组物件的整体外观形式差异较大，但仍然具有相似的空间关系框架

2. 负空间塑造空间关系的层次

不同物体之间的负空间塑造了空间关系的层次。相同物体通过在空间中相互之间距离的差异形成了不同的空间层次关系，并呈现出不同的空间层次感。图10-7中左图的空间层次感较弱，右图的空间层次感较强。

图10-7 不同的景别塑造形成了不同的负空间层次感

在场景设计中，通过负空间呈现正空间之间的空间层次感较为常见。在图10-8中，倒下的建筑与地形结构构成了场景中负空间的表象。左图建筑的镂空结构较少，呈现出的空间关系层次感较弱；右图的建筑具有较多的镂空结构，不但形成了丰富的正负形契合关系，也赋予了画面更多的空间层次。

图10-8 镂空的造型结构，能够丰富空间关系的层次感

在此基础上，透过负空间形成的层次关系，让不同正空间的层面结构产生运动，也可以进一步强化设计的层次感。在图10-9中，左图的整体车轮结构缺乏负空间层次，能够观察到的车轮的旋转运动较为直接，空间层次感较弱；而透过右图车轮的一些镂空结构，能够观察到内部车轮的旋转运动，空间层次感较强。

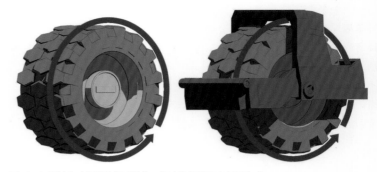

图10-9 透过负空间塑造运动结构，极大地增强了空间层次感

这方面的知识点在机械设计中较为常见，比如在图10-10中，透过外部黄色的装甲造型，能够观察到部分内部的机械齿轮、液压系统等可运动的机械结构，让主体更具有空间层次感。

图10-10 通过外层结构呈现内部的可运动结构，在机械设计中较为常见

10.2 正空间的塑造

负空间塑造是建立在正空间基础上的，因此塑造空间关系必然从由实体形状的正空间入手。正空间的表现核心在于对形体结构的塑造，有形状、有体积才有空间感，因此正空间的塑造也可以概括为通过对形体结构的塑造来表现空间关系。

在设计中，主要通过以下方式塑造正空间。

1. 通过素描和结构层次塑造正空间

素描基础练习中强调的形体关系的本质是强调对于空间关系的塑造。素描关系绘制得越深入，空间感越强，如图10-11所示。因此在游戏制作中，给予的烘焙光照的精度越高，光影层次越充足，渲染出的物体素描关系表现越充分，呈现出的画面空间感也就越强，画面越真实。

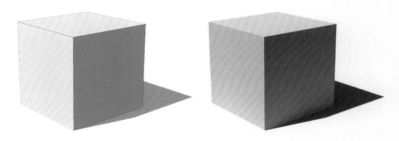

图10-11 左图素描绘制的深入程度较低，右图素描绘制的深入程度较高

当足够深入的素描关系应用于越复杂的造型结构中时，正空间的空间感越强。在图10-12所示的三组立体结构中，结构层次越丰富的画面，光影层次给予的空间感表现越强烈。因此在设计中，可以通过丰富元素的形体结构，来塑造空间关系的表现。

图10-12 丰富的结构可以让光影层次呈现得更加丰富

比较图 10-13 中三张整体形状相同的建筑模型图。在相同的渲染条件下，第一张图中体积结构的塑造较为概括，趋于简单的几何体，因此建筑的空间感较弱；第二张图深入塑造了一些结构层次，建筑的空间感较强；第三张图进一步深入塑造了一些结构层次，虽然在整体上对空间感的提升较小，但局部细微的光影层次变化，仍然使空间感有所加强。

图 10-13 建筑结构不断深入地塑造，使建筑呈现出的空间感得到不断加强

素描和结构层次的深入塑造是基础的绘画练习，扎实的素描和结构塑造能够充分地表现空间关系。除此之外，在设计中，还可以通过构成的方式表现设计对象的空间关系，即通过线和面可以塑造和强调空间关系。

2. 通过线塑造强调正空间

在点、线、面的知识点中了解到，线可以说明一部分的体积关系，从而塑造设计对象的空间关系。通过加强物体上具有的线造型可以塑造或强调正空间，线的特征越明显，正空间的空间感越强，如图 10-14 所示。

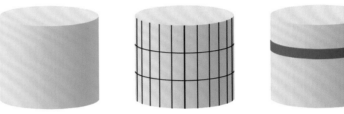

图 10-14 线的存在强化了圆柱体的体积感，能够塑造或强调正空间关系

以图 10-15 中同样体积结构的火箭筒为例，两张图都通过线进一步强调了设计对象的体积结构关系。相较于左图，右图的曲线纹饰使火箭筒圆柱体的体积结构更加明显，右图的正空间空间感更强。

图 10-15 相对于左图，右图线的造型特征更加明显

3. 通过面塑造强调正空间

在点、线、面的知识点中了解到，面可以直接塑造空间关系。通过加强物体上不同面的特征可以塑造或强调正空间，面的特征越明显，正空间的空间感越强，如图 10-16 所示。

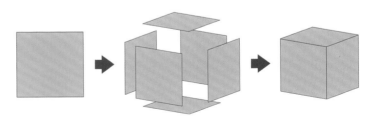

图 10-16 通过连续的面塑造体积结构表现正空间关系

以图 10-17 中同样体积结构的车辆为例，车辆不同部位的色彩涂装强调了设计对象的体积关系。相较于左图，右图色彩之间的对比关系更强，构成整体体积结构的面的特征更加明显，右图的正空间空间感更强。

图 10-17 相对于左图，右图不同面的对比关系更加明显

10.3 负空间的塑造

负空间的塑造是建立在正空间基础上的，负空间能够说明不同体积结构的相对位置关系，从而进一步表现正空间的空间层次。负空间的表现核心在于对不同元素相对位置关系的塑造，因此负空间的塑造也可以概括为通过对元素间距差异的塑造表现空间关系。

在设计中，主要通过以下方式塑造负空间。

1. 利用基础造型结构塑造负空间

一些特定题材所具有的基础造型结构天然能够形成负空间，设计中运用好这些题材是表现负空间空间关系的直接手段，比如镂空的窗户、门、拱形的桥洞，自然界中的一些风化形成镂空的岩石等，赋予设计对象一些负空间的结构形式，是塑造负空间的基础表现方式，如图 10-18 所示。

图 10-18 一些特定的形状具有负空间

在设计应用中，赋予设计对象一些类似的镂空或半封闭形状结构，往往能使单调的造型呈现出一定的空间层次感。如图 10-19 所示的武器设计图，其镂空或半封闭的造型结构，直观地形成了设计主体中的负空间表象。

图 10-19 镂空或半封闭的结构形成了负空间

在场景设计中，也经常利用特有的造型结构来表现空间关系。在图 10-20 中，便是利用桥梁的特定造型结构来塑造场景中负空间的空间感。

图 10-20 桥洞的结构形成了负空间

2. 利用不同形状的围合塑造负空间

当一些元素不具备形成负空间的结构形式时，可以通过对不同物件进行围合塑造负空间，例如图 10-21 中对多个四边形进行排列围合，也能够形成负空间。在此要注意的是，围合形状的相对距离不能太大，应尽可能让围合的形状形成一个整体。

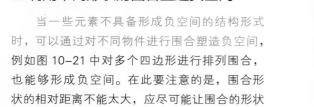
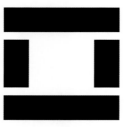

图 10-21 围合不同的形状能够形成负空间

利用不同形状的围合塑造负空间的方式在创作时自由度较大，几乎任何物体都可以以此方式塑造负空间。如图 10-22 中大小不一的岩石，通过针对性的围合摆放，形成了各种镂空的造型结构，构成了场景中的负空间。

图 10-22 通过围合不同形状的岩石，镂空的部分形成了画面中的负空间

3. 利用空间穿插塑造负空间

　　任何形状都可以通过前后遮挡穿插塑造负空间。穿插元素的趋势特征越明显，穿插的相交区间越大，则产生的前后负空间关系呈现得越强，如图 10-23 所示。利用空间层次塑造的负空间能够在结构上形成明显的景别关系，这是场景设计中十分重要的知识点。

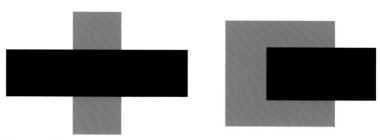

图 10-23　前后形状的穿插形成负空间，并构成了景别差异

　　比较图 10-24 中的三张图。第一张图中，大小不同的元素平行摆放，视觉上只能形成平面上的左右判断，说明不了相对的前后位置，无法在立体空间上呈现空间关系。第二张图中，可以很直观地看到纸箱、木箱与饮料瓶所处的相对空间位置，形成前后遮挡关系的结构形成空间穿插，表现出前后空间关系，利用空间穿插塑造了负空间。此外，在空间穿插的结构样式利用上，要尽可能避免轮廓嵌套轮廓的样式，这样会导致前景轮廓被远景轮廓稀释，形成不了空间穿插。比如第三张图中木箱和饮料瓶的轮廓包含在较大的纸箱之中，呈现出的负空间层次感并不强。

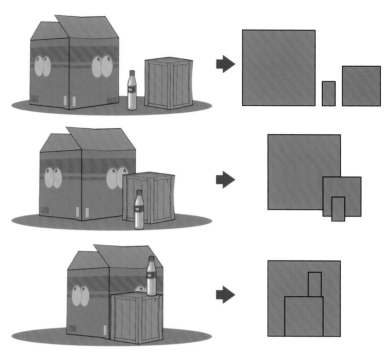

图 10-24　物体不同样式的组合关系，形成不同的空间关系

　　利用空间穿插塑造负空间呈现不同物体的空间关系，在表现画面中局部元素的空间构成上十分常见。一方面，要突出设计主体，不可能让所有的物件都具备镂空结构；另一方面，局部物件的间距较小，空气透视的作用微弱，难以利用空气透视表现相互之间的空间感。因此，空间穿插是塑造局部物件空间关系十分有效的方式，如图10-25 所示。

图 10-25　空间穿插在塑造局部物体空间关系上十分有效

　　在场景氛围图的设计中，空间穿插往往直观地表现为不同景别的轮廓的相互穿插，从而表现空间关系。在图 10-26 中，前景倒下的树干形成的横向轮廓与背景垂直的树木轮廓形成了空间穿插，塑造了前后景别的负空间关系。

图 10-26　不同景别轮廓的相互穿插，能够有效拉开景别层次

在场景设计中，对空间穿插结合基础造型形成的负空间、不同形状围合形成的负空间进行塑造，能够进一步丰富画面的空间感，画面呈现出的负空间关系更具空间感，如图10-27所示。

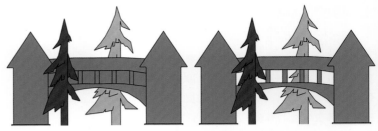

图10-27 镂空的结构结合空间穿插，使画面呈现出更多层次的负空间

4. 利用取景视角塑造负空间

在以上三种方式的基础上，可以通过调整设计对象的特定角度制造负空间。在设计中，可以利用相同结构在不同的取景视角形成的轮廓造型差异来塑造画面中的负空间。在图10-28中，同样的体积结构在左图中缺乏负空间表象，但在右图中经过视角调整后，体积结构形成的围合空间构成了负空间。

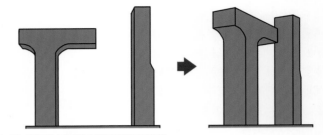

图10-28 取景视角能够影响造型的轮廓形状

在图10-29中，门洞形态结构在已经具备负空间表现的基础上利用仰视视角，让不同景别的门洞形成相互穿插，构成了更多大小不一的负空间形态。

图10-29 通过特定的取景视角，不同景别的元素呈现出更多的空间穿插

10.4 景别层次表现空间关系

景别也称取景范围，指由于取景位置与被塑造物体的距离不同，而造成被塑造物体在画面中呈现出的范围大小的区别。景别主要和取景位置及塑造物体的距离有关，它直接影响画面中主要景物的占位面积，如图10-30所示。

图10-30 取景位置与被塑造物体的相对距离越近，被塑造物体在画面中的占位面积越大

一幅内容丰富的画面，往往包含较多内容，并与取景位置形成远近不同的距离，构成了画面中的景别层次。在视觉上，通过景别层次可以说明不同物体和取景位置的距离，从而通过不同物体之间的负空间表现画面的空间关系，如图10-31所示。

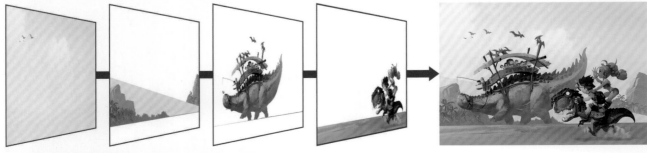

图10-31 内容丰富的画面景别层次丰富，由不同景别中表现力各不相同的元素构成

一般来说，取景范围可分为远景、中景、近景和特写，无论选用哪一种取景范围，塑造画面时往往会根据画面重点，将不同的景物纳入画面中，通过调整取景范围对画面内容进行取舍，重点表现某个景别层次的内容，从而更好地突出重点和塑造主题。

1. 以远景塑造为主

当取景位置和画面主体的相对距离较远，远景中的物体占位面积较大时，形成以远景塑造为主的画面，如图 10-32 所示。以远景塑造为主的画面具有广阔的视野、极强的视觉冲击力，充分展现出场景的空间感，常用来表现较大空间的整体氛围。

图 10-33 中的城市以远景塑造为主，充分展现出城市的恢宏气势及其所处环境的宽广辽阔。

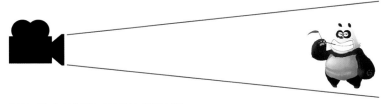

图 10-32 取景位置和主体的相对距离较远

图 10-33 远景的建筑群占据了画面中的较大面积

2. 以中景塑造为主

当取景位置和画面主体的相对距离适中，中景中的物体占位面积较大时，形成以中景塑造为主的画面，如图 10-34 所示。相较于远景塑造，以中景塑造为主的画面中的主体的面积比远景中的主体更大，更加能够强调画面主体所具有的重要地位，塑造画面的故事性。

图 10-35 中的废墟以中景塑造为主，能够对主体的体积结构、色彩、细节、材质等进行深入刻画，强调主体的存在感，并进一步通过主体传达出画面的故事性。

图 10-34 取景位置和主体的相对距离适中

图 10-35 中景的雕像和建筑废墟占据了画面中的较大面积

3. 以近景塑造为主

近景就是取景位置比中景更靠近画面主体，近景中的物体占位面积较大，形成以近景塑造为主的画面，如图 10-36 所示。近景的画面主体能够以更多的面积比例呈现于画面中，更容易表现主体的局部体积结构、色彩、细节、材质等，从而突出对象的具体外观形式特征。

图 10-36 取景位置和主体的相对距离较近

近景常用于塑造较小场景的画面，比如独立的单体设计是典型的近景塑造。图 10-37 中的路边摊以近景进行塑造，环境因素对画面主体的影响较小，更多以主体结构关系和固有色搭配为主。

图 10-37 单体设计是典型的近景塑造

4. 以特写塑造为主

特写塑造是取景位置比近景塑造更靠近画面主体，被塑造对象的局部充满了画面，如图 10-38 所示。利用特写塑造往往可以将画面主体的局部进行更深入地放大展示，更清晰地呈现主体的纹理、质感等细节特征。

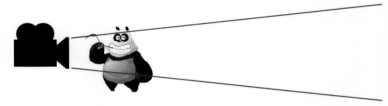

图 10-38 取景位置和主体的相对距离十分近

图 10-39 通过对巨龙头部的特写塑造，使其局部的体积结构、色彩、细节、材质等有更细腻的表现，并进一步呈现出夸张的造型和表情。

图 10-39 特写塑造使巨龙夸张的造型和表情得到更细腻的呈现

无论以哪一种取景范围塑造为主，不同景别的轮廓剪影形状都会直接影响到景别的层次感。赋予不同景别的轮廓剪影以不同繁简程度的对比，制造不同景别轮廓剪影外观形式的差异，能够让不同景别轮廓剪影的形状互为衬托，拉开景别层次。这在场景氛围图设计中直观地表现为不同景别轮廓节奏的对比。比较图 10-40 所示的两张图，左图前景森林轮廓剪影与背景岩石的疏密关系相似，不同景别之间层次感较弱；右图前景森林轮廓剪影在背景岩石相对简练的轮廓剪影衬托下，呈现出的画面景别层次更加鲜明。

图 10-40 左图不同景别轮廓剪影的节奏感相似，右图不同景别轮廓剪影的节奏感差异较大

10.5 透视参照表现空间关系

透视是在平面的画面中描绘物体的空间关系的方法或技术，能够在平面上表现立体空间。一方面，透视是绘画和设计的基础，绘画和设计离不开透视的应用；另一方面，透视让物体产生近大远小的表象，使观者能够对画面中元素之间的相对距离进行判断，从而表现画面的空间关系，如图 10-41 所示。

图 10-41 透视形成的近大远小的表象能够表现不同角色的空间关系

透视可分为一点透视、两点透视、三点透视，以及不太常用的四点透视和球面透视。同样的元素在不同的透视表现下，呈现出的外观形式有所差异，但透视呈现出的近大远小表象对于塑造空间关系的直接作用是相同的，如图 10-42 所示。

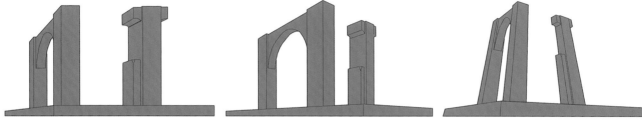

图 10-42 从左至右依次是一点透视、两点透视、三点透视

利用透视参照表现空间关系的核心在于以画面中的元素作为相对参照，通过对不同物体在空间中的相对位置做出判断，来表现空间关系。

1. 结构参照

以近大远小的表象为基础，让画面中的元素的结构沿着透视线方向形成线性排布，可以起到表现空间关系的作用。在图 10-43 中，相较于左图，右图沿着一点透视的方向，建筑造型具有更丰富的转折结构层次，强调了画面中的空间关系。

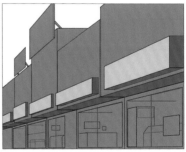

图 10-43 左图建筑结构层次较为单一，右图建筑结构具有丰富的转折层次

利用结构参照的核心在于延续结构所形成远近空间中的连续对比。如图 10-44 中岩石的裂缝走向、城门的结构走向，都是通过沿着透视线的排布方向塑造的延续结构，从而让场景直观呈现出近大远小的表象，表现画面空间感。

图 10-44 岩石的裂缝走向、城门的结构走向形成明显的延续结构

2. 相同物体视距参照

以近大远小的表象为基础，让画面不同空间位置以相同分量的造型作为比例参照，能够表现出空间关系。在不容易判断出相对比例大小的自然形态场景中，常用这种方法来表现画面空间关系。在图10-45中，左图的岩石在没有参照物作为对比的情况下很难判断其实际分量，难以判断岩石与取景位置的距离关系；而右图在角色比例映衬下便有了相对比例的判断，也就可以进一步通过近大远小的表象，判断岩石所在的大致空间位置，从而塑造空间关系。

角色作为视距比例参照的重要元素，在场景设计中，从画面中的角色作为场景不同景别层次对比参照物，便可以制造前景小恐龙与远景恐龙巴士在空间上相对距离的判断，从而表现场景中的空间感，如图10-46所示。

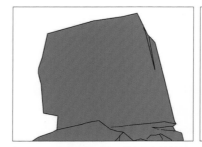

图10-45 左图无法对岩石做出分量的判断，右图能够直观地做出岩石分量的判断

图10-46 现实世界中人物的体形差异往往不大，作为表现空间关系的参照较为直观

3. 相似物体视距参照

在相同分量的造型作为比例参照条件下，利用能够直观判断出相对比例的元素，也可以表现空间关系。在图10-47中，近处的建筑和远处的车辆虽然分量不同，但仍然可以通过对两者近大远小的表象进一步判断画面中元素的大致空间位置。

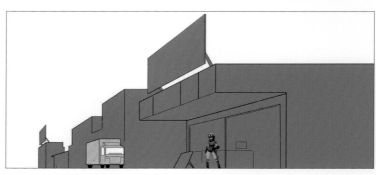

图10-47 现实世界中对人物和车辆的大小对比有较为清晰的印象

图10-48中近处的风车建筑占据画面的中心部分，旁边的角色作为参照，可以判断主体的分量与主建筑所在位置的空间关系。同时，画面中远处的飞船能够与角色形成比例大小的对比，于是也能够作为画面中的比例参照，表现画面的空间关系。

图10-48 近处的角色及远处的飞船能够表现画面中远近元素的相对距离

10.6 空气透视表现空间关系

空气透视也称作色彩透视，空气透视是光线通过大气层时，大气及空气介质对光线产生扩散作用，使人们看到近处的景物与远处景物、高大的远景不同区间呈现显著形状和色彩差异的视觉现象。空气透视的应用可以增强画面的空间纵深感，并进一步呈现出不同景别层次的空间距离感，从而表现画面的空间关系，如图 10-49 所示。

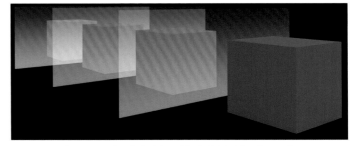

图 10-49 空气透视也可以理解为大气及空气介质对视觉起到的阻隔作用

形成空气透视的元素主要有大气、云层、雨、雪、烟、雾、尘土、水等，但在设计应用中，无论利用哪一种元素或多种元素共同塑造画面的空气透视，其对表现空间关系的作用是相同的，如图 10-50 所示。

图 10-50 从左至右分别通过雾、雨、尘土塑造画面的空气透视

空气介质的浓度直接影响空气透视的效果。形成空气透视的介质越稀薄，大气能见度越高，景物的清晰度也越高，但空间感越弱；形成空气透视的介质越浓厚，大气能见度越低，景物的清晰度也越低，但空间感越强。图 10-51 是内容相同的两张图，左图排列的坦克之间的空气介质较为稀薄，因此前后坦克之间的空间感较弱；右图排列的坦克之间的空气介质较为浓厚，因此前后坦克之间的空间感较强。

图 10-51 同样的元素、同样的级别层次，通过不同浓度的空气介质塑造的空间感有极大的差异

利用空气透视表现空间关系的核心在于利用空气介质对不同元素的形状和色彩产生影响，从而表现空间关系。

1. 空气透视影响物体形体结构层次变化

在空气透视的影响下，物体形体的繁简变化能够表现空间关系。在空气透视的作用下，近处物体的形体结构层次丰富、立体感强。物体越远，其形体结构层次越少，立体感减弱并渐变为概括平面状，呈现出前繁后简的表象，如图 10-52 所示。

图 10-52 在空气透视的作用下，不同级别中树木的形体结构层次有很大的差异

在远近形体结构层次变化的基础上，空气透视的作用进一步表现为远处高大物体受到空气透视作用弱的区域比近处受到空气透视作用强的区域的结构层次清晰、立体感强。比如远景的高山受到云雾影响较大区域的形体结构层次比较概括，如图 10-53 所示。

图 10-53 在空气透视的作用下，远景高山不同区域的形体结构层次有很大的差异

2. 空气透视影响物体形状虚实变化

在空气透视的影响下，物体形状的虚实变化能够表现空间关系。在空气透视的作用下，近处的物体外轮廓和明暗交界线的形状清晰。物体越远，其外轮廓和明暗交界线的形状越模糊，呈现出前实后虚的表象，如图10-54所示。

图10-54 在空气透视的作用下，不同级别中树木的形状虚实关系有很大的差异

在远近虚实变化的基础上，空气透视的作用进一步表现为远处高大物体受到空气透视作用弱的区域比近处受到空气透视作用强的区域的外轮廓和明暗交界线的形状更为清晰。比如远景的高山受到云雾影响较大区域的形状比较模糊，如图10-55所示。

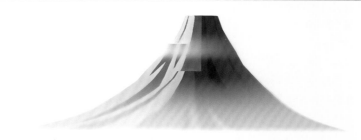

图10-55 在空气透视的作用下，远景高山不同区域的形状虚实关系有很大的差异

3. 空气透视影响物体色调深浅对比变化

在空气透视的影响下，物体色调的深浅对比变化能够表现空间关系。在空气透视的作用下，近处物体的明暗对比关系强，色彩丰富，层次明显。远处明暗对比关系弱，明暗色调渐变趋于接近而呈现一片灰色，整体色调呈现出前深后浅，色调对比关系呈现出前强后弱的表象，如图10-56所示。

图10-56 在空气透视的作用下，不同级别中树木的色调深浅对比有很大的差异

在远近色调深浅对比变化的基础上，空气透视的作用进一步表现为远处高大物体受到空气透视作用弱的区域比近处受到空气透视作用强的区域的整体色调更深，色调对比关系更强。比如远景的高山受到云雾影响较大区域的颜色较浅，色调对比较弱，如图10-57所示。

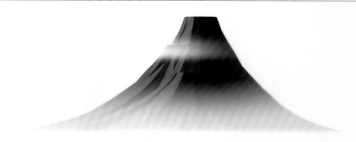

图10-57 在空气透视的作用下，远景高山不同区域的色调深浅对比有很大的差异

4. 空气透视影响物体颜色倾向变化

在空气透视的影响下，物体颜色倾向变化能够表现空间关系。在空气透视的作用下，随着距离的拉大、空气介质的色彩倾向对物体固有色的影响也越强。近处物体的颜色标准，更加接近物体原本的固有色。远处的颜色被空气介质弱化，逐渐偏离物体实际的固有色，呈现出前准后偏的表象，如图10-58所示。

图10-58 在空气透视的作用下，不同级别中树木的颜色倾向有很大的差异

在物体颜色倾向变化的基础上，空气透视的作用进一步表现为远处高大物体受到空气透视作用弱的区域比近处受到空气透视作用强的区域的颜色更接近固有色。比如远景的高山受到有色云雾影响较大区域的颜色倾向偏移较大，如图10-59所示。

图10-59 在空气透视的作用下，远景高山不同区域的颜色倾向有很大的差异

10.7 菲涅耳效应表现空间关系

菲涅耳效应是一种材质的反射和视角之间的现象。在真实世界中，大部分物体都有不同程度的菲涅耳效应，其通常发生在透明而且表面光滑的物体上，比如玻璃、水等。当视线垂直于物体表面时，物体的反射较弱，而当视线不垂直于物体表面时，夹角越小，反射越强，这就是菲涅耳效应。在设计中，塑造菲涅耳效应表象能够有效呈现取景位置和画面主体之间的相对空间关系，如图10-60所示。

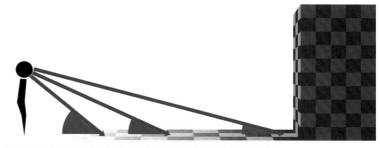

图 10-60 菲涅耳效应主要是由观察视线和物体之间的角度来决定的

在图 10-61 中，立方体从左至右依次改变取景视角，当视线与地面趋于垂直时，地面对立方体的反射最弱。依次改变取景视角，让视线与地面的夹角逐渐减小，地面对立方体的反射也逐渐增强。无论哪一种取景视角，都能够说明取景位置和画面主体位置的相对空间关系。

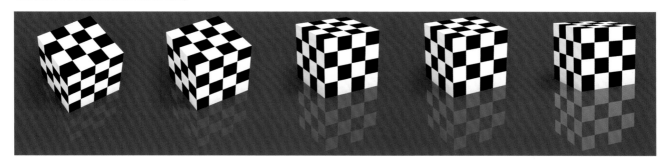

图 10-61 在不同的观察视角下，地面呈现出的反射表象有巨大的差异

透明物体的菲涅耳效应呈现出近处透明、远处反射强烈的表象。比如当观者站在岸边看前方的水面，水是透明的，反射不是很强烈，能够清晰地看到水底景象；如果看远处的水面，水并不是透明的，反射非常强烈，此时会看到反射景象，如图 10-62 所示。

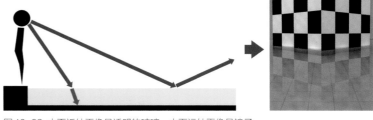

图 10-62 水面近处更像是透明的玻璃，水面远处更像是镜子

在此认识基础上，水波纹的表象实际上也与菲涅耳效应有关。水波纹起伏的两侧与观者的视线角度有明显的差异，因此波纹一侧的反射较强烈，而另一侧反射较微弱，趋于透明，如图 10-63 所示。

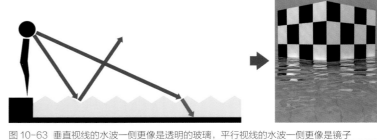

图 10-63 垂直视线的水波一侧更像是透明的玻璃，平行视线的水波一侧更像是镜子

菲涅耳效应塑造空间关系往往会结合平面切割将不同的反射层次分割开，使空间层次感更加明晰，如图 10-64 所示。

图 10-64 陆地分割了水面的不同反射层次

CHAPTER

11

光影环境

LIGHT AND SHADOW ENVIRONMENT

虽然传统美术中的素描、色彩基本功并不是学习概念设计的必要基础，但无论是角色设计还是场景设计，都需要通过塑造一定深入程度的素描关系，使设计主体呈现出一定的体积感、空间感来完成所要设计的画面。尤其在场景设计中，不同的光影环境能够使相同造型及相同固有色的题材呈现出完全不同的氛围，因此了解基本的光影环境知识也有助于概念设计的创作。

■ 11.1 光的基础知识

　　光源是塑造不同光影环境的基础，常见的光源主要有平行光和点光，比如太阳光就是典型的平行光，灯泡发出的光则是点光，如图11-1所示。平行光和点光并不是绝对的，比如在宇宙环境中，太阳本质上也属于点光源，但是地球只是接收了太阳的一小部分光线，距离又远，光线扩散角度非常小、趋于平行，所以相对于地表，太阳光是平行光。

图11-1 太阳光是常见的平行光，人造光源是常见的点光

　　此外，由于光子与物质分子相互碰撞，光子的运动方向发生改变而向不同角度散射，这种光称为散射光，比如天空光就是典型的散射光，如图11-2所示。

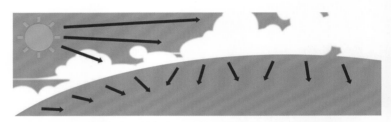

图11-2 太阳光通过大气时遇到空气分子、尘粒、云滴等质点时发生散射，形成天空光

　　不同类型的光源赋予我们所处的空间以不同氛围特征的光影环境。根据光源的不同，同特征光影环境大致可以划分为直射光环境、散射光环境、点光环境。比如晴朗天气是直射光环境；阴雨天气、沙尘天气、雾霾天气是散射光环境；夜晚依靠人造光源塑造的环境是点光环境，如图11-3所示。

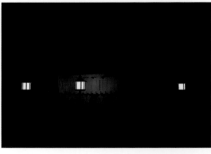

图11-3 相同的建筑在不同类型的光源照射下呈现出不同的氛围特征

　　不同光影环境具有不同特征的明暗对比，明暗层次的对比主要和主光源的类型，以及主光源、辅光、反射光的强弱有关。在图11-4中，比较第一张和第二张图，在只有一个直射光的环境下，物体的亮面亮度由主光源决定，是否有反光由附近的环境物体影响。假如所处的环境没有反射光，主光源光照强度越强，物体的明暗对比关系也越强，比如在太空环境中物体的明暗对比主要由受光面的亮度决定。比较第三张和第四张图，在具有反光的情况下，辅光及反光的强弱往往会影响暗部的亮度，从而影响物体的明暗对比。在第五张图中的散射光环境下，物体每个面受到的光照强度相似，物体几乎没有明显的明暗层次。

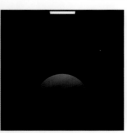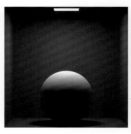

图11-4 相同的球体在不同的光照条件下呈现出的明暗对比、明暗层次有巨大差异

光线会发生反射。光的反射是指光射到物体上改变了光的传播方向。光的反射以物体表面的法线为基础，法线是始终垂直于某平面的直线。反射光线和入射光线分居在法线的两侧；反射光线和入射光线与法线处于同一平面上。反射角等于入射角。反射光线如图 11-5 所示。

图 11-5 同样角度的入射光线在水平和倾斜的表面上，反射出不同方向的反射光线

在光的反射中，光路是可逆的，理论上通过多次反射，可以使光线传播到主光源难以直接照射到的空间，如图 11-6 所示。实际上，光的反射会受到不同材质、不同色彩的反射率的影响，比如光滑的物体、明亮的色彩更容易反射光线，粗糙的物体、暗淡的色彩则不容易反射光线。

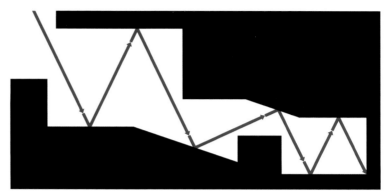

图 11-6 理论上光通过墙面不断反射，可以照射到房间较深的内部空间

在同样的色彩基础上，对光的反射起到主导作用的是材质。不同材质表面的组织结构不同，所具有的吸收光与反射光的能力也不同。光根据所接触到的物体材质的不同，可形成漫反射、镜面反射、折射、子面散射。

1. 漫反射

漫反射是指光投射在粗糙表面上，被粗糙的表面无规则地向各个方向反射的现象。其特征是当一束平行的入射光线射到粗糙的表面时，虽然入射光线互相平行，但由于粗糙的表面各点的法线方向不一致，会造成反射光线向不同的方向无规则地反射，这种反射的光称为漫射光，如图 11-7 所示。

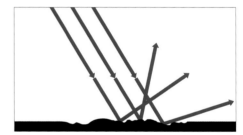

图 11-7 光照射到粗糙材质上产生漫反射

世界上大部分物体都具有不光滑的表面，因此光线通过漫反射从各个方向射入眼中，人们才能够观察到物体的体积和色彩。图 11-8 中阳光从左侧窗户照射到室内，照亮了地面，被照亮的区域在地面上形成了很明显的窗户形状；地面上的光线继续向周边进行反射，在墙面上形成了较弱的明亮区域；墙面上的光又继续反射到房间其他部分，从而使人们可以观察到房间的全貌。

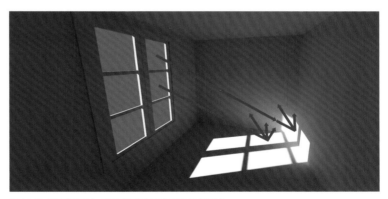

图 11-8 通过漫反射，光能够影响到房间的各个区域

2. 镜面反射

镜面反射也称作直接反射，是指光投射在光滑表面上，被光滑的表面规律性反射，形成了方向一致的反射现象。其特征是当一束平行的入射光线射到比较光滑的表面时，表面会把光线平行地向一个方向反射出来，反射后的光线也是相互平行的，如图 11-9 所示。

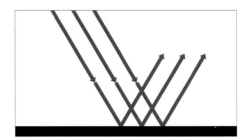

图 11-9 光照射到光滑材质上产生镜面反射

镜面反射在人造材质中较为常见，比如镜子、抛光的金属表面等。图11-10中阳光从左侧窗户照射到室内，照亮了光滑的地面，被照亮的区域在地面上形成了很明显的窗户形状；光滑的地面又将光线平行反射到墙面上，使没有直接被阳光照射到的墙面区域也形成了很明显的窗户形状的光斑。

图11-10 通过镜面反射，反射出的光能够集中照亮某个特定的暗部区域

3. 折射

折射是指光从一种透明介质斜射入另一种透明介质时，传播方向发生偏折变化的现象。当光斜射到透明材质上时，一部分光依然会产生反射，而一部分透过透明材质的光会发生折射。光的折射与光的反射一样，都发生在两种介质的交界处，只是反射光返回原介质中，而折射光则进入另一种介质中。由于光在两种不同物质里的传播速度不同，因此在两种介质的交界处，光的传播方向发生变化，折射光线向靠近交界处法线的方向偏折，如图11-11所示。

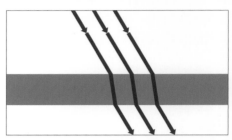

图11-11 光斜射到透明材质上产生折射

折射形象在液体中较为常见。当光从空气中斜射入水中时，折射光线向靠近水面法线的方向偏折，从而使斜插入水中的筷子在水下的部分看起来是向上弯折的，如图11-12所示。

图11-12 通过折射，插入水中的筷子看起来是向上弯折的

4. 子面散射

子面散射也称作次表面散射，是由材质内部散射光线的作用形成的，即当光进入物体之后经过内部散射，又通过物体表面的其他顶点射出的光线的传递过程。当光照射到半透明材质上时，不仅有漫反射、反射、折射，还有一部分光线进入之后在物体内部不断散射而形成子面散射。根据材质透明度的不同，光在材质内产生散射的次数也不同，从而形成不同强度的子面散射，如图11-13所示。

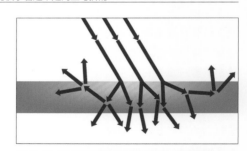

图11-13 光照射到半透明材质上产生子面散射

子面散射在半透明的材质中特征最为明显，它会让半透明材质内部的颜色更纯、更柔和、更通透明亮，并且通过溢出的光线影响到环境，比如蜡烛、宝石、皮肤等都有明显的子面散射现象，如图11-14所示。

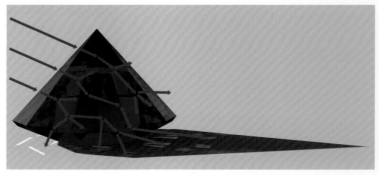

图11-14 通过子面散射，宝石及其投影呈现出较为丰富的色彩变化

随着光的传播距离越来越远，光的强度越来越弱，光影环境也逐渐变暗，即光照衰减。光照衰减首先与光源能量强弱有关：太阳光源太大，与我们的距离十分遥远，因此太阳光在晴朗天气的室外环境下几乎观察不到光照衰减现象；而大部分光源较近的光线，比如射入室内的自然光、大部分的人造光，光照衰减比较明显。在光照衰减的影响下，距离灯光越远的空间，环境越暗，物体明暗面的对比关系也越弱，其体积感也越模糊，如图 11-15 所示。

图 11-15 左图光源的能量较强，右图光源的能量较弱

光照衰减还表现在光照射物体表面进行了反射后的反光衰减，反射的光线由于能量较弱，衰减得更快，其中以漫反射最为明显。如图 11-16 所示，距离反光位置越远，物体表面所受到的反射光越弱，物体表面也越暗。因此在塑造不同的光影环境时，要考虑主光源的类型及光照衰减对物体的影响。

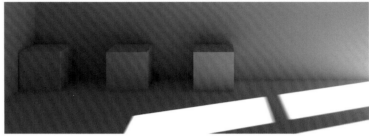

图 11-16 反射光的光照衰减较快，处于墙角的立方体几乎没有明显的体积感

在对画面的氛围进行塑造时，通过不同幅度的光照衰减来控制光所影响的画面区域，能够强调画面中某些元素的体积感，或者弱化体积感。图 11-17 的整体环境较为昏暗，画面中的怪物在昏暗的环境中体积感较弱，但在特定区域塑造了一些光源对其进行照明，使怪物具有一定的体积感；随着光照衰减，远离光源部分的体积感逐渐减弱，轮廓感逐渐增强。

图 11-17 通过控制光源能量的强弱强调或弱化物体体积感，是设计中常用的方法

11.2 阴影

有光就有阴影。当光照从一个方向照射到物体上时，必然在光照的反方向上形成阴影。一方面，在背光面上形成光线无法照射到的暗部，即轮廓阴影；另一方面，在放置物体的表面投下阴影，即投射阴影，承载投射阴影的表面称为承影面。

阴影是物体遮挡光线形成的，理论上阴影应该是绝对的黑色，但在地球上，阴影在绝大多数情况下都会受到散射光和反射光的影响，不会是黑色的，如图 11-18 所示。

图 11-18 在地球上，天空光和一些反射光是影响轮廓阴影和投射阴影明度的主要因素

而在太空环境中，由于没有大气的散射光影响，在没有反射光及辅光的情况下，轮廓阴影和投射阴影将呈现出统一的黑色，如图 11-19 所示。

图 11-19 在太空环境中，轮廓阴影和投射阴影几乎完全是黑色的

阴影的形状并不固定，受多种因素影响，决定阴影形状最重要的因素是光源的面积及光源与被照射物体的相对距离。面积大或距离较近的光源所形成的阴影边缘较为模糊，面积小或距离远的光源所形成的阴影边缘较为清晰，如图 11-20 所示。

图 11-20 左图阴影的边缘较为模糊，右图阴影的边缘较为清晰

一方面，在光源与被照射物体距离相同的条件下，当光源面积相对于被照射物体更大时，光源类型趋于散射光，照射到物体的光线会有较大角度的相交，阴影受到多个角度光线的影响，因此阴影较为模糊。逐渐缩小光源面积，照射到物体的光线的相交角度也会逐渐减小，影响阴影的光线也相应减少，使阴影逐渐变得清晰，如图 11-21 所示。

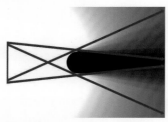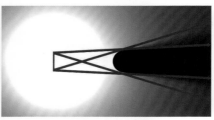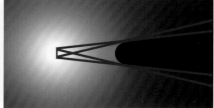

图 11-21 光源面积越大，阴影模糊区域的面积也越大；光源面积越小，阴影模糊区域的面积也越小

另一方面，在光源大小相同的条件下，当光源距离被照射物体较近时，照射到物体的光线会有较大角度的相交，阴影受到多个角度光线的影响，因此阴影较为模糊。逐渐拉开光源与被照射物体的距离，照射到物体的光线的相交夹角也会变小，影响阴影的光线也相应减少，因此阴影较为清晰。当光源距离与被照射物体足够远时，照射到物体的光线趋于平行，比如太阳距离地球非常远，因此在晴朗的天气条件下，太阳光是平行光，如图 11-22 所示。

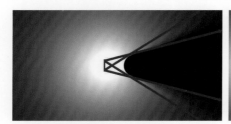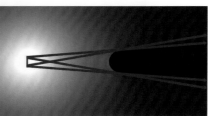

图 11-22 光源距离越近，阴影模糊区域的面积也越大；光源距离越远，阴影模糊区域的面积也越小

此外，照射于物体上的光线和承影面的角度也会影响投影的形状。当光线和承影面的夹角越小时，投影越长，面积越大；当光线和承影面夹角越大时，投影越短，面积越小，如图 11-23 所示。

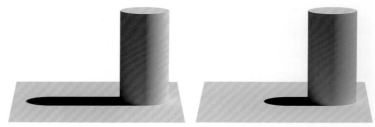

图 11-23 同样的圆柱体在不同太阳高度条件下，投影形状有较大差异

当物体相互之间的距离十分接近时，物体之间无法被直射光和反射光照射到的一小片阴影区域便形成闭塞阴影。闭塞阴影往往也是画面中最暗的部分，如图 11-24 所示。

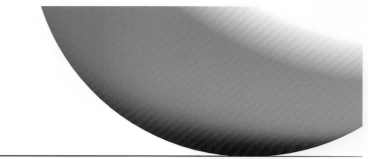

图 11-24 沿着球体的弧形表面，越接近球体与地面的接触面，光线的影响越弱

闭塞阴影常见于不同物体的结合处、缝隙，比如在房间两面墙相交的地方、物体放置于地面时与地面的结合处都可以观察到闭塞阴影。同样的物体在不同光影环境中，闭塞阴影不会有太大变化。在充分的光照环境下，物体无论是在直射光环境、散射光环境还是在点光环境中，呈现出的闭塞阴影特征都相同，如图 11-25 所示。

图 11-25 三张图都能够观察到差异不大的闭塞阴影；在散射光环境下没有明显的明暗对比时，闭塞阴影特征最为明显

11.3 光的吸收

物体不但可以反射光线，使我们可以看清物体的体积结构，不同固有色的物体还可以通过吸收一部分的光波并反射另一部分的光波，让我们看清物体的颜色，这取决于不同物体对光的吸收程度。

太阳发出的白光实际上是一系列波长的有色光的混合。白色光投射到具有任何颜色的物体上，往往都能够准确地呈现物体的固有色。当白色光投射到物体上时，白色的物体表面反射所有可见光，因而呈白色；黑色的物体吸收所有可见光，因而呈黑色；红色的物体表面会吸收除了红色光以外的所有可见光，只反射红色光，因而呈红色。同理，黄色物体只反射黄色光，蓝色物体只反射蓝色光，以此类推，如图 11-26 所示。

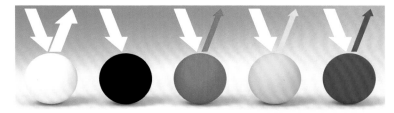

图 11-26 不同颜色的物体对光波进行选择性的吸收与反射，让我们能够观察到物体的颜色

在此基础上，当有色光照射到消色物体上时，物体的反射光颜色与入射光颜色相同。比如暖色光照射在白球上，白球呈暖色；冷色光照射在白球上，白球呈冷色，如图 11-27 所示。

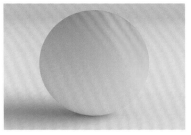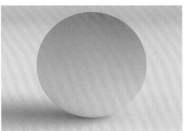

图 11-27 白色的球体受到有色光影响的区域，相应呈现出有色光的颜色

当两种以上有色光同时照射到消色物体上时，物体颜色呈现出两种有色光叠加后的颜色。比如红色光和蓝色光同时照射白色物体，该物体就呈紫色；红色光和绿色光同时照射白色物体，该物体就呈黄色，如图 11-28 所示。

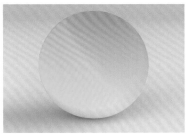

图 11-28 白色的球体受到多个有色光的影响，呈现出丰富的颜色变化

此外，有色光照射有色物体时，一方面，当光源色与固有色对比相同时，物体仍然呈现相应的颜色。一个物体呈红色，说明它反射红色光，吸收其他色光。用红色光照射它，则刚好反射红色光，物体看上去仍然是红色的。另一方面，当光源色与固有色的色彩对比跨度越大，则与固有色颜色相同的成分越少，被反射得越少，颜色越暗。用红色光照射蓝色物体，红色光中没有蓝色的成分让物体反射，同时物体吸收红光，会使物体看上去比实际更暗，如图 11-29 所示。

图 11-29 红色的球体在只有红色光的环境中，颜色才会几乎融为一体；蓝色的球体在只有红色光的环境中颜色才会变得更暗，呈现出较高的辨识度

在场景设计中，利用光线影响物体的颜色较为常见，比如主光源决定受光面的颜色，而天空光往往决定背光面的颜色。图 11-30 中，在晴朗的正午，沙漠中白色建筑的受光面在太阳白光的影响下呈现出白色，而建筑的背光面在蓝色天空光的影响下，色彩偏向于蓝色；在傍晚时，由于太阳蓝色的光波被消耗掉了，主光源呈现出橘红色，建筑受光面也相应呈现出橘红色，而随着蓝色光波进一步被消耗，天空越偏向于红色，因此建筑背光面在红色天空光的影响下，色彩偏向于红色。

图 11-30 白色的物体较容易受到外界环境光的影响，从而呈现出不同的颜色

有色光对物体色彩的影响往往在人造光环境中最为明显。比如图 11-31 中的环境被红色灯光笼罩，受到这些红色光线的影响，整体画面色彩偏向于红色。

图 11-31 人造光几乎可以是任何色彩的有色光

白色的光碰到什么颜色的物体，该物体表面就会相应反射出什么颜色的反射光，而这些反射光又能够通过辐射效应到达其他物体表面，进一步影响其他物体的色彩，即相邻物体颜色的相互影响。比如白色光照射到白色球体表面，球体整体应该呈现出白色，但同时，白色光投射在红色和绿色墙面的反射光分别影响了球体左右两侧较为接近有色墙面区域的颜色，如图 11-32 所示。

图 11-32 球体靠近红色墙面的部分呈现出红色，靠近绿色墙面的部分呈现出绿色

辐射效应在场景设计中经常表现为反射光对物体颜色的影响。比如当太阳光投射到岩石和地面上时，岩石和地面的反射光会相互影响它们呈现出的色彩倾向。比较图 11-33 的三张图。在第一张图中，一方面，红色的岩石影响了地面投影的颜色，使其呈现出红色；另一方面，岩石暗部色彩受到地面白色的反射光影响，变得更亮，同时洞窟中同样的红色在物体之间相互影响，又让色彩变得更纯。在第二张图中，当岩石固有色和地面固有色较为接近时，不同物体的固有色和反射光的相同成分较多，因此颜色变化较小。在第三张图中，当岩石固有色和地面固有色差异较大时，不同物体的固有色和反射光的相同成分较少，地面投影区域和岩石暗部的颜色受到反射光影响，颜色变化较大，变得更暗。

图 11-33 在相对封闭的洞窟中，场景暗部几乎不会受到天空光颜色的影响，因此物体的颜色通过辐射效应影响暗部的颜色倾向比较明显

讨论相邻物体颜色的相互影响，还需要考虑色彩明度反射率的因素，白色光投射在明度较高的红色墙面上，墙面能够反射出更多的红色光的反射光，反射光照亮了球体左侧，呈现出明亮的红色；而白色光投射在明度较低的红色墙面上，明度较低的红色墙面吸收了大部分的白色光线，因此反射出的光线对球体右侧的影响较小，如图11-34所示。

图11-34 高明度的颜色容易对周围物体的色彩产生较强的影响，低明度的颜色则影响较弱

因此在场景设计中，也要考虑不同相邻色彩的明度对颜色变化的影响。比如当太阳光投射到不同类型的地面上时，地面颜色的反射率会影响到飞机残骸暗部的色彩倾向。图11-35中左图金黄色的草地明度较高，飞机残骸暗部受到其反射光的影响较大，颜色的变化较为明显，呈现出金黄色；右图深褐色的草地明度较低，飞机残骸暗部受其反射光的影响极小，依然呈现原本的色相。

图11-35 机翼下方的色彩主要受到草地反射光的影响

11.4 不同光影环境的塑造

不同类型的光影环境可以使同样物体的外观形式呈现出极大的差异，但基本上可以归纳为直射光环境、散射光环境、点光环境，并且结合光线的反射、投影特征、光的吸收、光的辐射等知识点对画面进行塑造。

1. 直射光环境的塑造

直射光环境中除了有方向明确的主光源外，大部分情况下还有辅光源。比如在晴朗的天气条件下，太阳光便是直射光环境的主光源，天空的散射光便是直射光环境的辅光源。直射光环境的特征是，环境中的物体具有界限分明的明暗区域及突出的明暗反差对比，如图11-36所示。

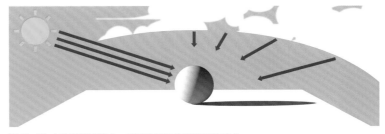

图11-36 在直射光环境中，球体有明显的明暗反差对比

在直射光的影响下，被直射光照射的木桶有清晰的明暗面对比及投影形状，明暗面过渡形成明显的明暗交界线，如图11-37所示。

图11-37 直射光环境中的木桶有清晰的投影形状及明显的明暗交界线

直射光环境一方面能够有效地呈现画面的体积感和空间感；另一方面利用主光源的光照方向，让光照形成的明暗面能够对画面主体进行平面切割。图11-38中的建筑在强烈的直射光照射下，明暗面的对比反差让建筑有较强的体积感，同时暗面的形状和色彩融合于统一的暗色调中，亮面的形状和色彩也融合于统一的亮色调中，通过光影对比塑造了画面的平面切割关系。

图11-38 直射光环境中，建筑的体积特征较为明显

2. 散射光环境的塑造

散射光环境没有明确方向的主光源。比如多云的天气，天空光便是散射光环境的主光源。散射光环境的特征是，环境中的物体没有明显的明暗界限区分，物体无显著的明暗反差对比，如图11-39所示。

图11-39 在散射光环境中，球体没有明显的明暗反差对比

在散射光的照射下，木桶没有明暗面区分，投影的形状也模糊，整体的轮廓阴影呈现出柔和渐变的状态，如图11-40所示。

图11-40 散射光环境中的木桶没有清晰的投影形状和明暗交界线

因为散射光环境的光线较为柔和，没有强光的干扰，画面色彩的饱和度也相对更高一些，因此塑造散射光环境的画面以表现色彩为主。图11-41中的建筑在散射光的照射下，体积感虽然较弱，但画面中不同大小、不同形状、不同对比关系的色彩构成了塑造画面的主导因素。

图11-41 散射光环境中，建筑的色彩特征较为明显

3. 点光环境的塑造

单一的点光环境具有明确方向的主光源。当环境中存在多个点光源时，则要比较多个点光源能量的强弱及与被照射物体的距离，判断主光源的方向。比如夜晚的灯光中，较为明亮、距离物体较近的光源便是点光环境中的主光源。点光环境的特征是，环境中的物体受到光源强弱及距离的影响，在光照影响的范围内相应地呈现出明暗界限区分和明暗反差对比，如图11-42所示。

图11-42 在点光环境中，球体被较为明亮、距离较近的光源影响，呈现出明显的明暗反差对比

如图 11-43 所示，在点光的照射下，木桶在有限的区域范围内有明显的明暗面区分，光源的距离会极大地影响投影的形状，木桶的阴影会沿着光线照射的方向扩散出去。距离光源越远，投影的宽度越大，同时，明暗面过渡也能够形成明显的明暗交界线，但随着光照的衰减，明暗交界线逐渐模糊。

图 11-43 点光环境中木桶的投影呈现出扩散形状，明暗交界线呈现出从清晰到模糊的变化

因为点光源的光照衰减较为明显，点光源影响物体的区域较为有限，因此塑造点光环境的画面，一方面要结合光照衰减的知识点，选择性地强调某些区域的体积，或者弱化某些区域的体积；另一方面，利用点光源的分布，能够对画面中的元素进行选择性的强调，从而让点光源及其所照亮的区域形成画面的视觉中心。如图 11-44 所示，当画面整体处于阴影中时，洞窟中的一部分元素在点光的照射下，有限的区域呈现出较强的体积感，同时部分物体的自发光形成的点光源形成了画面的视觉中心。

图 11-44 中间器皿发出的点光，强调了洞窟部分区域的体积并且形成了画面的视觉中心

直射光环境、散射光环境、点光环境并不是绝对的，而是相对的。在图 11-45 中，直射光照射一堆木箱所形成的阴影区域，本质上可以理解为直射光环境中的散射光环境。此时处于木箱阴影中的木桶主要受到来自天空散射光的影响，呈现出散射光环境下的特征。

图 11-45 处于阴影中的木桶呈现出散射光环境下的特征

在阴影内部利用点光源照亮木桶，则构成了阴影中散射光环境下的点光环境。此时点光形成了木桶的主光源，使阴影处的木桶呈现出较强的体积感，如图 11-46 所示。

图 11-46 利用点光照射处于阴影中的木桶，使其呈现出点光环境照射下的特征

因此塑造光源较多的氛围图时，需要充分考虑整体氛围的光照特征及局部的光照特征。图 11-47 中整体环境被右上方的直射光照射，角色形成了明显的明暗面对比。在此基础上，远处地面的火焰所形成的点光源则影响了远景中坍塌废墟的环境光照特征。

图 11-47 太阳的直射光是画面中的主光源，火光是次要光源

11.5 光照方向

主光源的位置与观者取景的视角决定了光照方向。有明确主光源的画面会受到光照方向极大的影响，使同样的物体呈现出不同的外观形式，进而影响画面的表现，以及由此产生的画面情绪。

1. 正面光的光照方向

正面光也称平光或顺光，光源位于取景位置的正后方。正面光的特征是，在正面光照射下的物体阴影较少，整体画面被大面积的光照所笼罩。利用正面光塑造的画面往往较为平淡，缺乏体积感和空间感，同时正面光也能够有效地弱化物体的细节，使画面相对更加柔和，如图 11-48 所示。

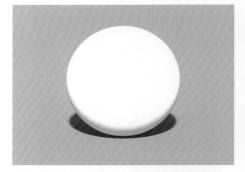

图 11-48 正面光照射下的白球几乎只呈现亮面层次

利用正面光照射火龙头像，头部受光均匀，没有明显的阴影，画面中大量的细节被光照弱化，整体画面被统一于亮色调中，如图 11-49 所示。

图 11-49 正面光照射下的火龙头像整体色调较为明亮

在场景设计中，正面光使场景能够统一于较为明亮的明度色调区间中，使画面整体性较强，但同时也较为缺乏体积感、空间感。因此利用正面光塑造画面时，往往要利用透视参照的作用来塑造画面的空间关系，如图 11-50 所示。

图 11-50 正面光照射下的场景，画面色彩统一于亮色调中

2. 背面光的光照方向

背面光的光源位于取景位置的正前方。背面光的特征是，在背面光照射下的物体阴影较大，画面以剪影的形式呈现。在背面光的照射下，画面主体的细节被阴影弱化，同时画面主体与光源能够形成鲜明的明暗对比。因此在利用背面光塑造画面时，以强调轮廓剪影的节奏为主，如图 11-51 所示。

图 11-51 背面光照射下的白球几乎只呈现暗面层次

利用背面光照射火龙头像，巨龙的面部完全处于阴影中，并且头部呈现明显的轮廓剪影特征如图 11-52 所示。设计中往往用背面光来塑造神秘、诡异、悬疑的主题。

图 11-52 背面光照射下的巨龙头像的轮廓剪影特征最为强烈

在场景设计中，背面光使场景中的元素能够统一于阴影形成的暗色色调区间中，同时使场景不同景别的元素与背景都能形成明显的明暗对比，场景中不同景别的轮廓剪影节奏变化的塑造成为画面表现的重点，如图 11-53 所示。

图 11-53 背面光照射下的场景，画面不同景别的轮廓剪影拉开了空间层次

3. 侧面光的光照方向

侧面光的光源位于取景位置的左、右两侧。侧面光的特征是，在侧面光照射下的物体有明显的明暗面。利用侧面光所塑造的画面往往明暗面层次分明，能够有效地表现体积感和空间感，如图 11-54 所示。

图 11-54 侧面光照射下的白球明暗面层次分明

利用侧面光照射巨龙头像，层次分明的明暗面让头像表现出强烈的体积感，如图 11-55 所示。

图 11-55 侧面光照射下的巨龙头像有较强的体积感

在场景设计中，侧面光使场景中的元素能够
具有明显的明暗面层次对比，有效地塑造场景的
空间感，同时能够兼顾色彩在画面中的表现，如
图11-56所示。因此侧面光在场景设计较为常用。

图 11-56 侧面光照射下的场景，画面不同景别物体的层次感都较为分明

4. 顶光的光照方向

顶光的光源位于画面主体的正上方。顶光的特征是，主光源的光线几乎
与被照射物体垂直，光照强烈，物体的顶部受光多，垂直面受光少，投影较短。
利用顶光所塑造的画面往往能够使画面主体形成较大的明暗反差对比，有较
强的舞台效果，如图 11-57 所示。

图 11-57 顶光照射下的白球，上下明暗面层次分明

利用顶光照射巨龙头像，一方面强烈的明暗
对比使头像表现出强烈的立体感，另一方面在这
种灯光照射下，巨龙头像也被赋予了一定的戏剧
性和神秘感，如图 11-58 所示。

图 11-58 顶光照射下的巨龙头像有较强的舞台效果

场景设计中较少使用顶光，但通过顶光形成
的舞台效果，能够强调画面主体的存在感，如图
11-59 所示。

图 11-59 顶光照射下的飞机有较强的舞台效果

5. 底光的光照方向

底光的光源位于画面主体的正下方。底光的特征是，主光源的光线几乎与被照射物体垂直，光照强烈，物体的底部受光多，垂直面受光少，承影面在画面顶部比较不常见，因此底光照射下的画面主体往往没有投影。利用底光塑造的画面也能够使画面主体形成较大的明暗反差对比，同时会让常见的物体呈现出反常的效果，如图 11-60 所示。

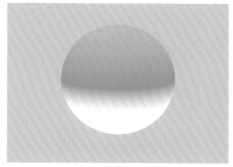

图 11-60 底光照射下的白球，上下明暗面层次分明

利用底光照射巨龙头像，一方面强烈的明暗对比使头像表现出强烈的立体感，另一方面在这种灯光照射下，巨龙头像呈现出诡异、邪恶、恐怖的特点，如图 11-61 所示。

图 11-61 底光照射下的巨龙头像看起来较为恐怖

在场景设计中，底光比顶光更少使用，场景设计中的底光往往表现为位于画面下方大面积的点光源。底光带来的反常效果能够使画面呈现出神秘、诡异的气氛，如图 11-62 所示。

图 11-62 底光照射下的场景看起来较为神秘

CHAPTER

12

概念的传达

CONVEY CONCEPTS

绘画与概念设计在表现上有相似之处，都需要绘画技能和审美能力，但两者从专业的目标角度来看又有着本质的区别。对于绘画，绘画作品本身就是最终的产品；而对于概念设计，最终的产品并不是所画的内容，而是在所画的内容指引下生产出的产品。其中概念是思维活动的产物，设计的核心在于传达思维活动。所有通过绘画或非绘画手段呈现出的造型、色彩、氛围等表象，都是为了传达产品的最终效果，绘画只是传达概念的一种手段，但不是必要手段。因此这部分知识点的核心在于如何正确地传达概念，即传达对产品的最终效果所进行的思维活动。

12.1 建立概念传达的认同感

概念设计不能随心所欲、凭空想象地进行，必须以客观事物为基础，并在广泛的认知条件下进行，这样才能保证设计出的画面具有广泛认同感。客观事物是概念设计的原材料，概念设计出的画面能否有效地传达思维活动的产物，关键在于能否有效地建立认同感。认同感的建立是概念设计的必要条件。

1. 考据设计对象结构的正确性与可行性

在设计中，往往会遇到各种题材的设计要求，如植物设计要求、动物设计要求、机械设计要求……这就要求设计图能够直观地呈现植物结构、动物结构、机械结构及其生长规律、工艺实现、运作形式，即要求设计师在设计某个题材时必须具备相应的知识积累。

一方面，进行创作塑造时考据设计对象结构的正确性能够建立认同感。在结构正确的客观世界所存在的结构基础上，才可能塑造出具有说服力的设计方案。以建筑设计为例，无论哪种建筑，都要考据其作为建筑结构塑造的逻辑，而这些逻辑又是相同的。比较不同文化背景下的建筑结构，虽然建筑外形有较大的文化特征差异，但都具备地基，起到支持结构的立柱、墙面、横梁、屋顶等建筑结构形式，如图12-1所示。

图12-1 不同文化背景下的建筑风格差异较大，但基本的建筑结构形式是一致的

即使在设计一些现实中不存在的建筑时，也应该遵循建筑结构逻辑。如图12-2中的建筑，鳄鱼的皮构成了屋顶，部分动物的骨骼构成了支撑建筑的结构，起到立柱的作用，其建筑结构逻辑依然是由设计应用中熟知的建筑结构逻辑转化而来的。

图12-2 建筑所应用到的材料为动物的骨骼、皮等元素，但依然符合建筑结构逻辑

另一方面，进行创作塑造时考据设计对象结构的可行性能够建立认同感。比如在塑造一些非现实中存在的设计对象时，赋予其一些现实中的元素，能够让人觉得这是可信的且可行的。现实中并没有如图12-3所示的四足挖掘机，但构成它的液压系统、传动装置都来源于现实，这些装置使挖掘机的运作结构具有可行性，从而让非现实中存在的挖掘机具有功能实现的可行性。

图12-3 四足挖掘机的液压系统、传动装置等照搬了现实中挖掘机的结构

但在设计中，考据设计对象结构的正确性和可行性时，也应避免过分考据客观事物。在传达概念设计时，考据客观事物应以其最核心的外观形式所带来的认同感为参照依据。在塑造图 12-4 中机翼的结构时，并不能精确地考据机翼是否符合飞行的空气动力学原理，但在设计中，机翼元素给人带来能够飞行的感觉，从而传达出设计对象具有飞行功能的信息。

图 12-4 大部分飞行器设计都具有机翼元素，传达出能够飞行的运作逻辑

2. 以广泛认识的元素作为设计取材的基础

概念设计以客观事物的存在为创作基础，若选用的取材元素比较不常见，观者会因为知识盲区的限制而不容易建立画面认同感。以广泛认识的元素作为设计取材的基础进行创作能够建立认同感。比如在涉及拉丁美洲古代印第安文明的设计中，若以木制棍棒、黑曜石作为创作基础，很难让对其文化没有深入了解的人明白这些元素与印第安文明的联系，较难建立画面认同感，如图 12-5 所示；而以玛雅金字塔、阿兹特克纹饰作为其创作的基础，则较容易建立画面认同感，如图 12-6 所示。

图 12-5 拉丁美洲古代印第安文明没有发展出铁器，因此武器以木制棍棒、黑曜石为主

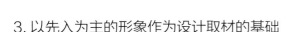

图 12-6 有较为基础的历史知识积累即可识别玛雅金字塔及阿兹特克纹饰

3. 以先入为主的形象作为设计取材的基础

以先入为主的形象作为基础进行创作能够建立认同感。比如在人们的印象中，恶魔的外形特征是具有各种较为夸张的角，而天使的外形特征是身后有翅膀。这些外形特征是辨识形象的重要依据，而这些依据是人们先入为主的对恶魔和天使的形象特征进行的定义，由此形成的一些约定俗成的形象，如图 12-7 所示。

图 12-7 无论哪种风格的恶魔或天使都有角或翅膀作为特定元素塑造其形象特征

4. 避免产生设计歧义

避免使用一些容易产生设计歧义的元素进行创作能够建立认同感。如图 12-8 所示，唐刀（左）和日本武士刀（右）外形较为相似，大部分人会将唐刀误认为日本武士刀。因此在难以避免类似设计歧义的情况下，往往会通过修改装饰的方式尽可能消除设计歧义。

图 12-8 加入一些其他装饰物可以削弱设计歧义，但不能从根本上改变设计歧义的影响

12.2 外观形式的印象提炼

人们对不同形象的客观物体都有一定的固定印象，概念设计是在广泛认知的条件下，以客观事物作为基础进行提炼创作的。一方面，设计师在客观物体呈现出的形象中提取设计元素；另一方面，设计师也对创作出的画面，通过表现出的形象传递出不同的设计主题。因此元素外观形式留给人们的印象是传递设计主题方向的桥梁，如图12-9所示。

图12-9 人们对一些基础的几何形状或一些具象的物体形状都有着固定的外观印象

人们对客观物体的印象是建立在对自然演化、生物生长规律、社会发展、人文差异等的认知基础上的。在此基础上，以元素的形状、色彩或排列节奏为基础，从不同的观察角度亦可归纳出不同的印象，如时代印象、地域环境印象、文化符号印象、行为印象、自然规律印象、功能印象等。

1. 时代印象

具有不同时代特征的元素能够让人们产生不同的时代印象。不同的时代有着符合相应时代背景下的科技、工艺、文化，因此一些明显有时代背景特征的元素造型，会让人产生时代印象。比如不同外观形式的交通工具呈现出的不同科技水平，给人以不同的时代印象，如图12-10所示。

图12-10 不同的交通工具能够让人产生不同的时代印象

不同的人文印象也会影响时代印象，比如不同时代背景下，人们穿衣打扮的差异呈现出的人文印象，同样会让人产生不同的时代印象，如图12-11所示。

图12-11 不同的穿衣打扮能够让人产生不同的时代印象

此外，一些不同时代中较为有代表性的生物，其外观特征也会让人产生不同的时代印象。比如恐龙、剑齿虎、狮子能够让人产生不同地质时期的时代印象，如图12-12所示。

图12-12 具有不同代表性的生物能够让人产生不同的时代印象

2. 地域环境印象

具有不同地域环境特征的元素能够让人们产生不同的地域环境印象。比如茂密的树木能让人联想到降水较为丰沛的环境，而风沙侵蚀的岩石能让人联想到干旱的环境，如图12-13所示。

图12-13 不同的植被、岩石特征、色彩能够让人产生不同的地域环境印象

不同的人文印象也会影响地域环境印象，比如不同地域环境下，人们穿衣打扮的差异呈现出的人文印象，同样会让人产生不同的地域环境印象，如图12-14所示。

图12-14 不同的穿衣打扮能够让人产生不同的地域环境印象

不同的环境也造就了不同外观形式的生物，生物的外观特征也会让人产生不同的地域环境印象。比如在寒冷环境中生长的猛犸象身上长着较为浓密的体毛，耳朵较小以助于保温；而在温热环境中生长的大象则体毛较为稀疏，耳朵较大以助于散热，如图12-15所示。

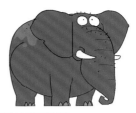

图12-15 具有不同代表性的生物能够让人产生不同的地域环境印象

3. 文化符号印象

具有不同文化符号特征的元素能够让人们产生不同的文化符号印象。一些特定的文化符号元素具有强烈的象征性，包含特定文化符号元素的设计对象能够让人产生具有该文化背景的印象，比如东方文化中的云纹、海浪纹、龙纹，印第安文化中的抽象纹饰，维京文化中交织的线形纹饰，如图12-16所示。

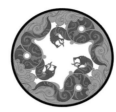

图12-16 不同代表性的纹饰图案能够让人产生强烈的文化符号印象

一些特定的元素或排列的表现倾向也具有一定的象征性，也可以表现出不同的文化符号印象。比如外观粗犷的图案往往能让人产生野蛮、暴力的文化符号印象，而外观规整的图案能让人产生有秩序、崇高的文化符号印象；翅膀象征着希望，往往能让人产生正义、光明的文化符号印象，而骷髅则能让人产生黑暗、邪恶的文化符号印象，如图12-17所示。

图12-17 不同象征性的纹饰图案能够让人产生强烈的文化符号印象

文化符号印象往往受到时代或地域环境的影响。比如不同地域环境中的刀具也展现了各自特定的文化背景。长剑、弯刀、武士刀、大刀都因地域环境的差异而形成不同的特定造型，能让人产生不同地域的文化符号印象，如图12-18所示。

图12-18 具有不同象征性的刀具能够让人产生不同的文化符号印象

4. 行为印象

具有明显的种群特征的元素能够让人们产生不同的行为印象。行为印象包含两个方面，一方面是对某个种群类别所产生的整体行为印象。同样类别的物种或群落具有特定的形象，往往能够让人产生相似的行为印象。比如长着尖牙、利爪的动物会让人对它们产生肉食动物的行为印象；相反，外观比较温顺、可爱的动物，则会让人对它们产生草食动物的行为印象，如图12-19所示。

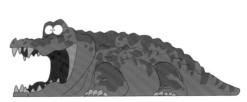

图12-19 不同外貌特征的动物能够让人产生不同的行为印象

另一方面是个体的行为印象。比如人物的性格差异往往表现出不同行为，并直观地呈现出不同外貌特征，因此不同外貌的人物会让人产生不同的行为印象，如图12-20所示。

图12-20 不同外貌特征的人物能够让人产生不同的行为印象

行为印象往往受到时代或地域环境的影响。比如在远古时期，人类群落的作战行为让人产生较为粗犷的行为印象；而有一定文明程度的军队的作战行为，往往让人产生具有组织性、秩序性、符合一定军队纪律的行为印象，如图12-21所示。

图12-21 不同人类群落的行为印象，受到时代或地域环境的影响

5. 自然规律印象

具有不同生长阶段特征的元素能够让人们产生不同的自然规律印象。比如地质活动、生命的生长演化等自然界的发展演变现象都有其共有的发展规律，呈现出的规律性的外观形式，能够让人产生自然规律印象，如图 12-22 所示。

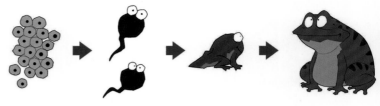

图 12-22 生命的生长过程具有强烈的自然规律印象

6. 功能印象

具有功能特征的元素能够让人们产生不同的功能印象。比如尖刺状的外形会让人产生锋利的印象，表现为对各种穿刺作用的攻击性武器产生的功能印象；圆形的外形会让人产生不安定性、动性较强的印象，表现为对各种球、车轮、齿轮产生的功能印象，如图 12-23 所示。

图 12-23 物体不同的外形能够让人产生不同的功能印象

7. 本能反应印象

一些特定的元素能够让人们产生引起本能反应的印象。比如对食物的印象、对恐惧元素的印象、对威胁生命元素的印象，都属于能够激起人们对于食欲、求生欲等本能反应的印象，如图 12-24 所示。

图 12-24 一些特定的元素能够让人产生可以引起本能反应的印象

8. 先入为主的形象印象

一些特定元素能够让人们产生先入为主的形象印象。一些古人已经塑造过的架空世界的形象给予人们先入为主的印象。比如东方文化中的龙以鹿角、长条状的身体、鬃毛等结构特征呈现其形象，而西方文化中的龙则以蜥蜴的结构、巨大的翅膀等外形特征呈现其形象，如图 12-25 所示。

图 12-25 人们对一些幻想、神话故事中的生物形象也有着先入为主的印象

9. 画面色彩印象

不同颜色能够让人们产生不同的画面色彩印象。比如绿色色调的画面能让人产生春季万物生长的画面色彩印象，而黄色色调的画面能让人产生秋季成熟、丰收的画面色彩印象，如图 12-26 所示。

图 12-26 不同的色彩能够让人产生不同的画面色彩印象

12.3 利用元素传达概念

概念传达的核心思路可以表述为利用不同的外观形式呈现不同的形式感，表现各种不同类型的设计主题，而物体的外观形式由元素的形状、色彩或排列的节奏样式构成。当外观形式没有明显排列结构形式并且元素本身为外观形式的主导时，可以进一步将传达概念的核心思路概括为利用不同的元素传达不同的主题。

一方面，通过塑造元素的外形特征，能够传达不同的主题。任何物体都具有外形特征，可以呈现出主题的表现力、趋势感、速度感、男性化、女性化、重量感等。如客车截面的形状趋于长方形，而跑车截面的形状趋于菱形，两者能够传达出不同速度感的主题表现方向，如图 12-27 所示。

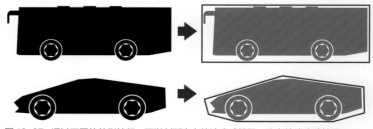

图 12-27 通过不同的外形特征，可以判断客车的速度感较弱，跑车的速度感较强

物体的外形特征往往由各种基础元素构成。在利用元素的外形特征塑造不同的主题时，往往需要将多种元素的特征表象共同用于设计对象中。图 12-28 所示不同形状车辆对速度感的呈现，可以是由大小车轮构成的圆形形状的对比塑造不同强弱的速度感特征，也可以是由其整体外形的轮廓形状趋势塑造不同的速度感特征。

图 12-28 车辆的外形特征由多种造型元素构成，因此表现其速度感的差异也可以由多种方法塑造

另一方面，通过塑造元素的题材特征，能够传达不同的主题。图 12-29 中饮水机的基本结构包括水桶、机体、水龙头等。若在饮水机的基本结构的基础上，利用不同题材的元素塑造饮水机的基本结构，则能够呈现出不同的主题方向。兽人饮水机由粗犷的骨头木架元素构成，而古代东方风格的饮水机则由坛子和木雕等元素构成。

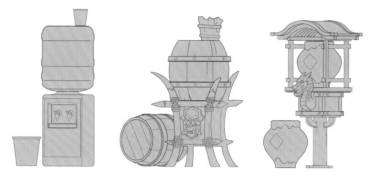

图 12-29 同样的饮水机结构通过不同题材的包装，构成了不同的主题

利用不同题材的元素塑造不同的主题，在角色设计中的运用较为常见。利用元素去塑造一个角色形象，通过元素能够传达出角色的行为特征、丰富角色的形象。如相似的角色利用指南针、铁锹、望远镜等元素进行塑造，能够传达出角色是一个挖宝探险者的主题形象，而如果以各种药瓶、货物等元素进行塑造，则能够表现角色商人的形象，如图 12-30 所示。

图 12-30 赋予同一角色不同题材特征的元素，能够塑造出不同主题的角色形象

利用不同题材的元素塑造不同的主题，常应用于不同场景主题的设计中。如图 12-31 所示的铁匠铺，因为构成建筑的元素有所不同，因此传达出的主题也不同。构成左图中人类铁匠铺的主要元素是规整的砖石、瓦片和木质结构，而右图中的野蛮人铁匠铺则以不规则的石块、木架与粗糙的帆布构成。此外，构成两个铁匠铺主题差异化的因素，除了利用不同元素表现不同的主题之外，还应用了元素排列节奏的表现倾向差异，进一步完善了相应主题的外观形式。

图 12-31 赋予不同题材特征的元素，能够让建筑呈现出不同的主题

在设计场景氛围图时，也可以利用不同元素塑造不同的场景氛围，从而使画面表现出的氛围是经过设计并且具有主题倾向的。比较图12-32所示的两张场景氛围图，左图崭新的墙漆、清澈的河道、高大的建筑及明亮的颜色搭配传达出了繁荣、富足的城市氛围的概念；与此相反，右图脱落的墙漆、泥泞的河道及大部分区域内比较灰暗的颜色搭配则传达出衰弱、颓废的城市氛围的概念。

图12-32 左图通过崭新的元素来表现繁荣的景象，右图通过破旧的元素来表现颓废的景象

12.4 利用排列节奏传达概念

当设计主体以排列结构形式为外观形式的主导时，可以进一步将传达概念的核心思路概括为利用不同的节奏传达不同的主题。

同样的元素通过不同的排列方式，能够形成不同的节奏感，并且呈现出不同的外形特征。通过排列节奏所形成的外形特征，能够传达设计的主题。利用外形特征可以展现主题的表现力、表现倾向、动态倾向、趋势感、速度感及自然形态结构等。图12-33中武器的摆放形式呈现出了不同的表现倾向，其排列节奏或趋于规整，或趋于散乱，或同时具有规整和散乱的外观形式特征。

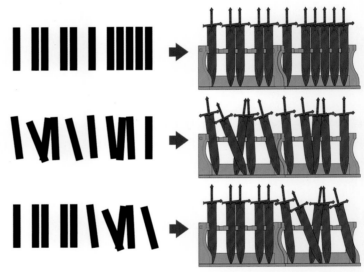

图12-33 同样的武器，通过不同的排列节奏呈现出不同的外观形式

通过排列节奏呈现出的物体外形特征，可以从多个角度传达出不同的主题表现方向。图12-34中的设计主体主要以排列结构的形式塑造，排列节奏都呈现出了表现力相似的自然结构形式特征。第一张图传达出趋势感较弱、趋于规整的主题表现方向，第二张图传达出趋势感较弱、趋于混乱的主题表现方向，第三张图传达出趋势感较强、趋于规整的主题表现方向，第四张图传达出趋势感较强、趋于混乱的主题表现方向。

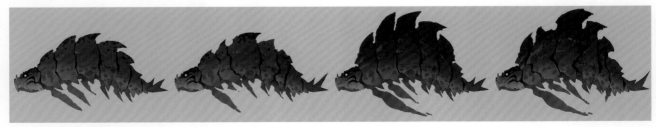

图12-34 排列节奏能够起到不同的作用，因此同样的排列结构形式能够从多个角度传达出不同的主题表现方向

较为复杂的设计主体的外观形式往往是由多种元素构成的。在表现力相似的条件下，赋予不同元素的排列结构相对统一的节奏，可以让设计的主题方向更加明确，主要表现为多种元素的排列节奏表现倾向、动态倾向、趋势感、速度感及呈现出的自然结构形式相对统一。如图 12-35 和图 12-36 所示的酒瓶和花瓶，或同样趋于规整的排列表现倾向，或同样趋于散乱的排列表现倾向，整体画面都明确一致地传达出规整或散乱的主题。

图 12-35 酒瓶和花瓶统一趋于规整的排列节奏

图 12-36 酒瓶和花瓶统一趋于散乱的排列节奏

通过排列不同元素的节奏传达不同的设计主题，也常表现为多种物体的摆放形式。如图 12-37 中人类剑与火枪的摆放结构及野蛮人盾牌的摆放结构，都属于利用多种物体通过排列节奏的方式表现相应的主题。武器的摆放传达出了军队的纪律、秩序等主题特征，野蛮人盾牌的摆放则传达出了无序、暴力等主题特征。

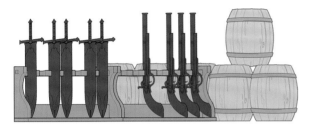 

图 12-37 不同主题的物体，通过摆放形式所构成整体的外观形式差异，能够进一步明确设计主题所要传达的表现方向

利用多种不同元素的排列传达不同的主题，在塑造角色形象时较为常见。在图 12-38 中，河豚将军身体上的头盔、肩甲、爪子构成了塑造角色的不同元素，并且都以规整的排列节奏呈现，传达出的整体主题也比较明确一致地赋予了角色相对规整的外观形式。

图 12-38 角色身上的不同局部结构呈现出同样趋于规整排列的节奏

利用混乱的排列节奏塑造角色形象，在表现级别较低、暴力、野蛮、原始的怪物设计中较为常见。在图 12-39 中，怪物身上的护甲结构、骷髅元素及胸前摆放的不同武器构成了角色不同元素的排列结构，并且都以不规则的排列节奏呈现，传达出的整体主题也比较明确一致地赋予了角色野蛮、暴力的外观形式。

图 12-39 角色身上的不同局部结构呈现出同样趋于混乱排列的节奏

在场景设计中，也常利用画面中不同元素的排列节奏传达主题氛围。元素不同的排列方式，也为场景带来不同的氛围感。在图 12-40 中，左图相对规整的桥梁给人相对宁静、平和的感觉；而构图差别不大的右图，画面中元素排列表现出的形式感相对粗犷，画面中多了一些喧嚣和不安。

图 12-40 趋于规整的节奏或趋于散乱的节奏赋予了两个场景不同的氛围

12.5 利用色彩传达概念

在同样的元素或元素排列所形成的造型基础上，不同的色彩会影响造型，使其呈现不同的主题。当以色彩因素影响主题的概念传达时，可以进一步将传达概念的核心思路概括为利用不同的色彩传达不同的主题。利用色彩传达概念，一方面是通过塑造物体的固有色传达不同的概念，另一方面是通过塑造画面的色调传达不同的概念。

1. 通过色彩呈现出的物理特性传达概念

任何物体都具有固有色，并且通过色彩及呈现出的材质差异传达物体的不同物理特性，因此在同样的造型基础上，通过塑造不同的颜色，可以传达出不同的主题。如图 12-41 中同样造型的喷泉，通过赋予不同的固有色，以及通过色彩呈现出不同的光影关系来表现白银、黄金或水晶的材质，使喷泉传达出不同的主题。

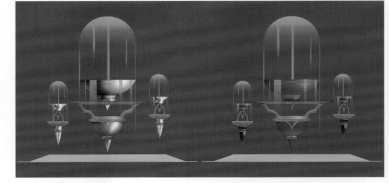

图 12-41 色彩表现出的不同材质属性使同样造型的喷泉传达出不同的主题

2. 通过色彩呈现出的文化特征传达概念

一些特定的色彩可以表现出一定的文化特征。人们对某种颜色赋予某种特定的含义，用以表示某些特定的内容，久而久之这种颜色就发展成为该事物的象征色彩，并且形成文化现象，因此通过赋予设计对象以特定的颜色，可以传达出不同的文化特性主题。塑造宗教、贵族文化特征的主题时，色彩的搭配以明亮的颜色为主；塑造市井文化特征的主题时，色彩搭配以灰暗的颜色为主，如图 12-42 所示。在此基础上，同样的色彩在不同的地区中象征的含义也不同，如红色在东方文化中象征喜庆，而在西方文化中象征暴力。在塑造东方民居时，色彩搭配以原木色、红色等颜色为主；在塑造西方民居时，色彩搭配以原木色、灰色、米黄色等颜色为主，但一般不会用红色作为设计主体的颜色，如图 12-43 所示。

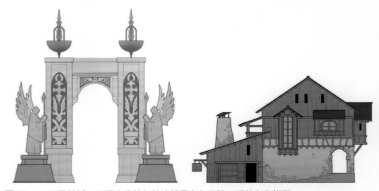

图 12-42 不同地域、不同文化特征的建筑具有象征性不同的色彩搭配

图 12-43 红色常见于东方木质建筑中，而西方建筑中不常用红色

3. 通过不同色调呈现出的情绪特征传达概念

颜色具有极强的心理暗示作用，不同的画面色调给予人们的心理暗示也有巨大的差异，因此通过赋予画面不同的色调所产生的不同画面情绪特征，能够传达不同的概念。在颜色的属性中，色相对人们的心理影响最大，如红色让人感到热情、兴奋，绿色让人感到清爽、平静。因此利用不同的色调传达不同的概念，以色相传递出的画面情绪为基础。

（1）以红色色调为主导的画面情绪

红色能够给予人刺激、兴奋、热情、活跃、冲动、愤怒等心理暗示。在图 12-44 中，结合画面的造型元素，画面整体以红色色调为主导，场景中红色的花海传达出了热情、烂漫的主题气氛概念。

图 12-44 红色占据了画面较大的面积，画面主要由红色色调构成

（2）以橙色色调为主导的画面情绪

橙色能够给予人温暖、时尚、充满活力等心理暗示，也会带有消沉、颓废等心理暗示。在图 12-45 中，结合画面的造型元素，画面整体以橙色色调为主导，夕阳下橙色的岩石传达出了画面温暖但也较为消沉的主题气氛概念。

图 12-45 橙色占据了画面较大的面积，画面主要由橙色色调构成

（3）以黄色色调为主导的画面情绪

黄色能够给予人轻快、充满希望等心理暗示。在图 12-46 中，结合画面的造型元素，画面整体以黄色色调为主导，在阳光照耀下呈现出黄色的场景画面，传达出了灿烂的主题气氛概念。

图 12-46 黄色占据了画面较大的面积，画面主要由黄色色调构成

（4）以绿色色调为主导的画面情绪

绿色能够给予人健康、新鲜、安全、充满生命力等心理暗示。在图 12-47 中，结合画面的造型元素，画面整体以绿色色调为主导，场景中绿色的草地传达出了充满自然活力的主题气氛概念。

图 12-47 绿色占据了画面较大的面积，画面主要由绿色色调构成

（5）以青色色调为主导的画面情绪

青色能够给予人寒冷、通透、冷静等心理暗示。在图 12-48 中，结合画面的造型元素，画面整体以青色色调为主导，场景中青色的泉水、岩石传达出了清澈自然的主题气氛概念。

图 12-48 青色占据了画面较大的面积，画面主要由青色色调构成

（6）以蓝色色调为主导的画面情绪

蓝色能够给予人寒冷、冷酷、空寂、深邃等心理暗示。在图12-49中，结合画面的造型元素，画面整体以蓝色色调为主导，场景中大面积蓝色的雪地传达出了空旷、寂静的主题气氛概念。

图12-49 蓝色占据了画面较大的面积，画面主要由蓝色色调构成

（7）以紫色色调为主导的画面情绪

紫色能够给予人尊贵、神秘、庄重、奇幻等心理暗示，同时也会带有紧迫、恐惧等心理暗示。在图12-50中，结合画面的造型元素，画面整体以紫色色调为主导，场景中紫色的环境氛围传达出了神秘、奇幻的主题气氛概念。

图12-50 紫色占据了画面较大的面积，画面主要由紫色色调构成

在色相形成的色调之外，以黑、白、灰构成的无彩色色调，以及混合不同分量黑、白、灰构成的亮色色调、中间色调、暗色色调，也可以呈现出不同的画面情绪，传达不同的主题。

（8）以无彩色色调为主导的画面情绪

趋于黑色的无彩色能够给予人黑暗、死亡、庄重、阴郁、厚重等心理暗示，趋于白色的无彩色会给予人纯粹、透明、高贵、清纯等心理暗示。图12-51所示的画面整体具有较强的黑白对比关系，传达出了较为厚重但也相对纯粹的主题气氛概念。

图12-51 画面由无彩色色调构成

（9）以亮色色调为主导的画面情绪

亮色能够给予人纯洁、神圣、洁净、缥缈、单纯、一尘不染等心理暗示。在图12-52中，结合画面的造型元素，画面整体色彩倾向以亮色色调为主导，场景中鲜亮的颜色所构成的环境氛围，传达出了明亮清澈、一望无际的主题气氛概念。

图12-52 明亮的色彩占据了画面较大的面积，画面主要由亮色色调构成

（10）以中间色色调为主导的画面情绪

一方面，中间色呈现出的固有色比较纯粹，能够有效地让画面传递出相应的心理暗示；另一方面，中间色能够给予人柔和、平和、中庸等心理暗示。在图12-53中，结合画面的造型元素，画面的整体色彩倾向以中间色色调为主导，场景中不同的色彩较为纯粹，传达出相对宁静、平和的主题气氛概念。

图12-53 画面中呈现出较为纯粹的固有色，画面主要由中间色色调构成

（11）以暗色色调为主导的画面情绪

暗色能够给予人高级、稳重、严肃、充实等心理暗示，也会给予人罪恶、恐惧等心理暗示。在图12-54中，结合画面的造型元素，画面整体色彩倾向以暗色色调为主导，场景中暗紫色的环境氛围传达出了庄严且带有一定恐怖色彩的主题气氛概念。

图12-54 阴暗的色彩占据了画面较大的面积，画面主要由暗色色调构成

12.6 利用构图传达概念

概念传达的核心思路可以表述为利用不同的外观形式呈现不同的形式感，表现各种不同类型的设计主题，同样的物体因为观察的视角、距离，以及与之配合的景观不同，所形成的画面架构也不尽相同。不同的画面架构能够在一定程度上影响画面的外观形式，从而在特定的观察视角上，进一步影响概念所传达的主题。在画面中的基础造型和色彩没有太大变化的情况下，可以进一步将传达概念的核心思路概括为利用不同的画面构图传达不同的主题。

1. 一般性插图的构图设计

通过点、线、面，以及构图部分的知识点可以了解到，设计主体因不同的位置、不同的视线引导、画面的平衡等因素，能够呈现出不同的形式感。在单幅插图设计或以插图为背景的设计中，背景画面较为固定，应用相应的构图的知识点即可塑造符合设计目标要求的画面，通过画面构图产生的形式感即可传达不同的主题，如图12-55所示。

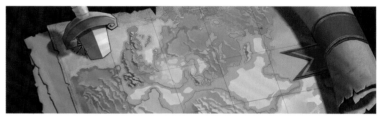

图12-55 插图只需要考虑作为背景时的画面内容和构图设计是否符合主题

2. 锁定视角的构图设计

在锁定视角的构图设计中，因为同屏幕内的相机位置较为固定，也较为容易直接利用构图方式表现主题，通过对主要可行走区域进行相应地构图设计，即可传达不同的主题。比如在第三人称视角的游戏场景构图设计中，基本会考虑在固定视角下，安排同屏幕内不同元素的主次关系、道路指引等，传达出较为符合设计目标要求的主题，如图12-56所示。

图12-56 锁定视角的场景概念设计，仅需要考虑屏幕范围内的内容和构图

3. 自由视角的构图设计

在自由视角的游戏设计中，玩家的观察区域不是固定的，因此需要在主视角相对固定及较为明确的路线指引下，通过主动性的地形规划呈现不同的主题。如引用具有落差的地势、倾斜的山坡、沿路的岩石、植被等元素塑造主视角的构图设计，让主线画面在不同的位置能够形成不同的画面架构、画面动势及画面平衡关系，从而让不同位置主视角内的氛围呈现出不同的主题，如图12-57所示。

图12-57 自由视角的场景概念设计需要通过规划地形设计主视角的构图

玩家的观察位置会影响主视角构图，从而对场景氛围的塑造产生较大影响。比如对于图 12-58 所示的相同的建筑，当玩家以平视视角进行观察时，画面强调建筑主体所呈现出的主题；而当玩家以俯视视角进行观察时，画面则更能表现出当前整体环境的氛围。

图 12-58 通过对地形结构的规划，可以获得特定视角下场景构图呈现出的形式感

12.7 利用画面叙述故事

在概念设计中，不同的外观形式可以传达不同的主题。通过对主题的解读，还能够进一步利用呈现出的画面讲述故事。画面故事概念传达的核心思路可以表述为利用不同的外观形式呈现不同的形式感，讲述不同的故事。画面中的元素和元素排列所形成的节奏是表现不同故事性的基础。

1. 通过元素传达画面的故事性

不同的元素可以表现不同的主题。元素塑造出的主题可以进一步传达画面的故事性。用元素传达画面的故事性，是基础的画面叙事方式。比如图 12-59 中外形完整的斧头是无法让人产生任何联想的，但若为其加入碎裂结构、血迹等元素，便可让人产生斧头曾经使用过的直观感受，从而为其赋予一定的故事性。

图 12-59 碎裂的形状和血渍让斧头具有一定的故事性

不同的元素所传达出的画面故事也不尽相同。比如图 12-60 中整体造型相似的两只僵尸狼，左图捕兽夹的元素传达出了狼因为不小心而踩到陷阱的故事性；右图僵尸狼身上中的箭的元素则讲述了它曾和人类发生过战斗的故事性。

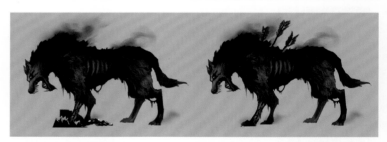

图 12-60 捕兽夹或箭的元素塑造了僵尸狼的不同主题，并且传达出不同的故事性

在场景设计中，经常利用元素来丰富设计主体的故事性。图 12-61 左图中小屋外悬挂着的狐狸皮，传达出了屋子主人和狩猎行为有所联系的故事性；而右图建筑上摆放的怪兽头颅，则传达出了建筑主人具有强大的战斗能力，并且在较为危险的环境中生存、以狩猎为生的故事性。

图 12-61 不同主题的建筑，往往用不同题材的元素塑造其主题方向，并且呈现出相应的故事性

在氛围图的设计中，也经常利用元素塑造出的画面气氛解读画面的故事性。如图 12-62 中挥舞着火焰剑的战士、张开翅膀的巨龙及地面飘散的火花，构成了画面中的主要元素，其所形成的氛围传达出了战士和巨龙正在进行激烈战斗的故事性。

图 12-62 画面中的元素传达出了战斗的气氛

2. 通过元素的排列节奏传达画面的故事性

不同的排列节奏可以表现不同的主题。排列节奏塑造出的主题可以进一步传达画面的故事性。在此基础上，不规则的排列节奏在故事性表现上往往强于规则的排列节奏。如图 12-63 所示，规整排列的武器不容易让人联想到事件的发生，难以呈现故事性；而不规则排列的武器则给人以更多发生了某些意外事件的联想。

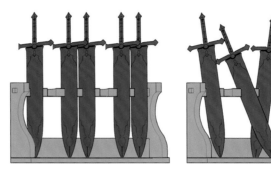

图 12-63 一般情况下，趋于混乱的排列节奏能够呈现出较强的故事性

不同规律的排列节奏所传达出的画面故事性也不尽相同。比如图 12-64 中整体造型相似的两只蝙蝠，左图翅膀较为无序排列的伤口，传达出了蝙蝠翅膀长期被腐蚀而破损的故事性；右图翅膀更加无序排列的伤口，则传达出蝙蝠发生战斗等故事性。

图 12-64 不同的排列节奏让蝙蝠的外观形式呈现出不同的故事性

在场景设计中，经常利用元素的排列来丰富设计主体的故事性。如图 12-65 所示，左图铁匠铺中的不同元素以较为散乱的排列节奏塑造，传达出了较为蛮荒、粗犷的故事性；右图更加散乱排列的建筑结构，则能让人联想到相应环境的不安定性，传达出贫穷、战乱、自然灾难等故事性。

图 12-65 不同的排列节奏让建筑的外观形式呈现出不同的故事性

在氛围图的设计中，也经常利用排列节奏塑造出的画面气氛解读画面的故事性。如图12-66远景中破碎的墙体、龙骨，以及近景中毁坏的雕像、建筑残骸，构成了拥有错落不规则排列节奏的外观形式，讲述了这个城市曾经发生过某种灾难事件的故事性。

图12-66 通过毁坏的建筑或残骸表现故事性是较为常用的手段

3. 通过行为传达画面的故事性

在角色设计中，通过不同的外观形式可以塑造不同的主题。在角色的外形基础上，角色外观的形象特征呈现出的行为特征能够进一步传达画面的故事性。角色所具有的不同动作行为特征甚至声音，往往能够更深入地塑造其性格特征，让观者能够解读其内心，并洞察到角色的故事性，如图12-67所示。

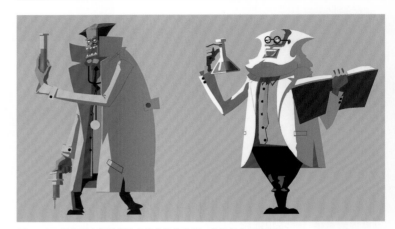

图12-67 肢体语言能够塑造角色的性格特征，传达角色的故事性

通过行为塑造不同角色的形象，常见于游戏选人界面中主角的设计。角色所装备的衣物、武器、纹饰，以及站姿、动作行为、技能展示，甚至背景环境及声音等表现元素，能够传达出角色的职业、性格等形象特征，及角色的故事性，如图12-68所示。

图12-68 游戏的选人界面中角色呈现出的肢体语言及声音，能够全面展示角色的形象

通过元素、排列节奏与行为特征表现画面故事，都属于通过在客观事物的常规印象基础上塑造故事性。制造对常规印象的冲突，形成与现实印象的认识反差，也能够表现画面的故事性，比如元素冲突、排列节奏冲突、行为冲突。此外，元素印象主要由其外观形式决定，因此通过元素冲突制造与现实印象的认识反差最为有效，具体可以表现为，诸如外观形式的差异所构成的地域环境印象冲突、文化符号印象冲突、时代印象冲突及形象与行为的冲突等。通过冲突所表现的故事脱胎于非常规性思维，能表现更强的故事性。

4. 通过元素冲突传达画面的故事性

人们对不同的元素，都有既定的惯性思维认识。因此通过制造元素的冲突能够形成与现实印象的反差，从而传达出画面的故事性。比如图12-69所示野蛮人的武器店铺，按照惯性思维，所摆放的物体应该有较多较为原始并且简单粗暴的武器，但画面却通过赋予一些较为精致的刀、剑、盾牌，以及科技含量较高的火枪、火炮等元素，传达出店铺主人可能与人类有一些贸易交易，或从战争中获得了人类的战利品等故事性。

图12-69 人类的武器呈现于野蛮人的建筑中，打破了对外观形式印象的惯性思维

5. 通过排列节奏的冲突传达画面的故事性

人们对不同元素的排列节奏也有既定的惯性思维认识，因此通过制造排列结构的冲突能够形成与现实印象的反差，从而表现画面的故事性，并且直观地表现为不同的排列节奏同时存在于同一画面中。如图12-70所示，构成城墙建筑的不同元素呈现出相对整齐的排列结构，在此基础上，局部坍塌的城墙部分构成了较为混乱的排列结构，通过排列节奏的冲突叙述城市曾经经历过战争、此处城墙曾经被摧毁过的故事性。

图12-70 城墙破碎部分形成的排列节奏与规整部分形成的排列节奏形成冲突

6. 通过行为冲突传达画面的故事性

角色的形象特征很大部分通过其外观形式塑造，因此人们对形象特征不同的角色也有既定的惯性思维认识。然而，通过塑造与形象特征有巨大冲突的行为动作，也可以传达出角色的故事性。在图12-71中，左图的少女所表现出的常规动态并没有可以让人产生联想的故事性，而右图塑造其挖鼻屎的行为，则让人联想到她的灵魂可能与其他人进行了互换等故事性。

图12-71 当角色形象呈现出反常的动作行为时，形成了形象的冲突

在元素较多的画面中，其故事性的传达往往是由多种方法、多种角度共同结合塑造所构成的。图12-72所示的酒吧既有通过各种元素传达出的主题方向，也有通过不同元素及角色形象的排列节奏呈现出的现场气氛，还有各种角色表现出的动态行为，它们共同塑造了酒吧的故事性。

图12-72 元素越多的画面能够讲述画面故事的因素往往也越丰富，画面的故事性也越容易从多方面进行呈现

12.8 故事线中的画面节奏韵律

在游戏设计中，往往需要以整体故事线的发展来引导推动主线任务的进程，从而引导玩家体验核心玩法。具有节奏感的故事剧情设计，可以增强玩家对游戏的代入感。整体的故事线由连续的单幅画面故事构成，因此需要通过对故事线中不同的单幅画面进行有序地规划设计，来让整体故事线中连续的画面具有节奏感。

画面的节奏韵律影响游戏体验。游戏体验的本质是为了达成目标成就，在空间和时间两个维度上，以某种规则机制，线性体验不同游戏内容的交互过程。从美术的角度设计不同阶段的体验，可将其概括为线性发展的过程中所遇到不同表现力的故事情节，以及能够给予不同压力的怪物的画面塑造。对于故事线中画面节奏韵律的塑造，便是在线性的发展体验过程基础上，塑造不同的单幅画面，如图12-73所示。

图12-73 游戏体验的本质从美术设计方面可简单概括为与不同表现力画面交互的过程

故事线的画面节奏是以剧情发展为基础，由不同表现力的单幅故事画面及游戏体验作为级别元素构成的，如画面环境氛围、不同性格特征的角色，以及音乐和音效，甚至包含了由环境氛围、角色、音乐、音效共同构成的过场动画等元素。这些元素构成了故事线中画面节奏的元素。

1. 环境氛围

环境氛围具有很强的画面代入感。不同主题的单幅环境氛围图能形成故事线中的节奏元素。相对于图 12-74 中的左图，右图更容易让人联想到事件的发生，传达出更丰富的故事性。两张图在故事线的节奏中起到了不同的作用。

图 12-74 环境氛围的变化能够带来故事线中不同的体验差异

2. 角色

不同性格特征、不同表现力的角色能形成故事线中的节奏元素。相对于战斗力较弱的角色，战斗力较强的角色在造型上被赋予更多特殊形状、更多特定行为，同时往往攻击动作幅度更加夸张，表现力更强，能够传达出更丰富的故事性，如图12-75 所示。不同表现力的角色在故事线的节奏中起着不同的作用。

图 12-75 角色的变化能够带来故事线中不同的体验差异

3. 音效和音乐

不同的音效和音乐也能够形成故事线中的节奏元素。不同的音效和音乐虽然不能直接呈现在画面中，但可以给予画面很强的代入感。声音的塑造能够呈现不同表现力的画面故事性，如图12-76 所示。

故事线的画面节奏以剧情为框架展开，往往前期的剧情较为平淡、表现力较弱，而随着剧情的发展，逐渐进入高潮。剧情的发展架构构成了故事线中画面节奏的趋向，如图 12-77 所示。

图 12-76 音效和音乐的变化能够带来故事线中不同的体验差异

图 12-77 游戏体验总体上呈现出不同剧情及不同表现力因素由平淡到高潮的变化

故事线中画面的节奏韵律，本质上是对不同表现力、不同感染力的画面进行连续排列形成的节奏，因此将排列节奏的知识点套用于故事线节奏的塑造，同样也是围绕故事线中不同画面表现力的韵律起伏、对比幅度、变化规律及局部层次这些方面进行的。

1. 故事线画面节奏的塑造

有规律的重复是节奏的基本结构表象，塑造基本的故事线画面节奏时，可以将塑造方法归纳为将所要传达出的不同剧情画面或游戏体验画面，以主线剧情的发展进行排列，让画面之间的变化形成有规律的重复组合关系，形成故事线中画面的节奏感，如图 12-78 所示。

一方面，变化规律相同并且不断重复是一种较为单调的节奏表现形式，不断重复的节奏所带来的游戏体验会较为枯燥，所以故事线的节奏不会以这样简单的节奏表现形式进行塑造，其只能作为基础表现形式；另一方面，故事线的发展变化一般都是由弱到强的过程，因此故事线中画面的表现力节奏往往形成阶梯式递进形式，这是常见的故事线节奏表现形式，如图 12-79 所示。

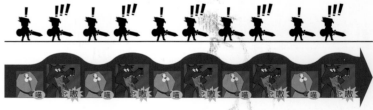

图 12-78 将不同画面的变化以有规律的重复组合呈现，形成故事线画面的节奏感

图 12-79 游戏中故事线的画面节奏往往呈现阶梯式递进形式

2. 故事线画面节奏的韵律起伏

以故事线节奏为基础，同时赋予画面之间变化的规律，以不同的对比呈现起伏变化时，便进一步塑造了故事线中画面节奏的韵律，如图12-80所示。

图 12-80 不同表现力的画面构成了故事线中画面节奏的韵律

以图 12-81 所示的游戏体验结构为例，以各个事件点构成的故事为基本元素，在剧情的推动过程中，画面及游戏体验呈现出了起伏变化。整体剧情中的画面推进表现出画面表现力弱、画面表现力强、画面表现力相对弱、画面表现力相对强、画面表现力特别强的变化形式。其变化组合关系直观地构成剧情中起承转合的对比变化，呈现出平淡、高潮、低潮、相对高潮、升华的变化形式。其节奏变化过程可概括为：平静的故事画面、具有刺激点的故事画面、相对平静的故事画面、具有强刺激点的故事画面、剧情高潮的故事画面。相应的游戏体验过程也可以概括为：放松的体验、简单任务、压力较小的体验、突发事件点并且具备一定压力的体验、压力大的体验。

图 12-81 根据故事线的推动，不同阶段的体验元素所带来的画面节奏往往随着游戏体验过程呈现出起伏变化

3. 故事线画面节奏的对比幅度

元素不同的对比幅度直观影响到节奏的层次变化关系。在故事线节奏中，一方面，不同画面的表现力和游戏体验的对比幅度影响节奏感的强弱。对比幅度较小的画面表现力和游戏体验节奏，其整体故事线的节奏感较弱，呈现出的整体剧情和体验较为平淡；而对比幅度较大的画面表现力和游戏体验节奏，其整体故事线节奏感较强，呈现出的整体剧情和体验感染力较强，如图12-82所示。

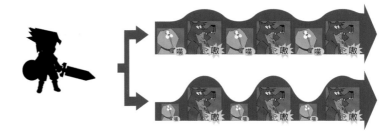

图 12-82 将所体验的画面以不同的对比幅度进行塑造，能够呈现出不同的节奏感

另一方面，不同画面表现力和游戏体验的对比幅度影响故事线节奏的韵律特征。节奏感较弱的故事线节奏韵律，不同起伏区间对比差异不明显，韵律特征较弱，游戏过程中不同阶段体验差异较小；而节奏感较弱的故事线节奏韵律，不同起伏区间对比差异较为明显，韵律特征也较强，能够更显著拉开游戏过程中的体验差异，如图12-83所示。

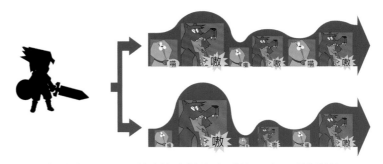

图 12-83 将所体验的画面以不同的对比幅度进行塑造，能够呈现出不同的韵律特征

在设计中，故事线画面节奏的对比幅度直观地表现为不同画面、不同体验带来的故事推进过程跨度差异。在图12-84中，第一幅与第二幅画面都以树林为背景，怪物的表现力差异也较小，两幅画面所带来的起伏层次较为接近，韵律特征不明显，塑造出的剧情推进过程平淡；第二幅与第三幅画面中的背景环境变化较大，怪物的表现力差异同样较大，两幅画面具有明显的起伏层次变化，呈现出较为明显的韵律特征，塑造出的剧情推进过程较为强烈。

图12-84 不同画面和体验之间的变化幅度大小，形成了跌宕起伏的故事剧情变化

4. 故事线画面节奏的变化规律

节奏是元素有规律的重复组合关系，因此故事线画面节奏必然也存在变化规律特征，并且相应地影响到整体剧情推进节奏的表现倾向，如图12-85所示。

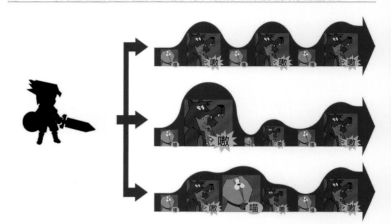

图12-85 将所体验的画面以不同的变化规律进行塑造，能够呈现出不同的表现倾向

完全规整和完全混乱的剧情体验都会带来过于平淡或混乱的问题，因此游戏的故事剧情推进过程往往会采用具有一定无序特征的规律性节奏进行主线剧情的塑造，而无序的变化规律特征最终又会回归于较有序的某个核心剧情画面中，从而让整体的故事线节奏依然呈现有序的节奏形式，如图12-86所示。在此基础上，安排的多条变化规律不同的剧情节奏如果都能够回归于较为有序的某个核心剧情画面中，则可以丰富整体故事线的节奏塑造。

图12-86 在主要体验画面不变的情况下，通过改变路线中画面节奏的顺序可以呈现出不同变化规律的故事线画面节奏

塑造具有丰富变化规律的故事线节奏，一方面，可以通过规划多条氛围不同的主要路线，最终引导于某个核心剧情画面。在图12-87中，玩家可以通过崖壁上的木桥或峡谷的溪流这两个氛围完全不同的路线到达核心目的地，不同的环境氛围路线构成了两条不同变化规律的故事线画面节奏。

图12-87 游戏中安排多条体验路线的本质是塑造不同变化规律的画面体验节奏

另一方面，可以通过规划主要路线行进过程中的不同事件点，使其具有一定的随机分布形式，并且最终引导于某个核心剧情画面。在图 12-88 所示玩家的行进路线中，不同的怪物呈现出一定的活动范围，形成随机分布形式，使之能够与玩家形成不确定性的随机遭遇，构成多种故事线画面和体验的可能性，形成多种变化规律的故事线画面节奏。

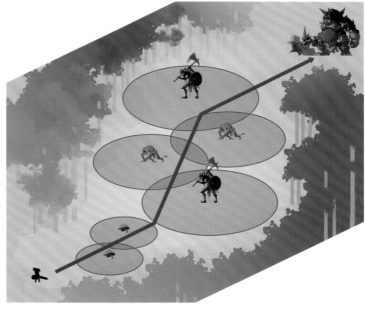

图 12-88 游戏中怪物的活动范围能够使剧情体验路线呈现出不同变化规律的节奏

5. 故事线画面节奏的局部层次

在元素较为丰富的节奏韵律表现中，整体节奏的元素中往往包含着细微的变化，构成局部的节奏也就塑造了局部节奏的层次。画面的节奏韵律在局部层次上包含于整体故事线画面节奏韵律的变化之中，也包含着因局部故事情节的变化或游戏的局部体验而形成的变化较细微的画面节奏韵律。局部的故事画面节奏变化依附于整体的故事线节奏变化，并且在局部的画面表现中呈现出相应的游戏体验节奏变化。图 12-89 中蓝色区间细微的变化构成了故事线中局部画面的节奏韵律，并包含于整体画面的节奏排列中。

图 12-89 蓝色区间的细微变化包含于整体的变化节奏韵律中

画面及游戏体验节奏的局部层次塑造，一方面直观地表现为在某个关卡内多批次给予不同压力的怪物及其所形成的画面氛围，如图 12-90 所示。

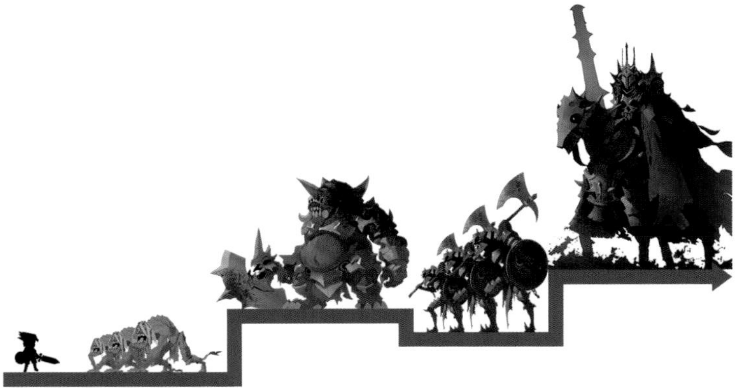

图 12-90 某个关卡内的怪物往往以不同批次分别出场呈现

另一方面可以表现为在主线剧情及体验的过程之外，即一部分非主线剧情的故事情节和任务及其形成的画面氛围或过场动画等艺术表现形式，塑造故事线中画面节奏的局部层次或游戏体验节奏的局部层次，如图 12-91 所示。

我觉得你很有才华！解救公主的重任就交给你了……

图 12-91 剧情或 NPC（Non-Player Character，非玩家角色）交互等过程也是构成故事线中游戏体验节奏的重要因素

从图 12-92 所示的游戏体验结构为例，以各个事件点构成的故事为基本元素，在剧情的推动过程中，画面及游戏体验呈现出起伏变化，并且适当穿插一些局部表现力起伏变化及部分非主线的内容，便丰富了整体故事线中画面及游戏体验节奏韵律的层次感。

图 12-92 在不同阶段的画面节奏中，以局部层次的怪物强弱、剧情等元素塑造局部的起伏变化

游戏故事线体验的结构，包括空间和时间两个维度，因此游戏故事线中画面的节奏韵律可以分为空间维度上的画面节奏和时间维度上的画面节奏两个方向，设计游戏整体的美术视觉体验，也是通过这两个方向把控游戏画面节奏的。

1. 空间维度的画面节奏

在游戏的体验过程中，故事线中的画面节奏及体验节奏往往是随着玩家在地图中的移动产生空间位置的变化，并且根据不同空间位置发生的事件，塑造不同主题的环境氛围、不同角色的单幅画面，以及音效和音乐的表现，如图 12-93 所示。空间维度的画面节奏也是时间维度的画面节奏的基础。

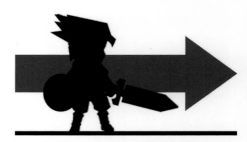

图 12-93 游戏体验必然在虚拟空间中进行

图 12-94 中连续的画面镜头是随着任务剧情的推动，玩家所处的虚拟空间位置呈现出的变化。在不同的虚拟空间变化过程中，画面的环境氛围、所遇到的角色具有较大的表现力差异，传达出了故事线中不同表现力的事件点及游戏体验画面，并且呈现出节奏感。在游戏设计中，经常利用这种思路设计主线任务、新手引导任务或副本任务。

图 12-94 角色随着在虚拟空间中的移动变化，所体验的内容的表现力往往呈现出不同幅度的变化

2. 时间维度的画面节奏

当空间位置相对固定时，故事线的画面节奏及体验节奏往往通过不同时间段固定场景的画面演变设计来表现，并且根据不同时间段内所发生的事件，通过塑造固定的画面中环境氛围变化、不同角色的表现力变化，以及音效和音乐的表现变化形成，如图 12-95 所示。其常见表现为场景环境的演变、角色的进阶变化后所产生的动作技能幅度表现力的增强，以及背景音效和音乐的节奏变化。

图 12-95 玩家必然通过时间体验游戏进程

如图 12-96 所示连续的画面镜头中，画面背景呈现出相对固定的虚拟空间位置。随着时间的推移，几个不同时间段的环境氛围及怪物的形象传达出了故事线中不同表现力的事件点及游戏体验画面，并且呈现出节奏感。在相对固定的空间位置塑造画面节奏，经常用作主线角色战斗中表现局部的画面体验节奏层次或一些副本任务的塑造。

图 12-96 在时间维度上，初期阶段的环境氛围、角色的表现力往往较弱，后期则较强

12.9 想象力的突破

客观事物是概念设计的原料。但若只是单纯地对客观事物进行再现塑造，是无法呈现出奇幻的、具有创意的概念设计的。图 12-97 中的建筑都属于再现塑造设计，建筑的整体外观形式缺乏想象力的突破，传达出的概念没有让人眼前一亮的效果。

图 12-97 较为简单的再现塑造设计

因此在塑造设计基础上，必须打破常规设计的惯性思维，去突破想象力，创作具有创意的设计，进而创造一个全新的世界观，这也是概念设计中的难点。想象力是无穷无尽的，但都有类似的思维方法：在客观世界呈现出不同印象事物的基础上，以合理可行的方式，通过组合、代入、替换、拟态、裁切等方式去塑造符合客观印象规律的概念。

1. 组合不同的题材元素构成新的概念

组合不同的题材元素能够构成新的概念。这种方法是最基本、最简单的塑造新概念的思维方法，如图 12-98 所示。组合法思路运用的关键是，为设计对象加入可以产生另一种表现印象的元素，从而得到一个全新的概念。在具体设计应用中，可以从结构形式、时代特征、文化符号等能够产生不同差异印象的客观素材中提取元素进行组合。

图 12-98 以猪的形象为基础，通过组合翅膀的元素能够塑造新的概念

这种塑造方法在一些怪物设计中较为常见，如图 12-99 所示。怪物形象往往是通过加上各式各样动物的角来塑造的；或是以动物为原型结合火山所形成的生命体与非生命体；或是以人类形象为基础，结合岩石的结构来塑造的；或是以爬行动物为基础，结合较为夸张的角来塑造的。这些都属于通过组合不同的题材元素来塑造新的概念。

图 12-99 通过组合各种元素来塑造新的概念在设计应用中较为常见

2. 代入不同的题材元素构成新的概念

代入不同的题材元素能够构成新的概念，如图12-100所示。代入法思路运用的关键是，在原有题材的基础上，用另一种元素代替现有的元素，并使其结合显得合理可行，从而得到一个全新的概念。在运用中，往往需要代入比较核心的部分，呈现出变化较大的外形。在具体应用中，也可以从结构形式、时代特征、文化符号等能产生不同差异印象的客观素材中提取元素进行代入。这种概念设计的思路与组合法有相似之处，但代入法会保留大部分原有主体的框架特征。

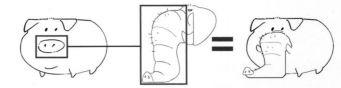

图12-100 以猪的形象为基础，将猪的鼻子替换为大象的鼻子，能够塑造新的概念

构成飞机的核心结构主要有机翼、引擎等。在图12-101中，将飞机的核心结构引擎替换为古老蒸汽机的引擎，便改变了其在时代背景下的印象：飞机所运用到的技术更加原始，时代背景也较为久远。

图12-101 代入相似功能塑造新的概念，常应用于能起到同样功能作用的局部设计中

3. 替换不同的题材元素构成新的概念

替换不同的题材元素能够构成新的概念，如图12-102所示。替换法思路运用的关键是，在原有题材功能的基础上，用另一种元素代替现有的元素，并实现其功能，从而得到一个全新的概念。这种概念设计的思路与代入法有相似之处，区别在于替换法是用新的题材替换整体元素，而非局部元素。

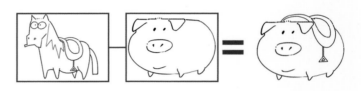

图12-102 以马的功能为基础，替换猪的元素能够塑造新的概念

这种塑造方法在概念设计的诸多案例中也较为常见。图12-103中的坐骑便是用不同鸟类替换现实生活中常见的马、牛等坐骑，从而构成新的概念。

图12-103 替换功能塑造新的概念，往往出现于不同样式的坐骑设计中

4. 模拟近似形态的外观构成新的概念

模拟近似形态的外观能够构成新的概念，如图12-104所示，这一方法简称拟态法。拟态法思路运用的关键是，使用另一种完全不同的造型形态，用于模拟所要表现的对象，让设计的主体整体具有模拟对象的外观形式特征。拟态法自由度较大，更多的是针对设计对象的形态特征，直接塑造趋于某种形象的外观，并以此产生趋于某种形象的印象。

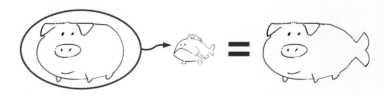

图12-104 以猪的形象为基础，模拟鱼的外形能够塑造新的概念

图 12-105 中的渔船直接通过模拟鱼的外形，塑造船体的外形结构，使渔船呈现出鱼的外观形式特征，从而构成了新的概念。

图 12-105 交通工具设计经常以模拟生物外形的方式塑造设计对象

5. 裁切元素的局部外观结构构成新的概念

裁切元素的局部外观结构能够构成新的概念，如图 12-106 所示。裁切法思路运用的关键是，在原有题材外观形式的基础上，截取部分直接作为一个独立的主题，得到一个全新的概念。

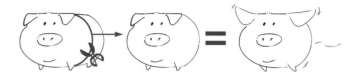

图 12-106 以猪的形象为基础，裁切具有特征性的部分结构能够塑造新的概念

这种塑造方法在一些魔幻类型的设计中较为常见。图 12-107 中洞窟里大量的眼球，便是直接通过截取生物的器官来构成新的概念，并营造出恐怖的氛围。

图 12-107 利用器官塑造恐怖的主题，在魔幻类型的设计中较为常见

在运用组合法、代入法、替换法、拟态法及裁切法的思路塑造概念设计时，最大的难点在于所塑造的设计图能否具有广泛认同感，设计结构是否具有说服力。因此在创作过程中，必须充分考虑不同元素的客观特征，以不同角度推敲设计案例的正确性、可行性，同时也以广泛认识的元素、先入为主的形象作为设计取材基础，避免设计歧义。比如在设计中运用木材元素时，需要推敲木材工艺的各种可行性；在运用石材元素时，需要推敲石材工艺的各种可行性；在运用交通工具元素时，则需要推敲各种动力系统的可行性。

以组合法塑造新的概念为例，其难点在于组合的过程中如何让不同题材元素的结构合理地结合。如马克沁机枪的设计，在机枪基本外形的基础上，结合我国古代的龙纹元素赋予了机枪时代和文化的特点，从而构成了全新的概念。对于龙纹如何呈现于机枪的结构上，需要充分考虑诸如金属雕刻工艺的可行性等因素，如图 12-108 所示。

图 12-108 一些涉及工艺表现的概念也是在客观事物的广泛认知条件下塑造的

此外，各种塑造方法往往需要结合应用，而非孤立应用，这样才能让塑造的设计案例可以从多个思维角度突破想象力的局限。如图 12-109 所示，双髻鲨摩托艇设计案例便同时利用到组合法与拟态法塑造全新的概念，一方面结合了摩托车与潜艇的元素呈现其功能特性，另一方面其外形模拟了双髻鲨的外观特征。

图 12-109 双髻鲨摩托艇的设计应用了多种塑造方法

CHAPTER

13

设计语言

DESIGN LANGUAGE

不同种类的艺术创作活动，往往运用独特的物质材料媒介，并且按照不同的艺术表现手法以特有的审美法则进行创作。艺术在长期发展的过程中所形成的自身独特的艺术表现特征，是作品外在的形式和结构，比如音乐以有组织的旋律、节拍、速度等为艺术表现特征，绘画则以线条、形状、色彩等为艺术表现特征，不同的概念也有其不同的节奏及想象力的表现特征。提取这些独有的艺术特征并应用于产品的包装设计，可以使产品具有整体、统一的艺术表现形式，而统一的艺术包装形式构成了产品的设计语言。

13.1 设计语言的意识

相同的形象，利用不同的绘画表现手法，赋予不同的设计节奏变化，往往会呈现出不尽相同的外观形式。在图13-1中，同样以天使形象进行设计的题材，天使被赋予不同的头身比例和绘制表现手法，呈现出完全不同的风格形象，而这两种不同的风格形象则表现出不同的设计语言特征。然而不同的外观形式难以以统一的美术风格存在于产品中，因此在进行概念设计时，必须先建立设计语言的意识，对不同外观形式的概念设计以统一的美术风格进行塑造，从而统一不同设计案例的设计方向。

图13-1 同样以天使的形象作为设计题材，外观形式具有巨大的差别

概念设计往往以绘图的形式作为传递设计目标的方式，并且为了呈现统一、整体的设计目标，必然以特定的画面风格及同一种设计规则传递不同的概念。因此特定的画面风格与特定世界观概念构成了设计语言，设计语言具有统一的普遍性和风格特征标志性。设计语言具有两个层面的含义，一方面是整体的设计语言，另一方面是在整体设计语言框架下的局部的设计语言。

在概念设计中，往往从整体和局部的设计语言及独立于整体的设计语言这三个层面进行统筹规划。

1. 整体的设计语言

塑造具有标志性的画面风格，能够形成整体的设计语言，比如对不同形象以统一的美术表现手法、概括形式、光影色调进行塑造。如图13-2中不同的角色，尽管主题不同，塑造的外观形式特征不同，但其都是以统一的画面风格进行设计的，使不同的形象能够以整体的设计语言存在于作品中。

图13-2 同一种设计语言体系下的不同角色往往以统一的画面风格进行设计

2. 局部的设计语言

在统一的画面风格基础上，结合普遍存在的世界观架构，塑造局部具有标志性的概念设计，能够形成包含于整体艺术风格中的局部的设计语言。局部的设计语言往往表现为同一画面风格中不同地域特征、不同文化特征、不同时代特征、不同阵营所独有的标志性造型、色彩、主题等设计元素。如图13-3中的恶魔与天使分别运用到的武器、环境背景、纹饰等设计元素，都具有极大的差异，其差异化的外观形式特征分别构成了各自阵营的设计语言。

图13-3 恶魔和天使各自具有独特的标志性设计元素，构成了各自阵营的设计语言

3. 独立于整体的设计语言

赋予特定的概念塑造，能够让画面中的局部呈现出独立于整体之外的设计语言。在整体世界观基础上，一些概念的表现手法往往以不同的艺术形式呈现，赋予其特定的含义，能够使其独立存在于整体的设计语言框架之外，并不会显得突兀。典型表现为画中画的概念，如图 13-4 所示，赋予角色进入卷轴中与画中的巨蛇进行战斗的概念，使这一部分的美术画面包装可以以卷轴画的设计语言进行独立塑造。

图 13-4 画面中的蛇与角色风格差异较大，形成了独立于整体之外的设计语言

13.2 表现手法特征统一设计语言

在传统的绘画创作中，不同的创作方式应用不同的创作材料和创作媒介形成了不同的表现手法。独特的表现手法能够产生独特的画面效果，呈现出特有的画面风格，利用其画面风格特征能够统一设计语言，如水彩、素描、油画、钢笔画、水墨画、剪纸画等。这些不同的艺术创作形式，因创作中使用到的创作材料和媒介不同，形成了具有强烈辨识度的画面风格。不同的画面风格，往往能够决定产品的艺术表现方向，直接构成了整体设计语言。

同样外观形式的物件，通过模拟不同的创作表现手法，能够形成各不相同并具有不同创作材料和媒介特征的画面表象。如图 13-5 中同样结构造型的物件，分别通过模拟水墨画、钢笔画、铅笔画的表现手法特征塑造外观形式，呈现出了不同的画面风格。

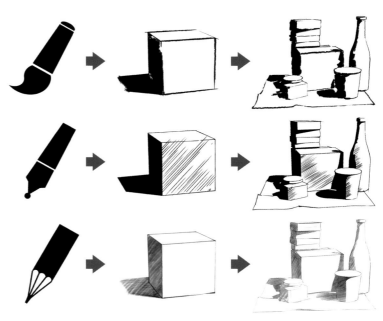

图 13-5 用不同的表现手法对同样的一组物件进行塑造，画面风格有巨大差异

因此在概念设计中，可以以赋予画面某种创作方式的表现手法作为塑造画面风格的导向，使作品的美术表现带有某种表现效果，呈现艺术性。如图 13-6 所示，第一幅图以水墨画的表现手法作为画面风格导向，第二幅图以钢笔画的表现手法作为画面风格导向，第三幅图以素描的表现手法作为画面风格导向，不同的表现手法倾向，让同样的画面内容呈现出不同的艺术性。

图 13-6 一些艺术表现倾向较强的设计，往往也通过模拟各种表现手法所形成的画面风格来呈现作品的艺术性

不同的创作表现手法，呈现出的画面风格还可以同时应用于相应动作特效的美术风格设计中，使之也具有符合主题画面风格的美术表现。图13-7中的角色应用了铅笔画的表现手法特征，赋予角色甩动武器的动作特效，进一步丰富了铅笔画的画面风格在画面中的表现。

图13-7 一些动作特效设计也运用相应的表现手法进行塑造

模拟传统绘画的表现手法，可以塑造出具有强烈风格倾向的画面效果。因此为了保证某种表现手法在画面中的呈现，往往需要舍弃一些非核心的表现因素，削弱其对核心表现手法的干扰，从而重点突出某种表现手法。如图13-8所示，为了呈现钢笔画表现出的欧式漫画的画面风格，减少了整体画面的色彩层次，并削弱了体积细节在画面中的表现，从而让钢笔画的画面风格更加明显。

图13-8 不同的表现手法具有不同的风格表现侧重点，因此在确定某种画面风格倾向的过程中，也要注意对于不同表现因素的取舍

13.3 概括夸张特征统一设计语言

在绘画艺术创作中，以特有的审美法则进行不同程度的概括夸张塑造，能够形成极具风格辨识度的画面；对设计对象进行不同幅度的概括或夸张塑造，能够形成不同的画面风格，此时通过把控概括夸张幅度能够统一设计语言。

对设计对象进行不同程度的概括夸张塑造，本质是通过形与色的节奏塑造，呈现不同的画面风格，如轮廓长短线节奏、平面节奏、体积节奏、固有色搭配节奏等。塑造的方向概括性越强，节奏变化的层次往往越简练，画面越趋于卡通、抽象风格；塑造的方向细节层次越丰富，概括性越弱，节奏变化的层次往往越细腻，画面越趋于写实风格，如图13-9所示。

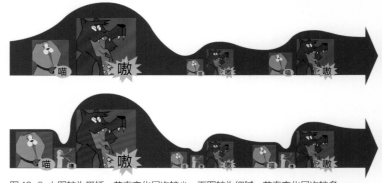

图13-9 上图较为概括，节奏变化层次较少；下图较为细腻，节奏变化层次较多

不同的概括夸张幅度往往呈现出不同的外观形式表象。根据外观形式概括夸张幅度大小特征的差异，一般表现为写实、夸张、隐喻、象征等塑造风格倾向，在设计中可具体归纳为概括夸张设计对象的造型结构层次、外形趋势变化、素描色彩层次、材质肌理细节及动作。

1. 概括夸张造型结构层次

概括夸张造型结构层次能够呈现出不同的画面风格，相同的造型特征能够形成统一的设计语言。如图13-10所示，对于趋于卡通风格的熊，通过提炼熊的造型结构特征，概括夸张熊的造型结构层次，使其外形更加抽象化；而相对趋于写实的熊，具有更多造型结构层次，外形更加具象。

图13-10 对结构造型层次进行不同程度的概括夸张塑造，可以得到趋于卡通或趋于写实的外观形式

因此在画面风格趋向不同的设计中，即使是同样题材的设计，因概括造型幅度的差异，也会呈现出不同的外观形式特征。如图 13-11 所示，同样的飞船题材，偏向卡通画面风格的飞船，整体造型层次的变化更加概括、变化跨度更大，同时飞船结构的转折处更加简练；相对偏向写实的飞船，整体造型节奏变化跨度不大，同时结构转折处有更丰富、细腻的元素用以丰富过渡层次感。

图 13-11 左图趋于卡通画面风格，右图趋于写实画面风格

对于同一个画面风格框架内的设计方案，往往赋予不同设计案例的结构一致的概括夸张特征，从而确保整体的节奏层次韵律统一。如图 13-12 中的飞船及相应物件的设计，尽管题材不同，造型和分量也不同，但是所有设计案例呈现出的概括夸张特征是一致的，能够形成统一的画面风格。

图 13-12 同样的画面风格框架内，不同设计案例的结构造型往往以统一的概括夸张幅度进行塑造

2. 概括夸张外形趋势变化

概括夸张外形趋势变化能够呈现出不同的画面风格，相同外形的趋势变化特征能够形成统一的设计语言。如图 13-13 所示，两张木栅栏的设计图都具有一定的外形趋势变化，而概括夸张外形趋势变化幅度的差异，使形状的趋势变化层次形成不同的节奏特征，呈现出不同的画面风格。

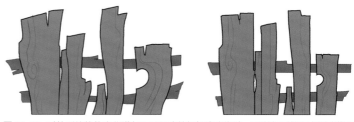

图 13-13 对外形的趋势变化进行不同程度的概括夸张塑造，可以得到趋于卡通或趋于写实的外观形式

针对趋势变化的概括夸张塑造，常见于物体受力之后的外形变化。图 13-14 中铁皮包裹于木头上，对木头具有束缚力，同时木头也具有向外扩散的爆发力。左图概括夸张了铁皮包裹木头相互作用后的形状变化，呈现出夸张卡通的画面风格。而右图趋于写实的塑造，往往不太强调受力后的形状变化，外形趋势变化特征较弱。

图 13-14 左图趋于卡通画面风格，右图趋于写实画面风格

受力的作用所产生的造型变化，在表现植物生命力的概括塑造中也较为常见。大多数的植物具有趋于阳光生长、趋于水分生长的特性，于是植物往往为不对称造型。在图 13-15 中，受到树自身造型及重力作用的影响，树干会呈现弯曲造型。同时受到生长的影响，树枝末梢又具有向外、向上生长的造型特征。多种力的相互作用构成了树木富有弹性的 S 形曲线造型。植物受力的作用的变化因素较为多样化，也是概括夸张塑造中较难表现的题材。

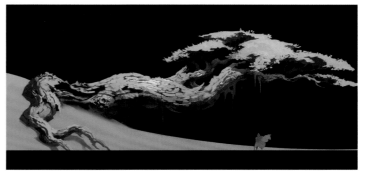

图 13-15 树干距离重心越远，受重力和生长影响而形成的趋势变化幅度越大

概括夸张造型的趋势变化，往往结合基础造型的概括和夸张变化，在卡通风格的设计中较为常见。图13-16中的建筑，通过概括建筑的基本造型结构，同时对外形趋势变化进行了一定的夸张变化塑造，并且保持一致的概括夸张特征，形成了统一的画面风格。

图13-16 同样的画面风格框架内，不同设计造型的趋势变化往往也以统一的概括夸张幅度进行塑造

3. 概括夸张素描色彩层次

　　通过概括夸张素描色彩层次能够呈现出不同的画面风格，相同的素描色彩层次特征能够形成统一的设计语言。如图13-17所示，同样造型的机械设计，在相对趋于卡通的画面风格中，通过概括素描明暗区间简化明暗对比，使画面更加抽象；而相对趋于写实的画面风格，具有更多的素描关系层次，细节也更加丰富，整体外观形式更加具象。

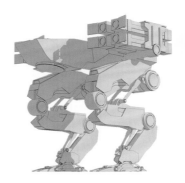

图13-17 左图机械的素描层次趋于卡通画面风格，右图趋于写实画面风格

　　在素描关系的基础上，色彩层次相对简练的机械设计趋于卡通画面风格，而色彩层次相对丰富的机械设计具有写实画面风格，如图13-18所示。

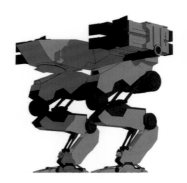

图13-18 左图机械的色彩层次趋于卡通风格，右图趋于写实画面风格

　　在同一个画面风格框架内的设计方案，往往让不同的设计图的素描色彩层次关系都具有一致的概括夸张特征，同时色彩搭配的跨度区间也较为相似，从而确保整体的节奏层次韵律统一。在图13-19题材不同的设计中，素描色彩层次的概括夸张特征相似，不同主题固有色搭配的跨度区间较为相似，色彩搭配的节奏也相似，因此能够形成统一的画面风格。

图13-19 在同样的画面风格框架内，不同设计案例的素描色彩层次往往也以统一的概括夸张幅度进行塑造

4. 概括夸张材质肌理细节

通过概括夸张材质肌理细节能够呈现出不同的画面风格，相同的材质肌理特征能够形成统一的设计语言。材质的肌理细节一方面表现为造型的细节表现程度，另一方面表现为色彩的细节表现程度。如图 13-20 所示，同样外形的木栅栏，通过对材质肌理细节不同程度的概括夸张塑造，呈现出不同的画面风格。

图 13-20 对材质肌理细节进行不同程度的概括夸张塑造，可以得到趋于卡通或趋于写实的外观形式

如图 13-21 所示，两张造型相同的建筑设计图，因肌理细节的概括夸张程度不同，二者呈现出了不同的画面风格倾向。左图肌理细节较为概括的建筑呈现出趋于卡通的画面风格，而右图肌理细节丰富的建筑呈现出趋于写实的画面风格。

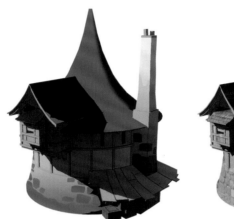

图 13-21 左图建筑趋于卡通画面风格，右图建筑趋于写实画面风格

在同一个画面风格框架内的设计方案，往往让不同的设计图在形状和色彩上都具有一致的材质肌理细节特征，从而确保整体的节奏层次韵律统一。在图 13-22 题材不同的武器设计中，武器的整体外形差异较大，但都具有相同的材质肌理细节刻画程度，因此能够形成统一的画面风格。

图 13-22 同样的画面风格框架内，不同设计图的材质肌理细节往往以统一的概括夸张幅度进行塑造

通过概括夸张程度的塑造，可以表现出趋于写实或趋于卡通的画面风格。在趋于卡通风格的画面中，往往也在其局部设计中塑造相应风格的图案、结构。图 13-23 的画面整体呈现出卡通画面风格，其中飞机头中较为简练的图案，也符合整体的画面风格。

图 13-23 整体偏向于卡通的画面风格设计中，局部所运用的图案也以卡通画面风格塑造

在现实世界中，卡通、抽象、夸张等艺术表现形式也是现实世界的组成部分，因此在较为具象的画面风格中，也可能以卡通风格的图案、结构作为点缀设计。如图 13-24 中的枪械设计，整体呈现出趋于写实的设计语言，但枪身中棕熊卡通风格的图案并不突兀。

图 13-24 整体偏向于写实的画面风格设计中，局部所运用到的图案具有卡通画面风格

概括夸张设计对象的造型结构、外形趋势变化和素描层次色彩、材质肌理细节，都属于通过对设计对象静态外观形式的概括夸张塑造来统一设计语言。而在概念设计中，角色的动作行为特征也能够传达不同的概念和画面故事。因此在静态外观形式的基础上，还可以通过概括夸张角色的动作，即概括动态外观形式，进一步统一设计语言。

5. 概括夸张动作

通过概括夸张动作能够呈现出不同的画面风格，相同的动作夸张特征能够形成统一的设计语言。如图 13-25 所示，同样造型的角色，在左图相对趋于具象的画面风格中，角色的动作特征更切合真实的动作特性，动态细节也更加丰富，更加贴近于真实的运动逻辑；而右图相对趋于抽象的画面风格，通过主观性地减少关节结构对不同动作的影响，概括性地塑造角色的行为动作，这样表现出的动作特征更加抽象。

在相对趋于具象的画面风格中，角色表现出的表情特征较为具象；而在趋于抽象的画面风格中，角色表现出的表情特征较为概括夸张，如图 13-26 所示。

图 13-25 左图角色的动作行为趋于具象画面风格，右图角色的行为动作趋于抽象画面风格

图 13-26 左图角色的表情趋于具象画面风格，右图角色的表情趋于抽象画面风格

在同一个画面风格框架内的设计方案，往往让不同的设计图的动作都具有一致的概括夸张动作特征，从而确保整体的节奏层次韵律统一。在图 13-27 题材不同的角色设计中，不同角色的整体外形差异较大，但呈现出的运动姿势都具有相同的概括夸张程度，因此能够形成统一的画面风格。

图 13-27 在同样的画面风格框架内，不同角色以统一的概括夸张幅度进行塑造

13.4 环境氛围特征统一设计语言

在绘画创作中，往往会对画面的环境所产生的光影色调进行有意识的主观性创作，从而呈现独特的画面效果。不同的光影色调塑造能够产生独特的环境氛围特征，呈现出特有的画面风格，利用其画面风格特征能够统一设计语言。

在图13-28中，不同颜色的灯光照射于同样造型的白色球体，能够呈现出不同的画面效果。环境氛围特征统一设计语言，便是通过主观性地塑造具有某种强烈色彩表现特征的环境，呈现出具有不同艺术倾向的画面，并以此画面特征统一设计语言。

图13-28 不同颜色的光照让同样造型、同样固有色的球体呈现出不同的画面效果

利用环境氛围特征统一设计语言的核心在于通过主观性塑造光影色调，形成特定的环境氛围。理论上，光影环境具有无数种变化，但大致可以从整体色调特征、光影明暗对比特征、明暗面色调倾向特征这三个方向进行塑造，并以此来统一设计语言。

1. 整体色调特征

不同的整体色调特征能够形成特有的画面风格，利用相同的整体色调氛围能够形成统一的设计语言。如图13-29所示，同样的物体在不同色调的塑造下，能够呈现出不同的画面风格。因此在设计应用中，通过对画面色调进行有意识的主观性创作，往往可以呈现独特的画面效果，并且以此来统一设计语言。

图13-29 整体色调特征的差异让同样形状的物件呈现出不同的画面风格

根据色调倾向性的强弱，整体色调特征往往表现为不同元素趋于独立的色调塑造，或不同的元素趋于某种相同的色调塑造。在图13-30所示外形一致的三张图中，第一张图整体呈现出较为柔和的中间色调的色彩倾向，画面中物体固有色的表现较明显，不同元素的色彩独立性较强；第二张图整体呈现出黄绿色调的色彩倾向，画面中不同元素的色彩独立性较弱；而第三张图整体呈现出更加统一的色彩倾向，画面中不同元素几乎没有独立的色调倾向。

图13-30 对同样外形建筑的整体色调以不同色调倾向进行塑造，能够呈现出不同的画面风格，并以整体的色调倾向统一设计语言

整体色调特征对设计语言的影响，直观地表现为对画面整体环境氛围的色彩倾向塑造。有意识地赋予整体画面不同的色调倾向，能够呈现出完全不同风格特征的氛围，并表现出不同的设计语言。比较图13-31中两张造型一致的场景氛围图，左图的色彩整体倾向性较弱，画面中不同元素的色彩层次分明；而右图色彩的整体倾向性较强，整体趋于灰色调，画面中不同元素的色彩层次较为统一。

图13-31 在造型关系确定的基础上，场景氛围图的设计往往通过塑造不同的整体色调倾向特征来传达整体环境的设计语言

2. 光影明暗对比特征

不同的光影明暗特征能够形成特有的画面风格，利用相同的光影明暗对比能够形成统一的设计语言。如图 13-32 所示，同样的物体在不同的光影明暗对比塑造下，能够呈现出不同的画面风格。因此在设计应用中，通过对画面光影明暗对比进行有意识的主观性创作，往往可以呈现独特的画面效果，并且以此来统一设计语言。

图 13-32 光影明暗对比特征的差异让同样形状的物件呈现出不同的画面风格

根据光影明暗对比关系的强弱，画面塑造要么趋于色彩关系的塑造，要么趋于光影对比的塑造。在图 13-33 所示的外形一致的三张图中，第一张图几乎不强调明暗对比关系，画面风格特征以固有色色彩搭配塑造为主；第二张图明暗对比适中，画面亮部和暗部区间都有较丰富的色彩层次；第三张图色调呈现出极强的光影明暗对比关系，暗部几乎接近于纯黑色，画面风格特征以光影的塑造为主。

图 13-33 对同样外形建筑的光影明暗关系进行不同对比强度的塑造，能够呈现出不同的画面风格，并以整体的色调倾向统一设计语言

光影明暗对比特征对设计语言的影响，直观地表现为画面整体环境氛围的光影强弱对比塑造。有意识地赋予整体画面不同的明暗对比的塑造，能够呈现出完全不同风格特征的氛围，并表现出不同的设计语言。比较图 13-34 中两张造型一致的场景氛围图，左图的明暗对比关系适中，画面氛围趋于对现实环境的还原，呈现出较为丰富的素描色彩层次细节；而右图刻意加强明暗对比关系，画面氛围更加强调光影特征，呈现出美式漫画的特征。

图 13-34 在造型关系确定的基础上，场景氛围图的设计往往通过塑造不同的明暗对比特征传达整体环境的设计语言

3. 明暗面色调倾向特征

在整体色调特征与光影明暗对比特征一致的基础上，不同的明暗面色调倾向特征能够形成不同的画面风格，利用相同的明暗面色调倾向能够形成统一的设计语言。在光影对比关系较强的环境氛围中，通过对同样的物体亮部区间或暗部区间的整体色调赋予色调倾向，能够呈现出不同的画面风格。因此在设计应用中，通过对明暗面色调进行有意识的主观性创作，往往可以呈现独特的画面效果，并且以此来统一设计语言，如图 13-35 所示。

图 13-35 明暗面色调倾向特征的差异让同样形状的物件呈现出不同的画面风格

根据明暗面色调倾向的强弱，画面往往表现为亮面或暗面分别趋于某种相接近的色调，并且呈现出鲜明的明暗面色彩对比关系的塑造。在图 13-36 所示的外形一致的三张图中，第一张图暗色区间趋于暖色，色彩统一于暖色区间，与亮面较为丰富的冷色固有色形成鲜明的对比；第二张图暗色区间趋于冷色，色彩统一于冷色区间，与亮面较为丰富的暖色固有色形成鲜明对比；第三张图暗色区间趋于无彩色，与亮色区间所形成的有彩色形成鲜明对比。

图 13-36 对同样外形建筑的光影明暗面色调倾向进行不同色彩倾向的塑造，能够呈现出不同的画面风格，并以整体的色调倾向统一设计语言

明暗面色调倾向特征对设计语言的影响，直观地表现为画面整体环境氛围的明暗面色调对比塑造。有意识地赋予画面明暗面不同色调倾向的塑造，能够呈现出不同风格特征的氛围，并表现出不同的设计语言。比较图 13-37 中两张造型一致并且光影明暗对比也接近的场景氛围图，左图暗色区间色彩倾向于蓝色色调，暗面区间色调倾向较强；而右图亮色区间色彩倾向于黄色色调，亮面区间色调倾向较强。

图 13-37 在造型关系确定的基础上，场景氛围图的设计往往通过塑造不同的明暗区间的色调倾向特征传达整体环境的设计语言

13.5 相似的概念统一设计语言

统一表现手法特征、统一概括夸张特征、统一环境氛围特征，都能够统一设计语言，都属于塑造具有标志性的画面风格，从而对整体艺术表现的塑造方向进行统筹规划。在同一个画面风格基础上，往往还通过结合特定世界观，利用统一的设计规则塑造外观形式特征相似的不同元素，传达一系列成体系的概念，统一画面中局部的设计语言。

在统一的画面风格与主题世界观基础上，游戏中呈现出的不同地域、不同文化、不同阵营等内容都具有其独有的标志性造型、色彩、主题，以此构成局部的一系列概念具有设计样式统一普遍性及风格特征标志性，从而形成局部设计语言。如图13-38 所示，在同样的画面风格塑造表现下，人类阵营的石柱、矮人阵营的石柱、精灵阵营的石柱、恶魔阵营的石柱所表现出的标志性外观形式特征具有极高的不同种类的辨识度，这些标志性的外观形式特征往往成为统一局部的设计语言的元素。

图 13-38 不同种类的石柱，其外观形式特征有巨大的差异

当某种标志性的外观作为统一设计语言的元素时，便要求一系列的设计具有相同或相似的特征，并且具有特有的设计规则，并形成体系。这需要结合概念传达的知识点对不同的设计主题进行体系化的设计。

1. 通过外形特征统一设计语言

不同的形状能够呈现出不同的形式感，通过塑造元素的外形特征能够传达不同的主题。比如正三角形安定感较强，正方形较为敦实，具有曲线外观的形状则能够让设计主体表现出女性化特征，具有直线外观的形状则能够让设计主体表现出男性化特征，如图 13-39 所示。

图 13-39 不同外观的形状能够给人不同的直观感受

以某一种特定外形塑造设计主体能够让设计呈现出相应的形式感，如图 13-40 所示。因此当塑造多个设计方案时，以相似的外形特征传达不同的概念，能够统一不同设计主体的设计语言。

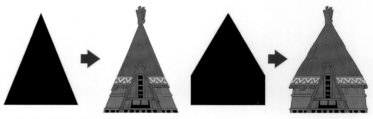

图 13-40 两种不同特征的外形让建筑呈现出不同的形式感

通过外形特征统一设计语言直观地表现为，不同设计主体具有同样的形状特征。在图 13-41 所示的两组建筑设计方案中，前三个建筑样式以三角形的外形特征进行塑造，而后三个建筑样式则以正方形结合三角形的外形特征进行塑造。建筑所具有的相似的外形特征，使设计样式具有统一普遍性，同时也形成了风格特征的标志性。

图 13-41 当相似的形状应用于多组设计方案时，可以让多组不同的设计对象具有相似的表现形式，从而统一设计语言

2. 通过题材特征统一设计语言

不同的题材能够呈现出不同的形式感，通过塑造元素的题材特征能够传达不同的主题。例如狼头代表了野蛮，狮子头则象征着英勇、荣誉，翅膀象征着正义、光明，骷髅则代表了邪恶，如图 13-42 所示。

图 13-42 不同特征的题材能够给人以不同的直观感受

以某一种特定题材塑造设计主体，则能够让设计呈现出相应的形式感，如图 13-43 所示。因此当塑造多个设计方案时，以相似的题材特征传达不同的概念，能够统一不同设计主体的设计语言。

图 13-43 两种不同特征的题材让盾牌呈现出不同的形式感

在图 13-44 所示的两组军事器械设计方案中，在表现人类的一系列军事器械时，主要以狮子的造型元素进行塑造，呈现崇尚英勇正义的文化特征；而在表现野蛮人的一系列军事器械时，主要以骷髅的造型元素进行塑造，呈现崇尚野蛮暴力的文化特征。军事器械所具有的相似题材特征，使设计样式具有统一普遍性，同时也形成了风格特征的标志性。

图 13-44 当相似的题材应用于多组设计方案时，则能够让多组不同的设计对象具有相似的表现方向，从而统一设计语言

在概念设计的想象力突破应用中，主要通过对不同题材元素进行组合、代入、替换、拟态、裁切、夸张、特殊定义，塑造有一定想象力的概念；而同一种设计语言也表现为具有相似的想象力塑造尺度。因此通过题材特征统一设计语言，进一步表现为设计主题在想象力的突破尺度上，并以相同的想象力尺度统一设计语言。单纯对客观事物进行再现塑造的设计，所应用到的题材往往也较为寻常。例如以牛、马、大象等生物作为设计题材的骑兵，便是以想象力塑造尺度较小的设计主题统一设计语言的，如图 13-45 所示。

图 13-45 以马、牛、大象为原型设计的骑兵的想象力突破尺度较小

架空世界观并给予较大想象力尺度进行塑造的设计，所应用到的题材则较为多元化。例如翼龙骑兵、蜥蜴骑兵、角龙骑兵，便是以想象力突破尺度较大的设计主题统一设计语言的，如图 13-46 所示。

图 13-46 以翼龙、蜥蜴、角龙为原型设计的骑兵的想象力突破尺度较大

3. 通过排列节奏特征统一设计语言

不同的排列节奏能够呈现出不同的形式感，通过塑造元素的排列节奏特征能够传达不同的主题。例如趋于规整的排列、趋于混乱的排列、趋势感较强的排列、趋势感较弱的排列能够分别应用于不同的主题塑造中，如图 13-47 所示。

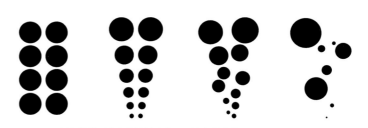

图 13-47 不同特征的排列节奏能够给人以不同的直观感受

将某种特定排列节奏运用于塑造设计主体，则能够让设计呈现出相应的形式感，如图 13-48 所示。因此当塑造多个设计方案时，以相似的排列节奏特征传达不同的概念，能够统一不同设计主体的设计语言。

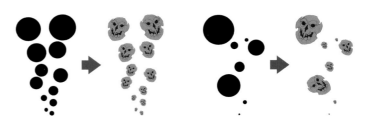

图 13-48 两种不同特征的排列节奏让骷髅组合呈现出不同的形式感

在图 13-49 中，角色、物件及场景都以骷髅作为标志性元素进行塑造。在表现等级较高、有一定智慧程度的恶魔头领时，左图画面中骷髅分布的排列节奏较为规整；而在表现等级较低、智慧程度较低的恶魔监狱长时，右图画面中骷髅分布的排列节奏较为混乱。骷髅分布的样式所具有的相似排列节奏特征，使设计样式具有统一普遍性，同时也形成了风格特征的标志性。

图 13-49 当相似的排列节奏应用于多组设计方案时，能够让多组不同的设计对象具有相似的表现倾向，从而统一设计语言

4. 通过标识性的色彩搭配特征统一设计语言

不同的色彩搭配能够呈现出不同的材质特征、时代特征、文化特征等象征含义，通过塑造元素的色彩搭配能够传达不同的主题，如图13-50所示。

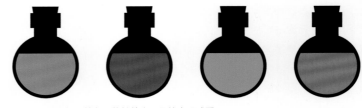

图 13-50 不同特征的色彩能够给人不同的直观感受

单纯的色彩无法全面地表现材质特征、时代特征、文化特征等象征含义，仅仅通过颜色的搭配区分不同的主题传达的信息往往较为模糊。因此利用标识性的色彩搭配统一设计语言，必然是以造型的设计语言统一作为前提的，如图13-51所示。

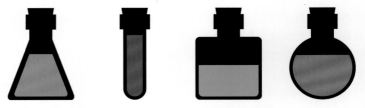

图 13-51 不同特征的色彩结合特定的形状能让传达的信息更加直观

结合特定的造型或特定的题材，将某一种标识性色彩搭配运用于塑造设计主体，能够让设计呈现出相应的形式感，如图13-52所示。因此当塑造多个设计方案时，以相似的色彩搭配特征传达不同的概念，能够统一不同设计主体的设计语言。

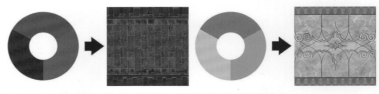

图 13-52 两种不同特征的色彩搭配让地面结构呈现出不同的形式感

以统一的色彩搭配特征统一设计语言，典型的表现为赋予具有相似文化特征的元素相似的色彩搭配方案。在图13-53两组不同等级的建筑设计中，普通民房的色彩搭配主要以深浅不同的灰褐色为主，而宫殿建筑的色彩搭配主要以橙色、米黄色、紫色及蓝色为主。不同风格的建筑所具有的相似色彩搭配，使设计样式具有统一普遍性，同时也形成了风格特征的标志性。

图 13-53 当相似的色彩搭配应用于多组设计方案时，能够让多组不同的设计对象具有相似的表现方向，从而统一设计语言

特定的形状或题材结合标识性的色彩搭配，有时候也会形成具有特殊文化背景的设计元素，并以此统一设计语言。例如海盗旗的标识就是将典型的黑白色彩搭配于骷髅图案上，形成了海盗文化固有的色彩搭配特征，并以此来统一海盗阵营不同元素的设计语言，如图13-54所示。

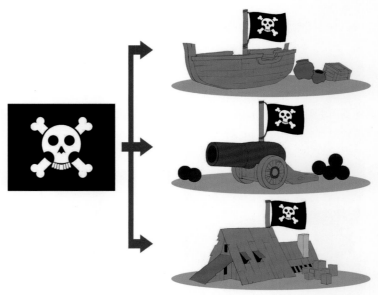

图 13-54 黑色与白色搭配通过骷髅造型的图案形成了海盗阵营的色彩搭配特征

5. 通过动作行为特征统一设计语言

角色可以通过塑造动作行为特征呈现，通过角色动作行为特征能够传达不同的主题。例如平静的动作行为、暴躁的动作行为、缓慢的动作行为等能够分别应用于不同的主题中，如图 13-55 所示。

图 13-55 不同特征的动作行为能够给人不同的直观感受

将某一种动作行为运用于塑造设计主体，能够让设计呈现出相应的形式感。当塑造多个设计方案时，以相似的动作行为特征传达不同的概念，能够统一不同设计主体的设计语言，如图 13-56 所示。

图 13-56 两种不同特征的动作行为让角色呈现出不同的形式感

在图 13-57 的两组僵尸动作设计方案中，呈现出缓慢、迟钝动态形象的一组僵尸形成了一种统一的动作行为特征，而呈现出快速、灵巧动态形象的一组僵尸则形成了另一种统一的动作行为特征。不同形象的僵尸所具有的相似动作行为特征，使设计样式具有统一普遍性，同时也形成了风格特征的标志性。

图 13-57 当相似的动作行为应用于多组设计方案时，能够让多组不同的设计对象具有相似的表现方向，从而统一设计语言

角色统一的行为特征，往往在群体性的活动中表现最为明显，并且形成不同地域、不同文化、不同阵营标志性的行为活动，因此通过塑造不同形象所具有的群体角色的共同行为能够统一设计语言。如图 13-58 中不同的角色，通过祭祀活动呈现出的标志性、仪式感的动作行为，统一了角色设计语言。

图 13-58 角色统一的动作行为特征在祭祀活动中表现得最为明显

CHAPTER

14

规划设计

PLAN YOUR DESIGN

概念设计最终服务于产品，其本质是对产品的规划。一个游戏产品往往需要不同种类、不同题材、不同表现力的设计方案，对设计的需求数量十分庞大，需要多人甚至多个团队协作完成，因此需要对概念设计进行充分规划，从而明确设计方向，在整体规划的框架内进一步推动局部的概念设计，确保不同设计师、不同设计团队的设计方案符合整体产品的目标要求。

14.1 解读设计目标

一些突发的灵感、感性的想法有助于艺术创作，而概念设计区别于个人艺术创作的一个非常重要的特征是，前者以目标为导向进行创作，这需要理性的思维，必然是围绕产品目标进行的。因此，做好规划设计的前提必须是明确设计目标，从而针对产品的整体目标推动概念设计的创作。

当设计的目标模糊时，设计尺度边界较大，往往会使塑造的表现内容过于宽泛，设计方向偏离设计目标。而当多个设计师以模糊的目标共同进行创作时，因每个人对目标的理解不统一，会使不同设计师的设计图呈现出风格、题材、表现力差异巨大的结果，如图14-1所示。

图14-1 模糊的设计目标使不同设计师的主观想法主导了设计作品

当设计目标清晰时，能够有效约束设计程度边界，限制塑造的表现内容，让设计方向更加契合设计目标。即使让多个设计师创作同一个设计案例，也能够使每个设计师所塑造的设计方案呈现出差异不大的结果，如图14-2所示。

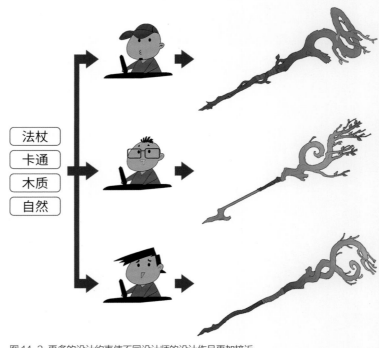

图14-2 更多的设计约束使不同设计师的设计作品更加接近

清晰的目标是规划设计的基础，在此基础上，才能够进一步解读目标需求，让不同的设计师、设计团队具有统一的设计方向。在进行设计时，主要从以下几个方面对设计目标进行解读。

1. 找到核心目标要求

概念设计必然对应到相应的设计目标要求，比如同样的木箱，它可以对应到能够爆炸的目标要求，也可以对应到能够开启的目标要求。无论哪一种目标要求，木箱的外观都应在满足这个设计目标的前提下进行设计，如图 14-3 所示。

图 14-3 即使是简单的木箱设计也要遵循设计目标要求

解读设计目标最基本的要求是找到核心设计目标，将次要的目标作为参考。比如树根的设计，对其提出具有阻隔作用并且可以破坏的设计目标要求，那么其核心目标是阻隔作用，并且可以破坏。如果将其设计成空隙较大的造型结构显然偏离了设计目标，应该将其设计成较为密集的造型结构，如图 14-4 所示。

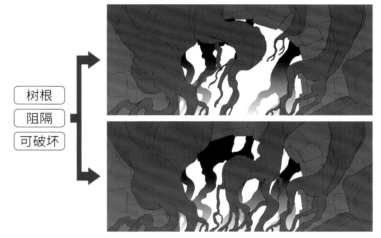

图 14-4 上图树根排布有较大空隙，层次感较丰富；下图树根排布密集，则更贴合阻挡玩家通行的设计需求

2. 剔除可有可无的需求信息

概念设计图传达出的诸多设计信息，有些是为了满足功能，有些是为了满足美观，有些是为了满足视线引导，因此必然存在一些设计信息对设计目标来说是主要的，而一些设计信息是次要的。比如可爆炸的火药桶可以拆解为最主要的爆炸物警示性图案信息，基本的体积结构信息，最次要的木材纹理信息，如图 14-5 所示。

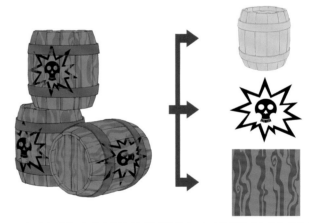

图 14-5 概念设计图不仅需要传达主要的设计信息，还需要传达次要的设计信息

概念设计图传达出的设计信息是为设计目标服务的，因此当次要的设计目标对核心目标影响较小或者与其产生冲突时，应根据设计表现效果将影响不大的次要设计目标适当舍弃。比如在设计需求中，普通的民居属于整体画面中的次要元素，那么其形状样式的目标对核心目标的影响就相对较小，设计创作的弹性也较大，如图 14-6 所示。

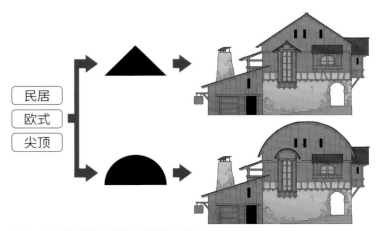

图 14-6 尖顶和圆顶的民居具有相同的表现力

3. 通过参考元素明确目标要求

人们对不同的客观物体都有一定的固定印象，以这些客观物体为参考，能够快速建立设计目标共识，如图14-7所示。

图14-7 即使是这些概括性的图案，也能够让不同的人达成共识

参考图可以有效传达和设计主题接近的形状、色彩、题材、表现力等信息，约束设计尺度的边界，因此创作时通过参考图可以直观地明确设计目标。比如以鹦鹉螺作为参考元素，那么在此基础上的概念设计必然被有效约束在鹦鹉螺的外观特征中，如图14-8所示。

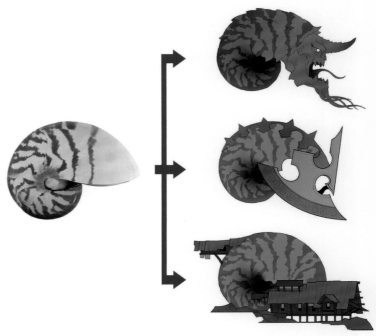

图14-8 恶魔、头盔和建筑都有鹦鹉螺的外观特征

4. 区分阶段性的设计目标需求

在产品研发过程中，同样一个设计方案在产品研发不同阶段的需求侧重点往往有所差异：产品研发的初始阶段需要快速构建整个游戏的核心玩法、美术效果等设计框架，因此需要一些相对简单的资源对所要制作的虚拟世界的结构进行搭建；中后期则在这个框架基础上进行迭代设计。比如立方体、木箱、上了油漆的木箱都具有相同的分量，在初始阶段用于一些基础功能的实现，它们所起到的作用是一样的，如图14-9所示。

图14-9 相同分量的立方体足够满足一些基础功能、美术效果的验证

针对产品研发不同阶段的目标需求，概念设计塑造的侧重点也不同。以场景设计为例，在产品研发的初始阶段，必然要求快速验证场景关卡结构，塑造大致的画面效果，那么设计目标的侧重点则偏向于整体轮廓、大致的体积、粗略色块的塑造；而在产品研发后续阶段，需要进一步完善画面效果，那么设计目标的侧重点则偏向于细节及氛围的进一步塑造，如图14-10所示。

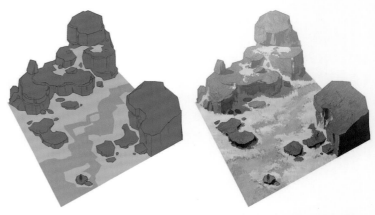

图14-10 左图较为概略，传达了地貌的大致结构；右图较为精细，传达了地貌的氛围特征

14.2 基础规范规划

概念设计最终以美术资源的形式呈现于游戏的虚拟世界中,不同资源的制作必然要有相对的比例、尺寸等条件作为设计参照和规范,因此在规划设计时,必然要对不同概念设计的规范进行规划,从而保证不同的设计方案在制作过程中的可行性,如图14-11所示。

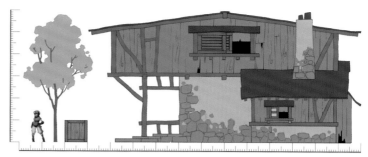

图14-11 虚拟世界中的美术资源必然要以相同的尺寸标准进行制作

基础规范规划的核心是以技术实现可行性为基本条件,制订最底层的设计标准和相对比例关系,构建概念设计的基础框架,并以此作为设计尺度边界限制后续概念设计的设计范围。在具体设计应用中,基础规范的规划设计主要从以下几个方面进行。

1. 角色比例规范

角色比例规范是指对角色基本体形比例及骨骼进行的规范。通过对角色体形比例及骨骼进行规范,可以有效限定角色设计的范围边界,并使其进一步作为场景设计的比例参照。对角色比例的规范,首先是对体形比例的规范,包括不同身材的角色基础体形及不同生物的基础体形,如图14-12所示。

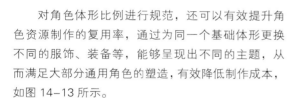

图14-12 对不同体形比例进行规范是设计不同角色的基础

对角色体形比例进行规范,还可以有效提升角色资源制作的复用率,通过为同一个基础体形更换不同的服饰、装备等,能够呈现出不同的主题,从而满足大部分通用角色的塑造,有效降低制作成本,如图14-13所示。

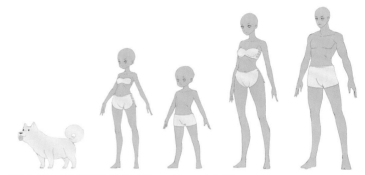

图14-13 三个不同的角色都由同一个基础体形进一步塑造形成

其次是对骨骼进行规范,即要求复用同一套体形进行多个角色的设计时,表现运动的结构必须在原有骨骼框架基础上进行塑造。因此在做角色比例的基础规范时,必须充分考虑不同外形有可能出现的运动结构,并对相应的骨骼结构进行规范,如图14-14所示。

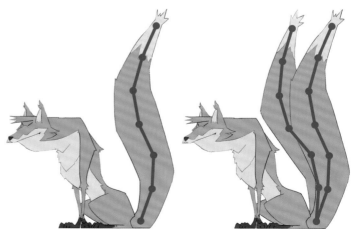

图14-14 一条尾巴或两条尾巴的形象,相应地有不同结构的骨骼框架

在设计中，为了节省制作成本，必然要求以某个基础体形及相应的骨骼框架为基础，将其复用于多个演变造型的拓展设计中。这就要求设计师在进行后续的拓展设计时，确保其运动结构在原有基础造型的体形、骨骼结构上进行。比如在肉鳍鱼的基础造型上进行拓展设计，如果仅仅改变鱼鳍轮廓、身体纹饰、尖角等结构，那么拓展设计的形象完全可以复用基础造型的动作设计。如果要加入具有运动结构的胡须、更多的鱼鳍，则并不能够复用基础造型的动作设计，如图14-15所示。

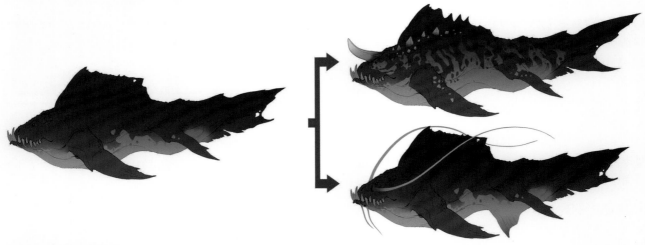

图14-15 上面一种拓展设计可以让基础造型的动作设计复用于新的形象中，下面一种拓展设计则要添加一些骨骼结构

对角色比例的规范还表现为对不同重要度的角色进行规划。重要度低的角色的贴图面积较小、材质球数量较少，要求基础的体形比例和骨骼具有较高的复用率和通用性；而重要度高的角色往往设计尺寸较大，贴图面积较大、材质球数量相对较多，不强调体形比例和骨骼具有太高的复用率和通用性，因此可以作为独立的元素来设计，如图14-16所示。

图14-16 重要度越高的角色结构层次越丰富

2. 场景比例规范

场景比例规范是指设计的不同分量的场景物件以相似物件作为比例参照的规范。不同题材的场景设计具有较大的分量差异，单纯以角色作为尺寸参照往往会有较大的设计误差。若以角色体形为基础参照标准，进一步通过场景中的一些能直观体现与角色分量相适应的物件作为场景设计的比例参照标尺，可以有效规范不同分量场景物件的尺寸标准，减少设计误差，如门、窗户、桌椅等物件，台阶坡度、建筑楼层高度等，如图14-17所示。

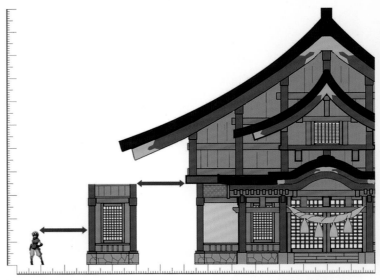

图14-17 相较于利用角色作为比例参照，利用楼层高度作为比例参照更加精确

以角色与场景的相对比例为基础，图14-18中路面的宽度标准可以作为规划路线的参照。在同样的视角下，画面中路面越宽，其表象越趋于面；路面越窄，其表象越趋于线。因此在场景设计中，往往根据游戏主视角中角色的大小规范路面的宽度标准。

图14-18 左图较宽的路面引导性较差，右图较窄的路面引导性较强

3. 贴图精度比例规范

贴图精度比例规范是指对不同设计主题的实际尺寸与贴图像素的比例的规范。一方面，游戏的虚拟世界中的资源具有不同的分量差异；另一方面，在相同技术条件下，材质球贴图的尺寸是有限制的。因此要保证美术资源在画面中最终呈现出的精度一致，必然要以相同的精度比例标准对不同主题进行设计，如图14-19所示。

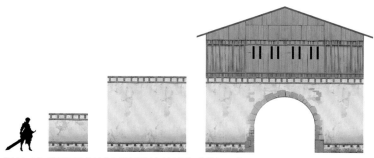

图14-19 分量不同的墙体以相同的精度比例标准进行设计

贴图精度比例规范对设计具象图案的影响较大。在图14-20中，贴图的标准是以64像素的精度表现1米的尺寸；那么要塑造长宽均为2米的图案，就要用到128像素尺寸的贴图；若设计的图案超过了2米的尺寸，则相应地要用到更大尺寸的贴图或用连续贴图的塑造方式进行设计。

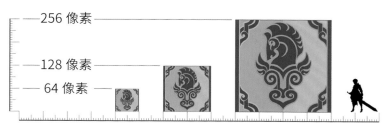

图14-20 图案的实际尺寸越大，所要用到的贴图面积也就越大

4. 结构衔接规范

结构衔接规范是指对资源的不同部件按特定的拼接规则对衔接结构进行的规范。结构衔接规范主要针对场景建筑设计，主要包括建筑平面结构的衔接和立面结构的衔接的规范。平面结构的衔接主要表现为，建筑地基按特定的组合规范形成合理的组合形式；立面结构的衔接主要表现为，建筑在不同高度层面上，其结构按特定的组合规范形成合理的组合形式，如图14-21所示。

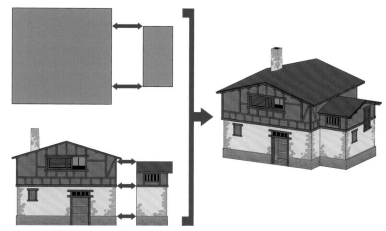

图14-21 拼接建筑资源要求不同的建筑组件以相同的结构衔接标准进行设计

在此基础上，结构衔接规范还表现为单个部件以特定的弧度、角度进行塑造，从而使部件重复拼接，形成曲线外观的建筑，常见于长廊、楼道的设计中，如图14-22所示。

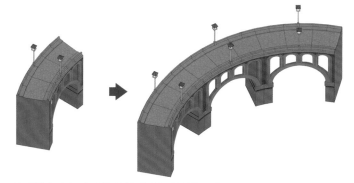

图14-22 用特定弧度、角度的建筑组件进行连续拼接，能够拼合形成曲线形建筑结构

结构衔接规范的本质是要求不同分量、不同形状的建筑部件以相对合理的方式进行拼接组合，但有时结构差异较大的组件难以进行合理的拼接，因此需要塑造可以同时容纳两种结构的过渡组件。在图 14-23 中，围墙与廊道从外形上不能够直接进行组合拼接，但以一个分量较大、同时可以衔接围墙和廊道的塔楼作为过渡，便可以形成合理的建筑组合形式。

图 14-23 塔楼墙面的面积较大，可以将围墙和廊道的横截面面积容纳其中

14.3 概念规划

在游戏的虚拟世界中，概念设计可以呈现不同的艺术风格，可以趋于写实，可以趋于卡通，想象力的尺度可以较大，也可以单纯地还原现实世界。但无论是哪一种设计语言，要确保风格的整体统一，必然要对所要塑造的不同题材概念设计进行规划，如图 14-24 所示。

图 14-24 游戏中的大部分美术资源必然要以相同的设计语言进行包装

概念的规划可以概括为用一种设计语言去塑造一个世界。在具体的设计应用中，概念的规划设计主要从以下几个方面进行。

1. 整体设计语言规划

概念的规划设计首先是对整体设计语言的规划。整体设计语言规划指的是用一种标志性的画面风格塑造整个虚拟世界的不同元素，确保虚拟世界中不同设计主题的表现手法、夸张程度的塑造、环境氛围的塑造等能够以统一的语言进行设计，如图 14-25 所示。

图 14-25 不同的元素都以相同的设计语言进行塑造

整体设计语言规划还需要充分考虑游戏实际视角所能够呈现的画面表象。一方面，塑造角色时要充分考虑不同实际视角下角色的外形，例如第三人称视角的游戏可以突出角色上半身的塑造，横板的角色则要求强调角色侧身的塑造，如图 14-26 所示。

图 14-26 左图视角下角色更多注重上半身的塑造，右图视角下角色更多注重侧身的塑造

另一方面，对角色的概括尺寸的控制取决于角色存在于游戏主视角中的比例，例如一些即时战略游戏，每个单位在画面中较小，在细节塑造上更加概括一些；而能够将摄像机拉近、观察角色半身的大型多人在线游戏，在细节塑造上就要求细致一些，如图 14-27 所示。

图 14-27 左图角色分量占画面面积较小，强调大色块的塑造；右图角色分量占画面面积较大，强调局部纹理的塑造

游戏实际视角对主体设计语言规划的影响还表现在场景设计上，例如在第三人称视角的游戏场景设计中，大部分画面无法呈现不同的景别，画面更多呈现的是建筑顶部的样式、建筑墙面与地面的衔接、路面结构等，因此更强调这些结构的塑造；而在横板视角的游戏画面中，能够有效呈现不同景别的空间关系，因此更强调不同景别的轮廓剪影、虚实关系、空间层次的塑造，如图 14-28 所示。

图 14-28 游戏实际视角的差异使场景设计的侧重点也不同

在自由视角的场景设计中，理论上玩家可以以任何视角观察画面，因此需要在强调视线引导的基础上，对主要视角的画面进行设计，如图 14-29 所示。

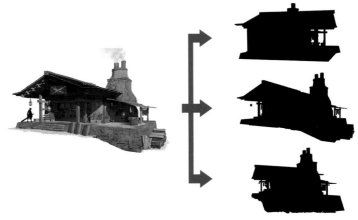

图 14-29 因观察视角的差异，建筑会呈现出不同的外观形式

2. 概念设计横向规划

概念设计横向规划指的是对整个世界的不同元素进行从宏观到局部的规划设计。概念设计横向规划首先以玩家的游戏体验过程为基础，对虚拟世界中不同题材地图进行规划设计，如森林、山谷、火山等，如图 14-30 所示。一般来说，不同题材地图的体验顺序会以游戏故事线的发展为基础进行安排。根据核心玩法需求，这些不同类型的地图可以是一张张独立的，也可以是一张地图中不同的、独立的地貌区域。

在不同题材地图的基础上，概念设计横向规划进一步是对每张地图中不同区域氛围，以及构成相应氛围的元素进行规划设计。例如森林地图可以进一步规划出瀑布、浅滩、海岸等区域的氛围设计，如图 14-31 所示。玩家在不同环境氛围中的体验差异也主要受这些元素的影响。

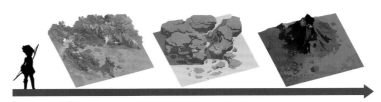

图 14-30 根据不同的地貌环境，玩家依次经过森林、山谷、火山场景

图 14-31 不同的地貌环境差异由相应地貌中的不同类型元素来呈现

在地图不同区域氛围及相应的元素规划基础上，概念设计横向规划更进一步是对每个种类的元素不同外观形式进行规划设计，例如同一区域内的植物进一步规划为若干不同种类、不同造型，区域内的动物进一步规划为多个不同种类、不同纹理色彩等，如图 14-32 所示。在这个阶段，概念设计的横向规划基本上可以明确整个世界中所需要设计的风格特征、资源的数量等信息，因此也是后续进行量化规划的基础。

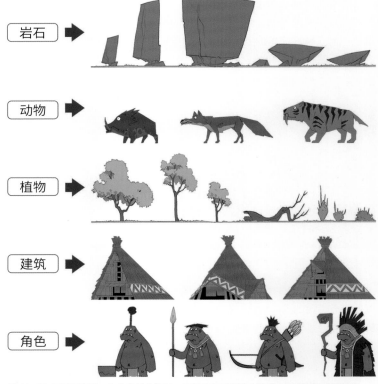

图 14-32 不同元素进一步的差异化设计，可以直观呈现整个游戏中所要制作的资源量

概念设计的横向规划必然包含对不同区域元素的差异化和特有元素的塑造，例如将云纹题材应用于同一个人文背景的不同元素中，形成特有的设计语言。因此概念设计横向规划也可以称为局部设计语言的规划，如图 14-33 所示。

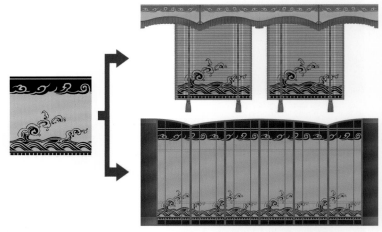

图 14-33 一些特有的抽象化纹饰经常用于塑造具有相同人文背景的不同元素

部分设计元素需要进一步设计不同的动作、技能等表现形态，因此概念设计的横向规划还包括个体元素的不同表现形式的动作、不同表现力的技能特效的规划，如图 14-34 所示。角色的动作行为也能够呈现出一部分人文背景，因此其也是局部设计语言规划的重要组成部分。

图 14-34 不同人文背景、不同形象的角色呈现出的动作行为特征往往有较大差异

3. 概念设计纵向规划

概念设计纵向规划指的是对同一个元素进行不同阶段的规划设计。概念设计纵向规划在一些具有等级变化的角色设计中较为常见，例如同一个怪物在不同阶段的外观形式差异，如图14-35所示。因此，概念设计纵向规划也可以称为等级规划。

图 14-35 怪物外观形式表现力的强弱能够直观呈现出等级的差异

等级规划不仅仅体现在静态的外观形式差异上，还体现在不同等级阶段呈现出的动作技能、特效、音效的表现力差异上。角色等级越高，呈现出的动作技能、特效、音效的表现力越强，如图14-36所示。

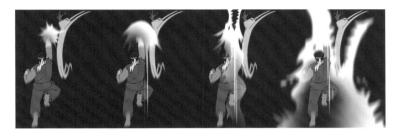

图 14-36 动作技能、特效、音效表现力的强弱能够直观呈现出等级差异

在场景设计中，等级规划除了用于塑造具有等级变化的场景物件以外，还表现为对通用物件和特殊物件的规划。以树木设计为例，通用的树木外观形式差异不大，表现力也较弱；而等级较高、较为特殊的树木则有较强的表现力，从而形成画面的视觉中心，如图14-37所示。此外，在场景设计中，往往需要以大量的通用物件衬托少量的特殊物件，因此场景设计的纵向规划必然要结合横向规划同时进行。

图 14-37 左图一组通用的树木表现力相似，从而能够衬托右图特殊的植物

14.4 关卡规划

剥离游戏中的美术、技术及背景故事后，游戏体验是游戏过程中遵循某种规则机制的交互关系，不同的游戏机制呈现出不同的核心玩法，是游戏真正的核心。例如，在游戏中，玩家遇到木箱阻挡了行进，其本质是一个立方体结构和玩家产生了交互关系，如图14-38所示。为了满足游戏玩法的实现，必须对游戏中的底层整体结构进行规划，这种结构规划就是关卡规划。

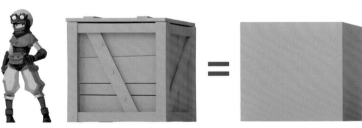

图 14-38 在实现阻挡功能交互关系方面，木箱的作用和相似大小立方体的作用是相同的

美术的包装建立在明确的关卡规划基础上。同样的关卡结构，通过不同的美术创作，能够传达出不同的主题画面，但其本质依然是满足相同交互机制的关卡结构。在图14-39中，同样的基础结构通过不同题材的塑造，呈现出不同的美术体验，但从功能上来说，其本质都是玩家需要通过跳跃、攀爬等操作才能够通过这一段路线的交互关系。

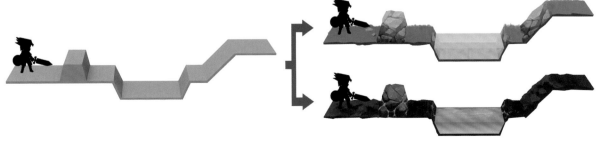

图 14-39 同样的基础结构能够以不同的题材进行美术包装

在游戏设计中，关卡规划的表象主要体现在场景设计的结构塑造上，例如地形的起伏、悬崖的落差、河流的间距等。场景中不同物件的表象实质上是不同简单结构所构成的关卡，如图 14-40 所示。

图 14-40 游戏中不同物件表象的本质结构是大小不一的几何体造型

关卡规划必然要求契合相应的游戏机制，因此必须要从充分满足玩法实现、技术实现的角度出发进行设计，最后考虑美术的表现效果。因此进行关卡规划时，需要从以下几个基本的前提条件出发进行设计。

1. 规划结构满足游戏交互规则

游戏规则机制是游戏真正的核心，因此关卡结构的设计最基本的要求是满足基础交互规则的实现。例如在 2D 横板游戏中，为了满足不同高度障碍对玩家达成目的的影响，关卡的规划设计必须以相应的高度作为设计要求，并在此基础上塑造相应的美术包装，如图 14-41 所示。

图 14-41 障碍物的实际大小、高度必然要满足相应的交互规则的实现

相较于 2D 游戏中的关卡，自由度较高的 3D 游戏中的关卡较为复杂，主要体现在设计时需要充分考虑关卡结构在立体空间中对玩家交互的影响。例如某些游戏体验路线要通过跳跃才可以通过，那么在进行规划设计时将封闭其他通过方式，将跳跃作为唯一可行的通过方式，如图 14-42 所示。关卡对于游戏角色跑动、跳跃等操作的影响都属于最基本的交互关系。

图 14-42 3D 游戏自由度较高，则要充分考虑关卡结构在立体空间中对玩家的影响

关卡规划还表现为动态的关卡设计。例如当玩家通过一个隧道时，倒下的柱子会对玩家造成伤害，如图 14-43 所示。

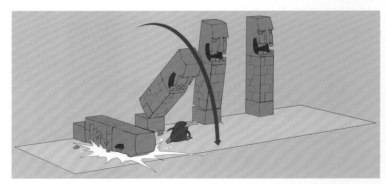

图 14-43 场景中一些影响玩家行进的机关陷阱要通过基础结构验证其大小、长短、运动的路径、间隔等交互关系的可行性

2. 规划结构满足加载规则

　　关卡的规划是最底层的结构基础，最终会用不同的美术资源对基础的关卡结构进行塑造，因此关卡结构的设计要充分考虑资源加载的规则。例如常见的加载规则是以摄像机或角色为中心点，由近及远地不断向外围加载不同距离的美术资源，并随着玩家的移动不断卸载画面外的资源，如图 14-44 所示。这种加载规则较为简单，常应用于锁定视角的游戏中。

图 14-44 以角色为中心点，首先会加载木箱和路牌，之后会加载树桩和车轮胎

　　在自由视角的 3D 游戏中，理论上玩家的视线可以看到无限远的地方，相应要加载的资源量和资源种类也将无限多。此时会极大地占用内存，减弱主机渲染效率并影响游戏体验。因此可利用 LOD（Levels of Detail，多细节层次）技术，根据不同资源在显示环境中所处的位置和重要度，决定物体渲染的资源分配，降低次要物体的面数和细节，从而获得较高的渲染效率，如图 14-45 所示。

图 14-45 近处建筑较为精细，远处建筑较为概括

　　在应用 LOD 技术的前提下，画面中若存在过多的粗糙模型，对画面品质也会有十分不利的影响。因此，要将玩家视线范围内所要加载的资源控制在主机可承载的范围内的同时提升画面品质，关卡规划设计需要充分利用遮挡结构为动态加载创造条件，尽可能让同一个画面内引用的数据更少，让同一种类型的物件尽可能集中在同一个画面内，减少画面内资源的数量和种类，从而在减少内存占用、提高渲染效率的同时，最大限度地削弱远处粗糙模型对画面品质的不利影响，如图 14-46 所示。

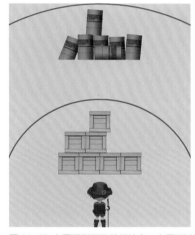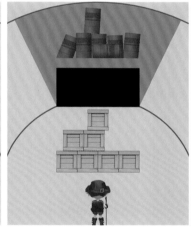

图 14-46 左图要引用的数据较多，右图通过遮挡结构让画面中引用的数据变少

　　为了保证关卡的遮挡结构充分满足动态加载的需求，核心方法是在玩家视线范围内，塑造两个或多个不能相互直接观察到对方区域的区间，两个区间以相对封闭的过道形式进行连接。常见的遮挡结构有 Z 字形、半弧形、屏风形等，如图 14-47 所示。

图 14-47 遮挡结构要在充分遮挡视线的前提下，确保玩家能够在两个区域之间移动

用于遮挡的结构连接了两个区域，必然让用于加载的资源在两个区域同时可见，因此要求用于遮挡的资源尽可能结构简单、重复性和通用性强。如图 14-48 所示，衔接城市中两个不同区域的遮挡物体往往结构较为简单，重复性较强；用于衔接山洞内外过道的遮挡物体往往利用通用的岩石资源进行搭建。

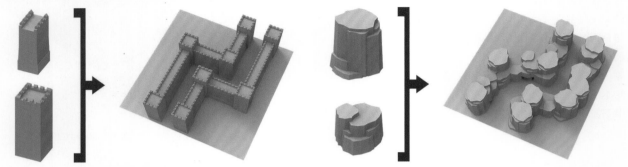

图 14-48 用于遮挡不同区域的物体在设计时便需要以较为简单、重复性较强的结构进行塑造

在一些自由度极高的 3D 游戏中，玩家可以到达地图的任意位置，因此当玩家位于遮挡物体的顶端时，必然将同时观察到两个不同的区域。在此情况下，遮挡物体则失去了遮挡的作用，因此在设计过程中，要进一步减少布置于遮挡物体上的资源数量和种类，同时通过较为浓厚的云雾等元素尽可能弱化较为粗糙的远景，如图 14-49 所示。

图 14-49 当玩家位于遮挡物体的顶端时，可以同时观察到左边的建筑群和右边的森林

3. 规划结构适应模块化拼接

一些地图的制作要求以通用性较高的资源实现多种不同样式的关卡结构，若针对不同的地图进行独立设计制作，那么制作效率将十分低。在这种情况下，在关卡结构的设计中，需要将资源设计成若干可以随机拼接的通用性模块，以适应不同样式地图的制作，提高制作效率。例如将具有一定面积的树林、草地、石堆、沼泽、沙地分别作为一个独立模块，对这些模块进行任意组合，能够呈现出不同的地貌结构框架。在此基础上，进一步处理不同模块衔接部分的过渡，即可完成不同样式的地图，如图 14-50 所示。利用已有的模块化结构拼接制作的地图往往较为单调，因此这种做法主要用于地图的一些次要区域、重要度不高的地图或一些特殊游戏机制中副本地图的设计制作。

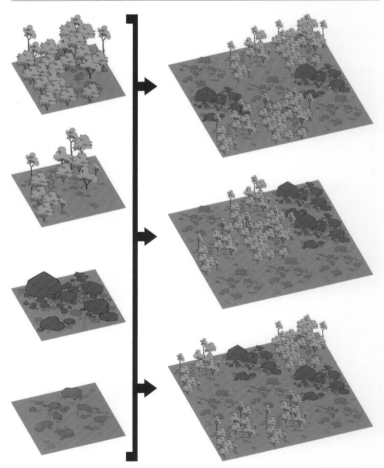

图 14-50 不同密度的树林模块和不同密度的石堆模块，通过不同的组合关系能够进一步呈现出多种不同样式的地图

4. 规划结构表现基础的美术框架

关卡结构由较为简单的多边形或几何体构成，形成了较为粗糙的大致地形样貌，同时也呈现出了概括性的画面架构，因此关卡结构的设计要进一步考虑基础形状对美术表现的影响。关卡结构的基础体积结构造型，决定了这个物体的设计必须在此基础结构上进行进一步塑造，例如不同的基础体积结构造型让岩石呈现出不同的形式感，如图 14-51 所示。

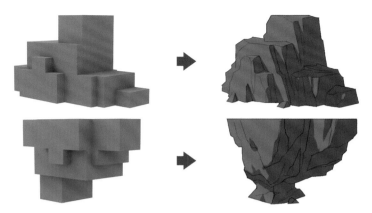

图 14-51 基础结构具有概括性的造型，为后续的深入设计提供了粗略的框架

以简单的几何体塑造的框架，能够通过概括性的轮廓、平面切割关系、体积结构形成概括性的画面，表现出大致的画面架构形式，明确用于塑造该区域氛围的形状特征，从而为后续进行详细的气氛设计提供依据，是进一步完善画面细节的基础，因此关卡规划设计也是氛围体验规划设计的基础。例如在概括性的岩石结构基础上进一步塑造的岩石，可以呈现出完全不同的气氛，但画面的基本架构是相同的，如图 14-52 所示。

图 14-52 以简单几何体搭建的结构是进一步塑造岩石的基础

14.5 氛围体验规划

在游戏的虚拟世界中，为了适应故事背景，调动玩家情绪，往往需要针对虚拟环境中的氛围进行契合主题的设计。针对游戏中连贯的故事情节及游戏体验的发展，需要对相应氛围的变化进行规划设计，如图 14-53 所示。

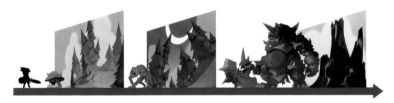

图 14-53 环境氛围随着游戏进程的推进逐渐变化

环境氛围的塑造要契合设计主题，表现为通过不同的元素、节奏、冲突来塑造不同的环境或展现不同的故事背景。对氛围体验的规划，实质上是以故事线中的画面节奏韵律为基础，针对游戏全局画面所做的规划，使玩家随着游戏发展的进程所经历的不同氛围形成有序的过渡关系。在具体设计应用中，氛围体验的规划设计主要从以下几个方面进行。

1. 场景整体沙盘规划

针对游戏的氛围体验规划设计，首先是对场景整体地形的沙盘规划进行设计。沙盘规划能够传达整体的氛围信息，例如地貌的大致特征、不同地域形状色彩的变化、游戏体验节点的位置等，从而为后续的具体环境氛围的设计搭建一个前期的框架，提供氛围规划设计的导向，如图 14-54 所示。

图 14-54 沙盘图能够提供具有概括性的整体氛围框架

在锁定视角的游戏中，沙盘规划可以直接呈现出游戏画面中场景的样貌；但在自由视角的游戏中，沙盘规划传达出的设计信息往往与实际游戏画面具有较大差异，不同游戏体验节点的相对位置也不能够很准确地通过沙盘图呈现，因此需要先通过平面图明确游戏体验节点的位置，再进行规划设计，如图 14-55 所示。

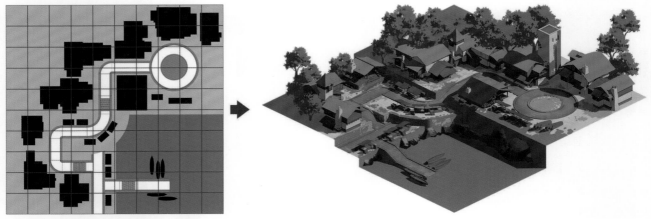

图 14-55　通过平面图可以较为精确地绘制出不同区域的相对距离、建筑分布样式、路面的宽度、路线的结构等

2. 场景氛围形状规划

在沙盘规划的基础上，赋予不同区域场景的形状以明显的差异，能够形成不同的氛围体验，给玩家带来不同的游戏体验，如图 14-56 所示。

图 14-56　不同形状特征的元素可以带来不同的氛围感受

场景氛围的形状规划在画面中直观地表现为，利用概括性相同的形状塑造同一个区域，从而使同一区域的场景具有统一的形状特征，拉开不同区域的形状差异。通过概括一系列的场景氛围图，可以看到概括性的形状具有极大的差异，让画面具有不同的代入感，如图 14-57 所示。

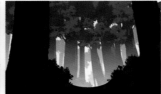

图 14-57　概括性的形状可以直观地呈现不同区域的氛围差异

3. 场景氛围色调规划

在形状规划的基础上，通过赋予不同区域场景的色调以明显的差异，能够形成不同的氛围体验，给玩家带来不同的游戏体验，如图 14-58 所示。场景氛围规划的可以是以固有色为主导的色调，也可以是以环境色为主导的色调。

图 14-58　同样形状特征的元素，以不同色调进行塑造可以给人带来不同的氛围感受

场景氛围色调规划在画面中直观地表现为，利用概括性相同的色调塑造同一个区域，从而使同一区域的场景具有统一的色调搭配特征，拉开不同区域的色调差异。通过概括一系列的场景氛围图，可以看到概括性的色调具有极大的差异，让画面具有不同的代入感，如图 14-59 所示。

图 14-59 通过概括性的色调及色调搭配样式可以直观地呈现不同区域的氛围差异

4. 场景氛围形状演变过程规划

在场景氛围形状规划的基础上，通过赋予不同区域形状的演变形式以明显的差异，能够形成不同的氛围体验，给玩家带来不同的游戏体验，如图 14-60 所示。

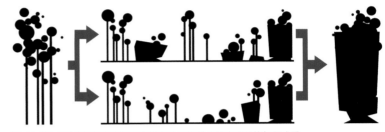

图 14-60 两个相邻区域的不同演变节奏可以给人带来不同的氛围感受

场景氛围形状演变过程规划在画面中直观地表现为，结合两个区域的形状特征塑造过渡性的区域，从而使两个区域的场景形状以相对柔和的节奏进行过渡。一方面，过渡的部分往往同时有两个区域的元素，将两个区域的元素进行逐渐过渡的穿插摆放；另一方面，要求衔接的节奏形成渐变演变，例如从凌乱逐渐过渡到规整，从稀疏逐渐过渡到密集，如图 14-61 所示。

图 14-61 画面从左至右从森林区域过渡到岩石区域

5. 场景氛围色彩演变过程规划

在场景氛围色调规划的基础上，通过赋予不同区域色彩的演变形式以明显的差异，能够形成不同的氛围体验，给玩家带来不同的游戏体验，如图 14-62 所示。

图 14-62 两个相邻色彩的不同演变节奏可以给人带来不同的氛围感受

场景氛围色彩演变过程的规划在画面中直观地表现为，结合两个区域的色彩特征塑造具有过渡性色彩穿插层次的区域，从而使两个区域的场景色彩以相对柔和的节奏进行过渡。一方面，过渡的部分往往同时有两个区域的颜色，将两个区域的色彩进行逐渐过渡的穿插摆放；另一方面，要求衔接的色彩节奏形成渐变演变，比如从大面积的森林色彩过渡到森林、岩石、灌木相互交织的色彩，进而过渡到岩石与灌木相互交织的色彩，如图 14-63 所示。

图 14-63 画面从左至右从森林色彩过渡到岩石、灌木色彩

6. 场景氛围天气规划

在场景形状、色彩及相应的演变规划的基础上，通过赋予不同区域的天气以明显的差异，能够形成不同的氛围体验，给玩家带来不同的游戏体验，如图 14-64 所示。天气的变化会影响该区域色彩的变化，因此天气规划往往结合色调规划及色彩演变过程规划同时进行。

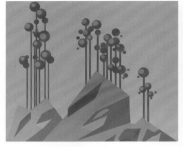

图 14-64 不同的天气可以给人带来不同的氛围感受

场景氛围的规划在画面中直观地表现为，利用某种天气影响同一个区域，进而影响画面中的虚实关系、色彩关系、空间层次关系等。天气规划可以是地图中不同区域的天气特征差异规划，也可以是地图中同一区域不同时间段天气的演变规划，如图 14-65 所示。

图 14-65 不同的天气使同一区域的画面呈现出极大的差异

7. 氛围互动体验规划

氛围互动体验规划是在形状和色调规划的基础上，通过在场景中布置差异化的互动元素，形成不同的氛围体验，给玩家带来不同的游戏体验，如图 14-66 所示。

图 14-66 玩家与不同动物的互动可以带来不同的感受

氛围互动体验的规划在画面中直观地表现为，利用与场景氛围相对应的特征性互动元素塑造同一个区域，从而使同一区域具有独特的互动体验，拉开不同区域的互动差异。互动的元素可以是不同区域的角色，也可以是拥有不同生活习性的动物，还可以是具有不同生长特征的植物，如图 14-67 所示。

图 14-67 不同的地域往往具有差异极大的生态环境

氛围互动体验还可以是不同气候特征对人物、动物、植物及环境所带来的影响。针对性地设计动物的生活习性，让所设计的动物在不同环境、不同时间段及不同天气中呈现出不同的行为，这也会影响玩家的互动体验。例如某些动物在水域中行动较为灵活，在陆地上行动较为迟缓；某些动物只在夜间活动；某些动物在岩浆环境中有更强的战斗力，在湿润的环境中战斗力则减弱；某些动物在烈日下较为沉静，在下雨时较为活跃，如图 14-68 所示。

图 14-68 动物在不同环境中表现出不同的行为

8. 主线故事氛围变化规划

有些游戏体验需要通过故事剧情推动主线任务的进程，因此需要对进入故事事件点的氛围演变过程进行规划。在整体故事线的节奏韵律基础上，通过布置能够叙述事件的元素，形成不同的氛围体验，给玩家带来不同的游戏体验，如图 14-69 所示。

图 14-69 建筑呈现出的不同故事性可以给人带来不同的感受

主线故事氛围变化的规划在画面中直观地表现为，在玩家主线行进路程中，利用与故事背景相对应的多个元素指向某个事件点，从而使故事氛围具有较强的代入感。指向事件点的元素可以是环境元素，也可以是不同交互的 NPC，还可以是行进过程中的小规模战斗。如图 14-70 所示，玩家在主线任务行进过程中，逐渐经历了叙事性较弱的村庄、残破塔楼中讲述事件的 NPC、具有一定暗示性的燃烧的森林、叙事性较强的怪物残骸，最终进入天使和恶魔头领战斗的故事核心事件点中。

图 14-70 玩家在主线行进过程中所遇到的不同的叙事性画面可以给人带来不同的感受

14.6 视觉引导规划

视觉引导规划是基于游戏画面中不同的元素对玩家视线的影响，引导玩家游戏体验的规划。用于视觉引导的元素往往能够给玩家留下深刻的印象，因此视觉引导规划也可以称为地标规划，如图 14-71 所示。

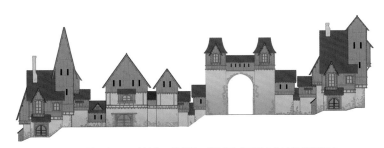

图 14-71 门洞的外形与周围建筑有一些差异，能够形成画面中标志性的记忆点

视觉引导规划一方面根据设计目标要求，通过对画面中不同表现力元素进行布置，引导玩家进入不同区域，起到指引主线任务、推进剧情等利于游戏体验的作用，进而使玩家通过探索世界获得奖励，增强玩家的能力。另一方面，能让玩家在虚拟世界中通过地标明确所在的空间位置，产生方向感。因此用于主要引导的标志物应有较大的分量、较高的放置高度，从而保证玩家视线不被遮挡物干扰，在大部分的位置都能够观察到标志物，如图 14-72 所示。

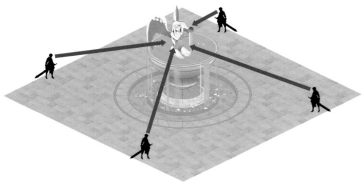

图 14-72 用于视觉引导的元素必须保证在大部分区域内或一定区域内都能被观察到

视觉引导规划可以概括为根据游戏规则机制，结合玩家在游戏中的路线，安排不同表现力的标志物。在具体设计应用中，视觉引导的规划设计主要从以下几个方面进行。

1. 规划标志物的表现力强弱关系

　　用于视觉引导的标志物必然要有一定强度的表现力以吸引玩家前往探索，标志物表现力越强，起到的引导作用也越强，因此视觉引导规划首先是对不同标志物表现力强弱的规划。用于视觉引导的标志物，往往要契合当前场景的整体设计语言，因此在实际设计中，标志物规划必然要和概念规划同时进行，如图 14-73 所示。

图 14-73 从左至右不同外观形式建筑的表现力逐渐增强

　　不同表现力的标志物中，用于引导主线任务的标志物往往是整张地图中的核心设计点，在场景中表现力最强、权重最高，放置位置也最高，玩家在大部分位置都能够观察到，能够形成地图中标志性的记忆点，图 14-74 中火山的引导作用的影响范围能够涵盖整张地图。用于引导支线任务的标志物主要通过外观形式的差异，使其在局部的空间中有一定的表现力和较高的权重，形成局部范围内的记忆点，例如城镇中心的钟楼作为引导作用的影响范围能够涵盖整个城镇。用于引导次要目标的标志物则主要通过略微改变外观形式或加入一些附属物件进行塑造，例如街道中某个商店引导作用的影响范围极为有限。

图 14-74 标志物外观形式的表现力、分量、放置高度等因素决定了其引导作用所能够影响的范围

2. 规划标志物的题材

　　在相似的表现力下，主要通过对不同题材标志物的规划影响玩家的探索欲望。相对于题材特征不那么明显的标志物，有明确题材的标志物可以直观讲述故事背景，让玩家增加对地点的兴趣，产生探索的欲望并发现惊喜，如图 14-75 所示。

图 14-75 同样表现力的标志物，神庙相对于石堆更加能够吸引玩家前往探险

　　不同题材的标志物能够暗示不同的游戏剧情和游戏体验，引导玩家实现阶段性目标的路径，为玩家实现最终目标提供指引。例如骸骨暗示了危险的存在，铁匠铺则和装备升级等游戏机制相关，荒废的教堂可能暗示了剧情的展开。标志物以哪种题材进行塑造，要结合故事背景及游戏体验进程进行设计，因此也必然要和概念规划同时进行，如图 14-76 所示。

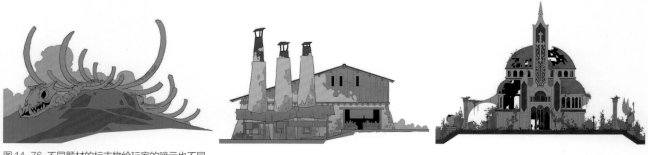

图 14-76 不同题材的标志物给玩家的暗示也不同

3. 规划标志物的位置

标志物引导玩家是最基本的要求。视觉引导规划中重要的是对标志物位置的规划，这将直接影响游戏剧情、游戏机制的展开。对地图中不同标志物进行位置的安排，首先要根据游戏规则机制，结合氛围体验规划的沙盘图进行设计，让其能够满足基本的玩法需求的实现，并符合当前氛围特征的塑造，让标志物在画面中形成延续性的、递进式的排列，因此在实际设计中，视觉引导规划往往和沙盘图的规划同时进行。例如图 14-77 地图中五个标志物的放置，前期狭窄空间内的废墟标志物能够引导玩家沿着相对线性的路线移动，中期两个不同位置的遗迹标志物提供探索路线的选择，但无论选择哪一种路线，都能够观察到神庙，引导玩家前往继续探索。

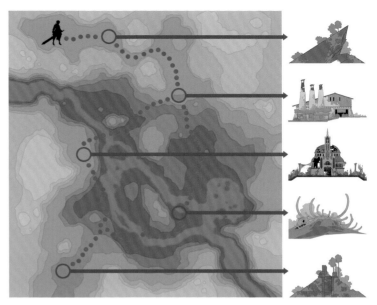

图 14-77 表现力不同的标志物往往对应相应的玩法、剧情等

其次，安排主次标志物的相对位置，对玩家明确所在的空间位置有重要的作用。在沙盘图的规划中，往往在局部的空间中将次要的标志物围绕主要标志物进行分布。这样一来，一方面，可以保证玩家在这一局部空间内很容易找到中心位置；另一方面，当玩家的位置处于主要标志物附近时，可以将外围次要的标志物作为方向引导的参照，如图 14-78 所示。

图 14-78 让多个表现力较弱的标志物围绕一个表现力较强的标志物分布，能够有效避免不同标志物在画面中的引导作用相互干扰

4. 规划标志物的层次关系

随着玩家游戏行进过程的深入，玩家与标志物的相对位置也在不断变化，当玩家越接近分量较大的标志物时，标志物在取景画面内的面积也越大，点的作用逐渐减弱。因此，视觉引导规划还要对标志物层次关系进行规划，如图 14-79 所示。

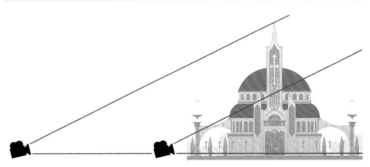

图 14-79 取景较远时能观察到建筑的全貌，而取景较近时只能观察到建筑的局部

因此在塑造标志物时，要同时考虑远处取景的设计重点和近处取景的设计重点。例如图 14-80 中的建筑作为整张地图中的标志物，当玩家与建筑的位置较远时，必然要对建筑屋顶的外观形式进行重点塑造，使玩家在远处观察建筑时，建筑有较高的辨识度；当玩家与建筑的位置较近时，建筑中分量较小但表现力较强的大门便构成了该区域视觉引导的元素，因此要重点塑造大门的外观形式，建筑主体与大门形成了标志物的层次关系。

图 14-80 屋顶和大门都属于建筑的设计重点

标志物的层次关系有时候还会结合主线任务的主题，让标志物的外观形式逐渐与主题关联。在图14-81中，当玩家处于远处时，不安定的火山能够引导玩家前去探险，但火山作为标志物与主线主题的关联性并不是很强；当火山的洞口以巨龙张开的大口造型进行设计时，能够对主题起到一定的暗示作用；洞窟内部的巨龙巢穴则能够最终直观呈现主线任务的主题。

图14-81 随着主线任务的推进，用于引导的元素与主线主题的关联性逐渐增强

14.7 重复资源规划

以贴图精度比例规划为基础，设计不同分量的主题，重复资源的规划主要是针对具有较大分量并且需要利用重复的元素进行塑造的设计主体所用到的规划，如图14-82所示。

图14-82 通过重复分量较小的立方体可以得到分量较大的立方体

重复资源规划可分为贴图纹理的重复规划及造型结构的重复规划。在具体设计应用中，重复资源的规划设计主要从以下几个方面进行。

1. 连续贴图规划

连续贴图是以一个或一组为循环单位，按一定规律反复排列的纹样。当所要设计的主体分量较大时，同样的图案在满足精度一致的前提条件下，必然要利用较大尺寸的贴图进行塑造，大面积的贴图会占用较大的内存，降低加载效率。利用连续贴图对较大分量的设计主题进行塑造，可以在设计阶段有效规避这些弊端，如图14-83所示。

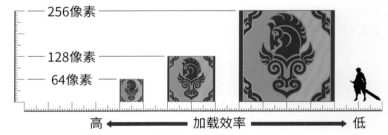

图14-83 贴图的面积越大，加载效率越低

最基础的连续贴图是二方连续贴图。二方连续贴图要求贴图相对的两个方向的纹理能够形成不断重复衔接的结构关系，如图14-84所示。

图14-84 二方连续贴图常应用于路面结构、装饰物包边等设计题材的塑造

四方连续贴图是常用的连续贴图形式。四方连续贴图要求贴图上、下、左、右四个方向的纹理能够形成不断重复衔接的结构关系，如图14-85所示。

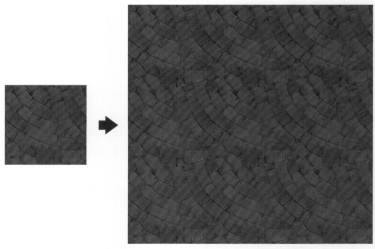

图14-85 四方连续贴图常应用于大面积的地面、墙体等设计题材的塑造

环绕连续贴图要求贴图围绕圆心进行若干次环绕，同时相对的两个方向的纹理能够形成不断重复衔接的结构关系。在一些圆形或弧形结构的设计中，经常要用到环绕连续贴图，例如广场中央的地砖设计、圆形结构的纹样设计等，如图14-86所示。

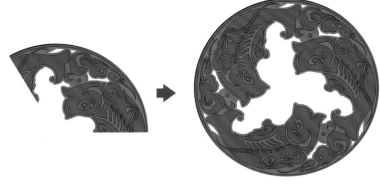

图 14-86 鱼纹形成的环绕连续贴图直观地表现为三个点的等距排列

当圆形或弧形结构的设计面积巨大时，需要利用多个层次环绕连续贴图进行设计。利用多层次的环绕贴图进行设计，可以在有限的贴图面积基础上，极大地满足巨大纹理图案塑造的条件，其特点表现为外圈的环绕次数较多，越往内圈环绕次数越少，从而保证外圈的纹理和内圈的纹理具有相似的密度，如图14-87所示。

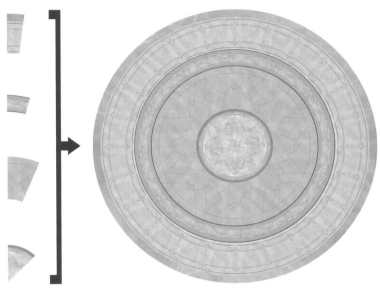

图 14-87 多个层次的环绕连续贴图常应用于大面积圆形广场的地砖纹饰的塑造

2. 混合连续贴图规划

混合连续贴图主要是指通过对两张或多张连续贴图分别选取不同的肌理区间并进行混合，将其共同应用于同一表面从而达到合成效果。利用一张连续贴图塑造的设计对象，纹理变化较为单调，当应用于分量相对较小的物体中时，这种单调的感觉不是很明显；而在应用于分量较大的物体中时，同一的纹理变化连续次数较多，会使设计对象显得较为乏味，如图14-88所示。通过对两张连续贴图进行混合塑造，可以在设计阶段有效地规避这个问题，如图14-89所示。

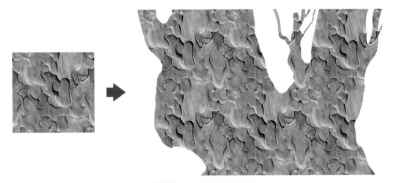

图 14-88 利用一张四方连续贴图所塑造的树干缺乏生动性

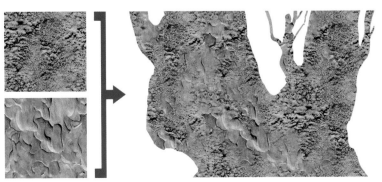

图 14-89 通过对两张四方连续贴图进行混合所塑造的树干较为生动

混合连续贴图的设计，本质是利用两张或多张纹理不同的连续贴图进行内轮廓平面切割及内轮廓线的塑造，因此其核心是对平面切割节奏及内轮廓线节奏的把控。这在地面设计中较为常见，通过对多张不同的四方连续地表贴图的面积比例和衔接形状进行针对性的混合塑造，可以使地面的外观形式呈现出丰富的变化，如图14-90所示。

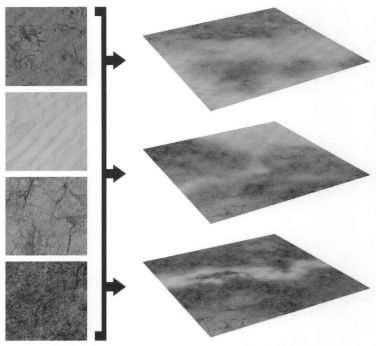

图14-90 四张地表贴图通过不同的混合塑造能够呈现出不同形式感的地表

3. 连续结构规划

连续结构是以一个或一组为循环单位，按一定规律反复排列的形状。基础的连续结构是二方连续结构。二方连续结构要求单位造型相对的两个方向的形状能够形成不断重复衔接的结构关系。在场景设计中，一些特定的题材需要利用连续的结构进行设计，例如过道连续排列的廊柱、桥梁上连续排列的围栏等，如图14-91所示。

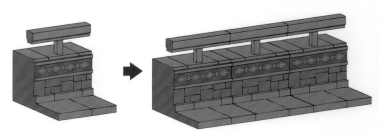

图14-91 桥梁连续排列的围栏是常见的二方连续结构

四方连续结构要求单位造型上、下、左、右四个方向的形状能够形成不断重复衔接的结构关系。四方连续结构在塑造一些凹凸特征较为明显的墙面时较为常见，如图14-92所示。

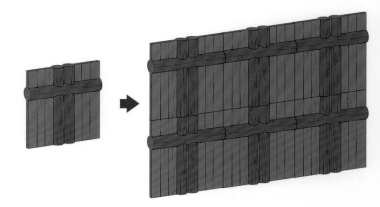

图14-92 凹凸特征较明显的墙面是常见的四方连续结构

环绕连续结构要求单位造型围绕圆心进行若干次环绕，同时相对的两个方向的形状能够形成不断重复衔接的结构关系，常用于设计圆形或半圆形的花窗结构、拱门纹样等，如图14-93所示。

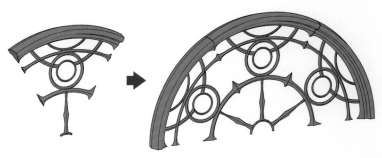

图14-93 半圆形的花窗是常见的环绕连续结构

通过连续的结构可以在加载较少模型资源的条件下，表现较大的空间范围内的结构，常用于衔接不同区域的遮挡结构，如图 14-94 所示。

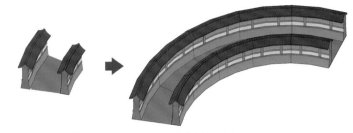

图 14-94 连续结构能够用有限的资源塑造较大分量的设计主题

4. 重复组件规划

重复组件是以一个或多个元素为重复单位，按一定规律排列形成的组件。不同的排列形式往往形成不同的预制结构，在有限的资源条件下，使画面呈现出更丰富的内容，能够极大地提高摆放物件的工作效率。重复组件一方面表现为单一元素的重复排列，通过对同样的箱子进行不同朝向、不同角度的摆放，能够形成不同外观形式的组合关系，如图 14-95 所示。

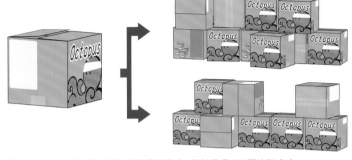

图 14-95 单一的木箱通过不同的摆放样式，能够呈现出不同的形式感

另一方面，表现为多种元素的重复排列，这在游戏设计中主要应用于对多种通用组件的组合塑造，让表现力较弱的资源呈现外观形式的差异。例如对不同形状的岩石、灌木进行不同位置、不同朝向、不同角度的摆放，能够形成不同外观形式的组合关系，如图 14-96 所示。

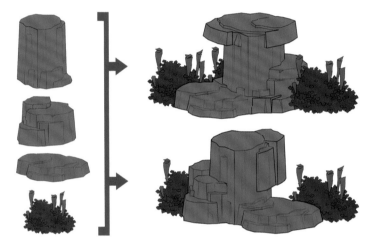

图 14-96 将不同种类的通用组件进行不同形式的组合，能够呈现出不同的形式感

在一些内容较多的区域设计中，要加载的资源量往往极大，因此通常利用重复组件进行规划设计。例如在城镇建筑群的设计中，重复组件的设计表现为对不同分量建筑部件的规划，要求建筑结构尽可能以相同的通用组件拼合形成，从而减少区域内所要引用的数据，如图 14-97 所示。

图 14-97 将不同的建筑组件进行不同形式的组合，够塑造出形式感差异较大的建筑

理论上，形成重复组件的组件单位是可以无限划分成更小分量、更细腻结构的元素，例如当重复组件应用于建筑设计时，还可以将不同的建筑部件进一步拆分成不同的可自由拼接的墙面、转角、屋顶等，如图 14-98 所示。重复组件需要以哪一种造型层次作为基础单位，往往取决于游戏规则机制的需求及技术实现的可行性。

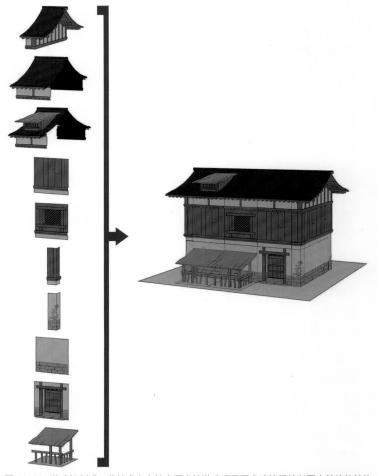

图 14-98 游戏机制或一些技术上有特定要求的游戏项目要求建筑组件以更小单位的结构进行组合设计

14.8 资源量化规划

一个游戏产品需要用到大量的资源进行制作，而大量的资源又分为角色、武器、岩石、植物、怪物、建筑等。种类及数量繁多的资源如果不在设计阶段进行充分的量化规划，会导致美术工作的开展失去计划性、美术耗费的成本无法预估等。因此需要通过量化规划，针对游戏产品中的概念设计进行有效的数量统计，如图 14-99 所示。

图 14-99 资源量化规划直接影响到用多少资源进行整个虚拟世界的制作

资源量化规划简单来说就是统计资源量。充分的资源量统计可以为工作计划的开展提供参考，但一些资源往往有可能在较为概略的总体规划中被忽略，从而导致数量统计不准确。因此在具体设计应用中，资源量化规划设计主要通过以下方式进行，以使统计数据尽量准确。

1. 单分量化统计规划

通过概念设计的横向规划与纵向规划，可以大致明确所要设计的数量。通过对大部分单体设计中的概念进行规划，可以统计出相应的资源量，如图 14-100 所示。

图 14-100 一个角色设计需求直接对应一个角色的资源量

以角色设计数量为基础，进一步可以较为准确地对相应套装、武器等拓展设计进行统计，如图14-101所示。

图14-101 一个角色的套装设计需求直接对应一个套装的资源量

除此之外，同一个角色往往还有相应动作、特效、音效等的设计，这些也能够以角色设计数量为基础进行统计，如图14-102所示。

图14-102 一个角色动作、特效的设计需求直接对应一个动作、特效的资源量

相较于角色，场景设计的量化规划有较强的不确定性，因为在制作过程中，有可能要对不同的设计物件进行多次增减，但一些简单的场景物件设计仍然可以以单分量化的形式进行统计，如图14-103所示。

图14-103 一个岩石的设计需求直接对应一个场景的资源量

2. 模块化量化统计规划

场景的模块化量化统计规划，也可以称为拆分规划。在场景设计中，有些设计主题往往较为复杂，设计主体包含较多不同的附属组件，因此大部分的场景概念设计需要先将整个设计主题作为一个模块进行统计，在此基础上，对不同的组件进行进一步的拆分统计。例如将一大盒子彩球切分成四个小盒模块，以每个小盒模块为单位进行统计会比较直观，如图14-104所示。

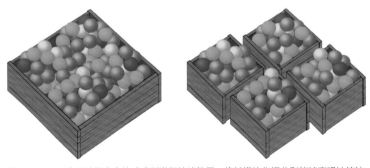

图14-104 一盒子数量众多的球难以进行快速估量，将其模块化切分则能够直观地统计

在图14-105中，马厩除了建筑主体之外，还包含大量的附属物件。在统计过程中，往往将这些附属物件与马厩当作一个独立整体进行归纳。

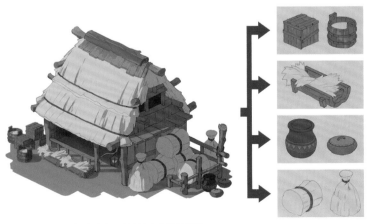

图14-105 附属物件往往配合设计主体进行塑造

场景的模块化量化统计规划，在分量较为庞大的城镇、村落设计中较为常见，通过多个层次的规划，可以较为精确地统计出场景所需要设计的数量。例如对村落进行沙盘规划时，很难通过沙盘图的样貌对具体元素进行精确的统计，但若先将村落划分为若干设计片区，缩小统计的范围，分别对不同较小范围内的元素进行拆分统计则较为容易；在此基础上，还能够对不同元素、通用物件进行进一步的拆分统计，使量化统计更加详细，如图14-106所示。

图14-106 对资源量较多的村落进行多个层次模块的规划，能够对其分量有直观的数量参考依据

3. 设计盲区补充统计规划

在锁定视角的概念设计中，因为同屏幕内的摄影机位置较为固定，通过对照游戏实际视角进行设计，可以较为准确地呈现游戏画面效果，同时可以准确地进行量化统计，如图14-107所示。若在自由视角的游戏设计中，必然存在画面的背面、建筑室内等概念阶段无法完全在同一张概念图中完整呈现的情况，会存在许多设计盲区，进而对量化统计规划产生影响，如图14-108所示。因此通过对设计主体进行补盲设计，可以使量化统计更加精确。

图14-107 固定视角下大部分的场景资源都能够直接呈现于画面中

针对设计盲区的补充统计规划，首先是将设计主体以贴近实际的视角进行设计，并且大致通过模型还原出主视角的体积结构，一方面可以确保不同视角下的补盲设计图与主设计图是以相同的体积结构进行塑造的，另一方面可以确保所要补充的设计元素所在位置能够分布于游戏实际视角的画面中。

图14-108 自由视角下的场景设计方案往往要以主视角进行塑造

在确定好实际视角的基础上，其次要对不同设计盲区进行补充设计。图 14-109 中的建筑由较多的元素构成，在主视角相对明确的基础上，通过对建筑模型不同位置的取景，可以得到背面、室内等区域的大致结构，通过对其进行进一步的补充设计，可以直观统计出这些区域所要增加的资源数量，并整合到整体建筑模块的量化统计规划中。

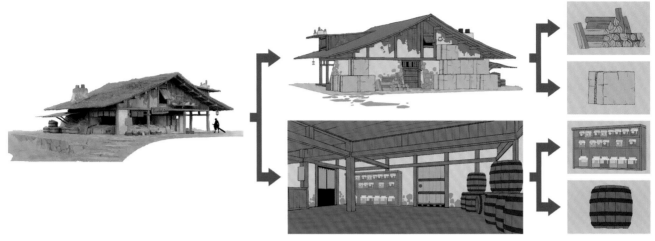

图 14-109 补盲设计图作为主设计图的补充，往往以简单的结构指引及固有色填充进行塑造

14.9 设计成本规划

任何设计方案及后续环节所产出的资源，都属于产品所要耗费的成本，若在概念设计阶段不对所要设计的内容进行有效的成本规划，整个美术投入成本往往会失控，进而影响产品的存活。设计的成本主要分为单位成本和时间成本两方面。单位成本主要是游戏中所要设计的角色、建筑、装备等因制作资源量所产生的成本，所要制作的资源量越多，成本就越高，如图 14-110 所示。时间成本主要是每个资源所要耗费的时间所产生的成本，涉及的内容制作难度越大、耗费的时间越长，成本就越高，如图 14-111 所示。

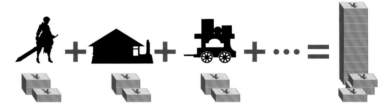

图 14-110 相应的资源量需要相应的成本投入

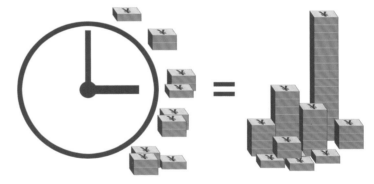

图 14-111 相应的制作周期需要相应的成本投入

对设计成本的规划，最核心的是要做性价比高的设计方案，让设计方案的落实难度尽可能低，呈现出的效果尽可能好。在具体设计应用中，主要通过以下方式把控概念设计及后续制作的成本。

1. 分配工作优先级实现成本优化

对工作内容进行不同优先级的规划，是进行成本优化的前提。产品的需求有不同的重要度，以不同重要度分清需求的优先级，能够得到成本投入的参考依据。重要度高的部分，应投入较大的成本；而重要度相对较低的部分，应尽可能投入较小的成本，如图 14-112 所示。

图 14-112 工作内容的权重能够成为成本规划的参考

在工作内容的优先级规划基础上，首先是针对优先级安排相应的人员进行设计、制作，即分配人力成本。例如在工作过程中，往往要让主力设计师对游戏中重要度高、制作难度较大的设计目标进行设计，如图14-113所示。

图14-113 不同优先级的设计目标往往要匹配给相应的设计师

其次，在工作过程中，要尽可能让主力设计师对游戏中重要度低、制作难度较小的设计目标进行充分的跟进，通过其较强的设计才华及丰富的工作经验对这类设计目标产生影响，保证次要工作内容的品质，如图14-114所示。

图14-114 主力设计师通过有效的沟通能够对重要度低、制作难度小的设计目标产生影响

2. 重点设计实现成本优化

通过对不同权重的需求进行重点设计规划，可以有效节约成本。重点设计以优先级的规划为基础，让重要度高的设计目标以更多的预算进行设计，重要度低的目标以较少的预算进行设计。以单体建筑设计为例，作为视觉中心的建筑大门，往往要用表现力较强、结构层次丰富但制作成本也相对较高的雕像进行塑造；而作为常见的民居，则尽可能以重复性较强、通用度较高的元素进行塑造，从而节省制作成本，如图14-115所示。

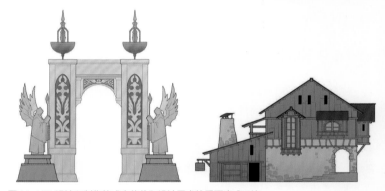

图14-115 设计和制作的成本往往和设计需求的重要度成正比

在不同重要度的地图设计中，同样也要考虑不同地图的重要度分配设计和制作的成本。结构相同的关卡地形，当应用于重要度高的城镇设计时，必然要设计不同类型的标识性建筑，投入较高的制作成本；而当应用于次要的地图时，则以通用岩石进行塑造，从而节省制作成本，如图14-116所示。

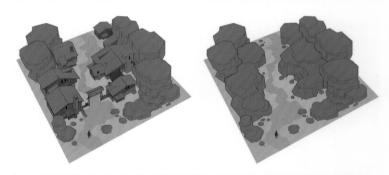

图14-116 左图大量的单体建筑的制作成本较高；右图以通用岩石进行制作，成本较低

3. 参考指引实现成本优化

通过一些直观的参考图指引后续的制作环节，可以有效节约成本。在若干个同一题材的设计中，一个完成度较高的设计方案或参考图能够用于指引完成度较低的设计方案，减少深入绘制的工作时间，从而有效节约设计成本。例如以通用建筑设计为例，一张完成度较高的建筑设计图能够呈现出较为详细的设计信息；在此基础上，一些完成度较低的设计图，也可以以这张完成度较高的设计图为参照，进行后续的制作，如图14-117所示。

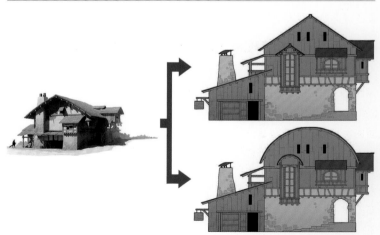

图14-117 完成度较高的设计图能够帮助一些完成度较低的设计图准确传达设计目标

4. 资源复用实现成本优化

通过提高已有资源的复用率，可以有效节约成本。对已经产出的设计进行一些针对性的改动，可以得到差异较大的美术效果，因此在一些次要的副本设计中，往往会利用已有的资源进行修改设计，以极大减少制作时间、节约成本。例如对于游戏中大量的次要角色，便可以通过在同一个基础造型上进行修改而得到，如图 14-118 所示。

图 14-118 以相同的体形、骨骼塑造多个不同形象的角色是塑造次要角色常用的做法

在场景设计中，资源复用主要体现在对已产出的资源在多个不同设计中的重复利用，尤其是对重点设计方案中以高成本进行制作的高品质资源的重复利用，可以在节约成本的基础上，充分提升设计品质。例如宫殿门口的雕像同样也可以应用于台阶走廊、军营大门、竞技场入口等具有相似主题的设计中，如图 14-119 所示。

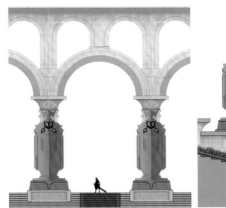

图 14-119 雕像的制作成本较高，多次复用可以有效分摊制作成本

场景资源的复用进一步体现为利用已有的资源进行修改设计。在图 14-120 左图的建筑设计的基础上，经过适当修改建筑模型结构及贴图材质，可以得到右图残破主题的建筑。

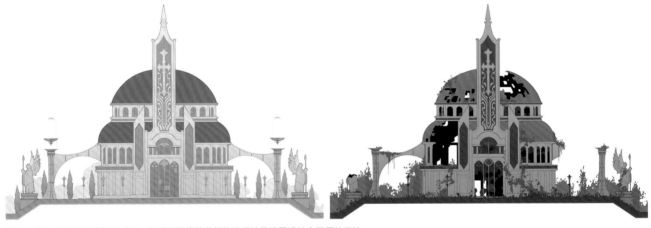

图 14-120 为了尽可能节省成本，对已有的建筑进行修改设计是场景设计中常用的做法

5. 减少技术风险实现成本优化

尽可能地减少技术实现上难度较大、制作周期较长、通用性较弱的美术表现，可以有效节约成本。比如在 3D 游戏中，将一些副本以 2D 平面的水墨效果进行塑造，虽然在整体上提升了美术的品质、丰富了游戏体验，但 2D 美术制作与 3D 技术实现的通用性较弱，需要针对 2D 的美术表现效果重新产出一套美术资源，这不亚于重新开发一款游戏。因此在制作条件有限的情况下，应尽量避免类似技术跨度较大的制作方向，从而节约成本，如图 14-121 所示。

图 14-121 风格化较强的美术包装往往需要相应的技术支持，同时也带来了较大的风险

6. 削减制作需求实现成本优化

通过适当地削减制作需求，可以有效节约成本。在能够充分满足游戏规则机制的前提下，尽可能缩小地图面积、减少 NPC 数量等需要制作的内容，可以极大地减少工作量，从而节约成本。以游戏设计中多条任务线的设计为例，削减制作性价比较低的任务线，可以相应地减少这一整条任务线要产出的资源成本，如图 14-122 所示。

在场景规划中，这一方式表现在能够充分满足游戏规则机制的前提下，尽可能地以有限的地图面积实现设计目标，削减制作性价比较低的区域，从而节约成本，如图 14-123 所示。

图 14-122 海底任务路线中要产出的美术资源往往通用性较弱，因此性价比较低

图 14-123 将多个不同区域的任务集中到一个区域，能够缩小所要制作的地图面积

7. 将不确定的因素控制在成本较低的环节实现城市优化

以成本较低的工作环节验证游戏制作目标，可以有效节约成本。一般来说，在游戏研发初始阶段，大量以成本较低的简单模型作为替代资源进行关卡的搭建，可以有效验证游戏规则机制，并大致呈现出美术效果。一旦进行深入制作的环节，对游戏规则机制和美术效果的打磨将耗费很大的成本，因此尽可能将不确定因素产生的问题在前期替代资源验证的阶段解决，能够有效节约成本，如图 14-124 所示。

图 14-124 前期的成本较低，修改调整的成本也较低；后期深入制作的成本较高，修改调整的成本也较高

8. 优化流程实现成本优化

根据项目的类型、分量、游戏核心玩法等因素，通过优化工作流程，可以有效节约成本。例如场景设计过程中，在原画设计草图和完成图之间加入模型验证的工作环节，设计师一方面可以快速验证初步概念的可行性，另一方面可以在验证模型精确的透视结构、明确的影调关系、概括的色彩基础上继续创作，从而节省设计所需时间，如图 14-125 所示。

有时也可以根据项目的进展，适当减少不必要的工作流程，节省整体制作时间。例如游戏中一些次要的建筑设计，便可以在简单结构验证基础上跳过原画设计环节，让后续环节以通用的资源进行制作，如图 14-126 所示。但一般来说，减少一些流程也伴随着制作过程中将存在不确定的风险，因此上下工作环节的设计师必须要有极强的配合协作意识。

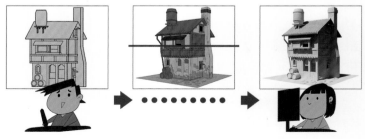

图 14-125 验证模型可以让设计师将工作时间花在设计上而不是绘画上

图 14-126 拥有配合协作意识的团队往往可以减少一些工作流程

此外，制订适合推进工作流程的流水线结构也是优化流程的重要组成部分。分量较小的游戏项目，大多以简单的线性工作流程推进美术工作的展开，这样做的好处是每一个环节都能在上一个环节清晰的基础上进行，推进过程较为稳定，修改的代价也相对较小，如图 14-127 所示。

图 14-127 在线性的工作流程中，每一个环节都能够在上一个环节清晰的基础上进行

而在分量较大的游戏项目中，则要尽可能让不同的环节同步并行推动，以更多的人力在同样的时间内消化相同分量的内容，通过多线并行的工作流程降低时间成本。在美术工作推进过程中，这主要应用于量化制作的阶段，解决时间和工作量的矛盾。但要注意的是，同步推进要在游戏的规则机制及整体美术制作的方向正确的基础上进行，否则再多的量化也是在浪费成本，如图 14-128 所示。

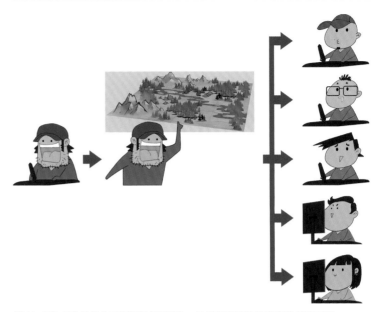

图 14-128 同步推进的工作流程必须要以一个比较明确的目标框架为基础展开

14.10 设计方案的落实

概念设计最终服务于产品，设计师绘制的设计图是实现产品目标的其中一个环节，在之后的阶段往往需要更多的工序进行制作。一方面，参与后续工序制作的人越多，因每个人对设计图的理解有较大差异，会使每个部分制作出的结果与设计方案有不同的偏差，最终整合到一起则可能在整体上有较大出入，如图 14-129 所示。

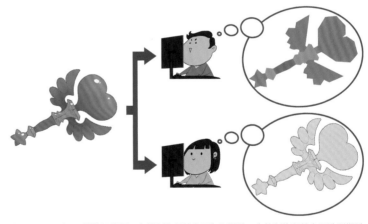

图 14-129 对于同样的设计图，有的制作师偏向于色彩塑造，有的制作师偏向于造型塑造

另一方面，后续工序的环节越多、时间线越长，在多个环节过后，很可能最终结果会与设计方案有较大出入，因此为保证设计方案能够落实到位，必然要求设计师不仅要对设计方案进行充分的说明并介入不同的制作环节，还要对可能产生与设计目标有所偏差的情况及时反馈并进行调整，如图 14-130 所示。

明白吗？

图 14-130 除了做好本职设计工作，设计师还要对后续制作环节进行充分的设计说明并跟进，从而保证设计方案的落实

无论是绘制角色或场景，还是绘制相应的动作、特效等的设计方案，从最基础的轮廓剪影设计到最终完成的过程，实质上是针对设计目标、设计师或整个团队进行自我反馈，并不断修改、完善美术塑造方向，使设计方案能够一步步地往正确的设计目标迭代的过程，如图 14-131 所示。

图 14-131 设计方案的落实过程可以简单理解为将模糊的目标逐渐明确的过程

因此设计师介入后续制作工序，可以看作对目标实现的创作过程进行介入。进行反馈迭代的重点是让其他环节的人员能够有效理解设计图的设计目标，进一步明确制作的方向，直接地表现为对后续环节的反馈，在原有基础上说明设计意图、塑造的重点、形状和色彩层次的关系等，从而让后续环节能够进行有效的迭代优化。给予的反馈方向不同，后续的实现方向也不同。以图 14-132 所示的短刀设计为例，给予的反馈是强调趋势，则能够得到趋势性较强的设计结果；给予的反馈是强调层次，则能够得到层次丰富的设计结果。

图 14-132 设计方案的落实不仅仅反映在设计流程中，还包含对其他环节的协作反馈

同样的设计方案在产品研发过程的不同阶段，其设计目标有时也有所差异。因此，在设计方案的落实过程中，往往要在整体目标明确的基础上，对不同方向、不同时间段的目标进行拆分推进。在具体实践中，主要从以下几个层面把控设计方案的落实。

1. 目标同步

要保证设计方案有效落实，必须让团队以共识为基础进行工作的开展。例如通过会议，可以将不同的设计方案与设计目标相联系，进行更加明确的阐述，从而让不同环节的设计人员、制作人员对最终设计落实的结果达成共识，如图 14-133 所示。

图 14-133 会议沟通能够让团队在正确的方向上分别把事情做好

2. 目标方向性拆分

将设计方案进行不同目标方向性的拆分，可以减少设计过程中次要因素对落实结果的干扰。例如在图 14-134 所示的木箱设计中，当作为满足爆炸功能的设计时，对其制作反馈的重点以爆炸覆盖范围能否符合伤害目标为主；当用于美术风格测试时，对其制作反馈的重点则在于木箱的形状、色彩、肌理细节等外观形式因素是否符合整体设计语言；当用于场景中的气氛塑造时，则对其排列摆放的节奏有所要求。

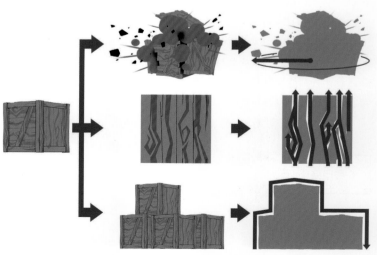

图 14-134 简单的木箱设计因设计目标的不同，对其反馈的重点也不同

落实目标方向性拆分的关键在于对核心目标的实现，让所塑造的设计方案强调主要目标的表现，减少次要目标对主要目标的干扰。在图14-135中，左图的设计方案较纯粹地以塑造纸鹤为主；右图一些发光的纹饰虽然加强了表现力，但同时也干扰了纸鹤的设计语言。因此在设计过程中，对目标的制订要根据表现效果进行取舍。

图 14-135 左图塑造的目标较为单一，右图塑造的目标较为丰富

3. 目标阶段性拆分

将设计方案拆分成若干阶段的目标，对不同流程阶段的塑造侧重点分别进行反馈，可以减少不同流程的相互干扰。目标阶段性拆分和工作流程的安排有较大关系，在图14-136所示车辆的设计中，对塑造过程以分阶段的形式进行反馈，能够相对稳定地推进最终目标的实现。

图 14-136 简单的车辆设计在塑造的不同阶段，塑造的侧重点也不同

目标阶段性拆分反馈常应用于数量、种类较多且需要进行批量设计的环节中。如果同时对一大批设计方案的形状、色彩、肌理细节等因素进行反馈，则信息量过大，很可能导致某些信息遗漏，落实不到位。对不同设计方案的塑造以分阶段的形式进行反馈，则能够相对稳定地推进最终目标的实现。同时，分阶段的批量反馈也有助于在不同阶段、不同塑造层面保证产出的美术资源设计语言统一。例如在图14-137所示的植物组合设计中，初期的反馈主要针对剪影基本构成关系的落实；在此基础上，反馈的重点集中于不同种类植物的规格尺寸、具体造型的落实；中期反馈则集中于固有色、材质、肌理细节的落实；当这些目标都实现时，最后的反馈会集中在组件的组合关系调整上。

图 14-137 阶段性的批量反馈可以让每个塑造过程中出现的问题较为直观地呈现

设计方案阶段性的拆分落实，有时也包含不同阶段中的不同方向目标的落实。在图14-138中，在关卡设计阶段，在符合规则机制的前提下，主要强调基础形状对美术表现的影响，反映到场景氛围图的设计中，则表现为对大体形状的设计；在进行具体制作阶段，主要强调基本的固有色分布、整体色调对美术表现的影响，反映到场景氛围图的设计中，则表现为结合基础形状对概括性色彩分布的设计，这个阶段也决定了美术的整体塑造表现方向，往往会进行多次反复调整；在收尾阶段，主要强调光照、局部的一些细节塑造对美术表现的影响，反映到场景氛围图的设计中，则表现为对主光源方向、云雾浓度、局部物件的优化设计。

图 14-138 场景设计的落实表现为对画面的阶段性目标在不同方向上的完善

资源与支持

本书由"数艺设"出品，"数艺设"社区平台（www.shuyishe.com）为您提供后续服务。

配套资源

实例效果源文件：书中、实例的效果图源文件，包含绘制过程的细节分层图。

视频教程：作者为本书读者专门录制的4节课程，传授创作秘诀！

资源获取请扫码

提示

微信扫描二维码关注公众号后，
输入51页左下角的5位数字，
获得资源获取帮助。

"数艺设"社区平台， 为艺术设计从业者提供专业的教育产品。

与我们联系

我们的联系邮箱是 szys@ptpress.com.cn。如果您对本书有任何疑问或建议，请您发邮件给我们，并请在邮件标题中注明本书书名及ISBN，以便我们更高效地做出反馈。

如果您有兴趣出版图书、录制教学课程，或者参与技术审校等工作，可以发邮件给我们。如果学校、培训机构或企业想批量购买本书或"数艺设"出版的其他图书，也可以发邮件联系我们。

关于"数艺设"

人民邮电出版社有限公司旗下品牌"数艺设"，专注于专业艺术设计类图书出版，为艺术设计从业者提供专业的图书、视频电子书、课程等教育产品。出版领域涉及平面、三维、影视、摄影与后期等数字艺术门类，字体设计、品牌设计、色彩设计等设计理论与应用门类，UI设计、电商设计、新媒体设计、游戏设计、交互设计、原型设计等互联网设计门类，环艺设计手绘、插画设计手绘、工业设计手绘等设计手绘门类。更多服务请访问"数艺设"社区平台www.shuyishe.com。我们将提供及时、准确、专业的学习服务。